AF500417

VIE DE MAUPERTUIS

PAR

L. ANGLIVIEL DE LA BEAUMELLE

OUVRAGE POSTHUME

SUIVI DE

LETTRES INÉDITES

DE FRÉDÉRIC LE GRAND ET DE MAUPERTUIS

AVEC DES NOTES ET UN APPENDICE

PARIS

LEDOYEN, LIBRAIRE
PALAIS-ROYAL, GAL. D'ORLÉANS 31

CH. MEYRUEIS ET Cie
LIBRAIRE, RUE TRONCHET 2

1856

VIE DE MAUPERTUIS

SUIVIE DE

LETTRES INÉDITES

PARIS. — IMPRIMERIE DE CH. MEYRUEIS ET COMPAGNIE,

Rue Saint-Benoit, 7. — 1856.

VIE

DE MAUPERTUIS

PAR

L. ANGLIVIEL DE LA BEAUMELLE

OUVRAGE POSTHUME

SUIVI DE

LETTRES INÉDITES

DE FRÉDÉRIC LE GRAND ET DE MAUPERTUIS

AVEC DES NOTES ET UN APPENDICE

PARIS

LEDOYEN, LIBRAIRE
PALAIS-ROYAL, GAL. D'ORLÉANS, 31

CH. MEYRUEIS ET Ce
LIBRAIRE, RUE TRONCHET, 2

1856

AVERTISSEMENT.

La Beaumelle entreprit d'écrire la *Vie de Maupertuis* peu de temps après la mort de ce savant. Tous les matériaux nécessaires pour l'exécution de son travail furent mis à sa disposition par la veuve et par la famille de l'illustre défunt, et le concours de l'homme de ce temps le plus capable pour l'aider à l'accomplir, celui de La Condamine, l'ami de Maupertuis et le sien, lui fut constamment assuré.

Après avoir terminé son ouvrage, l'auteur ne se pressait pas de le faire paraître; il pouvait croire qu'il avait encore un long avenir devant lui, et que cet avenir lui permettrait de le perfectionner. Il n'en fut point ainsi. Pendant les dernières années de sa vie, La Beaumelle fut forcé d'interrompre continuellement ses travaux littéraires par les soins qu'exigeait une santé chancelante, et quand une mort prématurée mit un terme à sa carrière, en 1773, il n'avait pas encore publié son ouvrage.

Trente ans s'étaient écoulés, lorsque madame Gleizes et le colonel La Beaumelle [1] résolurent de mettre au jour l'œuvre de leur père, à la sollicitation de Lalande, son ami, qui promit d'y joindre des notes; mais au moment où le manuscrit [2] était prêt à être livré à l'impression, des circonstances imprévues y mirent obstacle, et sa publication dut être ajournée. Lalande, déjà fort âgé à cette époque, mourut quelques temps après (1807), et la *Vie de Maupertuis* est restée inédite jusqu'à ce jour.

Possesseur aujourd'hui des manuscrits de La Beaumelle, nous avons pensé qu'il pouvait être utile de faire connaître à la génération actuelle l'histoire et les travaux littéraires et scientifiques d'un savant dont le nom se rattache à l'une des plus belles découvertes du dix-huitième siècle, et dont le mérite n'est peut-être pas apprécié à sa juste valeur. C'est pour atteindre ce but que nous publions la *Vie de Maupertuis*.

[1] Alors professeur de physique et de chimie à l'école centrale de l'Ariége.

[2] On lit sur le titre de ce manuscrit ces mots : *Avec des notes de M. de la Lande*, écrits de la main de celui-ci. L'épître dédicatoire des éditeurs, qui suit le titre, lui est adressée.

Nous n'avons pu recueillir qu'un très petit nombre de notes de Lalande, soit parce qu'il ne les avait pas terminées, soit parce qu'une partie a été perdue.

M. de Quatrefages, de l'Académie des Sciences, a bien voulu nous en fournir quelques-unes sur divers points d'histoire naturelle traités par Maupertuis. Nous lui en témoignons ici notre reconnaissance.

Il nous reste à indiquer en peu de mots l'origine de la correspondance inédite que nous faisons paraître dans ce volume.

Maupertuis disposa d'une partie de ses papiers en faveur de La Condamine et de La Beaumelle. Ces papiers renfermaient un grand nombre de lettres de Voltaire, de madame du Châtelet, de souverains et de personnages célèbres qui lui étaient adressées. Une correspondance entre Frédéric le Grand et lui faisait aussi partie de ces papiers. Ces précieux documents historiques et littéraires disparurent à la mort de La Beaumelle. Il ne nous est resté qu'une copie de la correspondance dont nous venons de parler, et même cette copie ne fut pas entièrement terminée ; il y manque les dernières lettres. Néanmoins, et quoiqu'incomplète, comme elle fait ressortir d'une manière très piquante le contraste du caractère, de la tournure d'esprit et des idées du monarque et du philosophe, nous nous flattons qu'elle sera favorablement accueillie et qu'elle ajoutera quelque prix à notre publication.

L'Appendice qui la termine renferme plusieurs notices bibliographiques et historiques : elles se rattachent à l'histoire de Maupertuis, et nous avons cru devoir les y joindre pour la compléter autant qu'il dépendait de nous.

MAURICE ANGLIVIEL,
Bibliothécaire du Dépôt de la marine.

Paris, le 9 avril 1856.

Les notes non signées appartiennent à l'auteur.

Les initiales M. A. et Is. A. désignent un neveu et un petit-neveu de La Beaumelle.

Nous reproduisons, après l'Appendice, et avec quelques légères corrections, une courte *Notice* sur l'auteur de ce livre, extraite de la *Nouvelle Biographie* publiée par MM. F. Didot frères, sous la direction de M. le Dr Hoefer. *Paris*, 1853, t. V, p. 15-18.

LETTRE

A M. LEDOYEN, LIBRAIRE

ET A M. CH. MEYRUEIS, IMPRIMEUR-LIBRAIRE

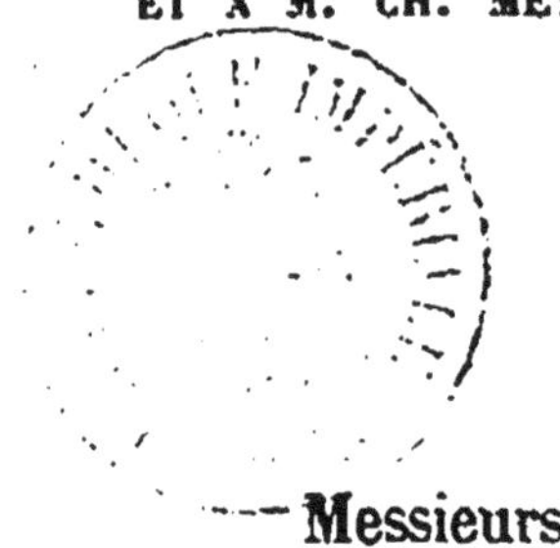

Paris, le 5 octobre 1857.

Messieurs,

Quand à l'aide de votre concours, j'ai publié des lettres de Frédéric le Grand, à la suite de la *Vie de Maupertuis*, j'étais persuadé, et vous l'étiez aussi, que ces lettres étaient conformes aux originaux.

Cependant nous étions dans l'erreur. L'un de vous, Messieurs, en a été informé par le possesseur des lettres originales, M. Feuillet de Conches, qui a bien voulu en même temps vous offrir les moyens de vous en assurer vous-mêmes en confrontant chez lui notre publication avec les autographes de Frédéric.

Cette offre était trop importante pour ne pas l'accepter avec empressement. C'est là ce que vous avez fait, et vous avez vérifié ensemble qu'en effet la copie des lettres que nous avons fait imprimer n'est pas conforme, dans toutes ses parties, au texte original (1).

En apprenant cette fâcheuse circonstance, j'ai voulu connaître la cause de l'erreur commise, et, dans ce but, j'ai fait des recherches, soit dans les papiers que je possédais déjà à l'époque de notre publication, soit dans ceux que j'ai recueillis depuis.

Voici le résultat de ces recherches.

Je savais qu'après la mort de Maupertuis, des *papiers* destinés par lui à La Beaumelle, alors en province, lui avaient été adressés par La Condamine. En quoi consistaient ces papiers? Je le sais, sinon pour la totalité, du moins pour une partie.

C'était une copie de lettres de Voltaire à Maupertuis. Bruyzet, libraire de Lyon, en possédait une autre copie, et, en 1764, il y eut entre ce libraire et La Beaumelle un échange de propositions relatives à la publication de ces lettres. Mais il y a tout lieu de croire qu'elles n'eurent aucun résultat.

Indépendamment des papiers donnés à La Beaumelle, Maupertuis en légua d'autres à La

(1) Depuis, j'en ai acquis la preuve moi-même, M. Feuillet de Conches ayant eu l'extrême obligeance de me communiquer directement, pendant quelques heures, son recueil de lettres de Fréderic, magnifiquement relié en deux volumes. Je prends la liberté de lui en faire ici mes remercîments et de lui en exprimer toute ma reconnaissance. (18 octobre.)

Condamine : ceux-ci renfermaient ses lettres, celles du roi de Prusse, des princes de sa famille, des souverains et des personnages éminents du dix-huitième siècle qui avaient été en relation avec lui. Il réserva pour La Beaumelle le droit de copie de ces pièces.

Celui-ci, il n'y a nul doute, forma le projet de mettre à profit tous ces trésors littéraires et de les joindre à sa *Vie de Maupertuis* prête à être imprimée en 1772, et dont le manuscrit était alors chez Le Jay, son libraire, pour être de là soumis à la censure.

Il y eut des pourparlers et des offres de la part du libraire pour l'achat de la *Vie de Maupertuis* et du *Recueil des lettres*. Le tout paraissait devoir composer 4 volumes in-12 de 360 pages chacun, dont l'impression était d'ailleurs subordonnée à l'agrément du roi de Prusse, de Madame de Maupertuis, et, bien entendu, à l'approbation de la censure; mais la mise en œuvre des matériaux était fort peu avancée au moment dont je parle, comme on va le voir.

A cette époque, de 1772, la santé de la Beaumelle était dans un état déplorable. Sa femme, qui était venue le joindre l'année précédente, et qui se trouvait dans un état de grossesse fort avancé, voulait retourner en province et y ramener son mari, convaincue qu'elle était que le séjour de Paris lui serait fatal; elle réussit à l'en arracher, et, après un long et pénible voyage, après un séjour forcé à Toulouse, ils arrivèrent enfin à leur maison de campagne, dans l'Ariége.

Au moment de quitter Paris (1er août), La Beaumelle avait laissé à une dame de ses amies, l'ordre écrit de retirer de chez son libraire, le manuscrit de la *Vie de Maupertuis, approuvé ou non*. Le manuscrit fut retiré : preuve assez évidente que le projet mentionné plus haut, était loin d'être mis à exécution.

En effet, la dame dont j'ai parlé, s'était chargée de transcrire, pendant l'absence de La Beaumelle, des lettres que La Condamine lui remettait pour la publication projetée ; l'on voit bien par ce qu'elle en écrit qu'elle s'occupe de ce travail ; mais l'on n'y voit pas jusqu'à quel point il fut poussé.

D'un autre côté, le libraire Le Jay, dans sa correspondance avec La Beaumelle, témoigne un vif désir d'imprimer ; mais subordonne toujours les arrangements à prendre au retour de La Beaumelle ; l'objet principal qui l'occupait alors étant le *Commentaire sur la Henriade*, dont il commençait l'impression, et dont il envoyait les épreuves à l'auteur.

Je reviens à celui-ci. Après son retour chez lui, sa santé s'améliora, mais lentement ; et, pendant qu'elle le lui permettait, il se livrait à des travaux agricoles ; il n'abandonnait pas entièrement ses travaux littéraires, et il s'occupait spécialement, comme on l'a vu, de son *Commentaire sur la Henriade*.

Au commencement du printemps de 1773, La Beaumelle étant rétabli ou plutôt se croyant rétabli, se décida à quitter la province. Les obligations de son emploi à la bibliothèque royale, les sollicitations pressantes de ses amis, des affaires qui restaient en suspens pendant son absence, son *Commentaire de la Henriade* à finir, etc., voilà les motifs qui le déterminèrent. Après son retour, il eut des rechutes et des lueurs de santé. Mais la lutte fut de courte durée. Sept mois et demi suffirent pour la terminer : il succomba.

Je n'ai pu déterminer le point d'arrêt du travail qui avait pour but la mise en œuvre des matériaux qui devaient accompagner la *Vie de Maupertuis*.

Je n'ai pas retrouvé les copies transcrites par la dame dont j'ai parlé; peut-être restèrent-elles entre ses mains.

Je n'ai pas retrouvé celle des lettres de Voltaire à Maupertuis, qui était la propriété de La Beaumelle.

Je n'ai trouvé que la copie des lettres que nous avons publiées, sans aucune note qui fît connaître les intentions de La Beaumelle, et, chose singulière! je n'ai pas trouvé l'indication de ce manuscrit sur une liste de ceux qui furent renvoyés à sa veuve; d'où l'on pourrait conclure qu'en revenant à Paris pour la dernière fois, La Beaumelle l'avait laissé chez lui. Ce n'est là, du reste, qu'une simple conjecture.

J'ajouterai, en terminant, qu'en 1776, après la mort de La Beaumelle, après la publication posthume de son *Commentaire* par Fréron, les comptes du libraire Le Jay furent réglés entre lui et Madame de La Beaumelle, et qu'il n'y est question que du *Commentaire* et de ce qui s'y rapporte.

Vous voyez, Messieurs, après ce récit, qu'il est impossible de faire retomber sur La Beaumelle la responsabilité de la mise au jour des lettres de Frédéric, et que c'est sur moi seul qu'elle doit peser. Je le reconnais franchement et je n'entreprendrai point ici une justification inutile. Je me bornerai à rappeler à votre souvenir, les motifs qui me décidèrent à joindre à la *Vie de Maupertuis* les lettres qui l'accompagnent. J'avoue que je trouvai ces lettres fort intéressantes. Elles inspirèrent le même sentiment à tous ceux qui les lurent avant leur impression. Je m'assurai qu'elles n'existaient point dans la collection des œuvres du roi de Prusse. Je fis plus : je communiquai aux éditeurs de ces œuvres une partie notable de ma copie, et je m'assurai par là qu'ils ne possédaient point les lettres originales, ni une copie de ces lettres qu'ils auraient pu imprimer plus tard dans un volume de supplément. Je ne suis pas allé plus loin. J'aurais dû le faire ; mais je ne pouvais me douter qu'ici même, à Paris, M. Feuillet de Conches était l'heureux possesseur des lettres originales.

Et maintenant, Messieurs, pour réparer autant qu'il m'est possible de le faire une erreur commise involontairement, je vous prie de distribuer gratuitement cette lettre aux personnes qui ont acheté la *Vie de Maupertuis*, et de l'ajouter à chacun des exemplaires de ce livre qui vous restent en magasin. Il importe moins que notre ouvrage ait un grand débit, que de prouver au public, ce qui est vrai, que nous avons agi de bonne foi et que l'idée d'une spéculation d'argent n'est pas entrée dans notre esprit quand nous avons publié l'œuvre posthume de La Beaumelle.

J'ai l'honneur d'être, Messieurs, votre tout dévoué et affectionné,

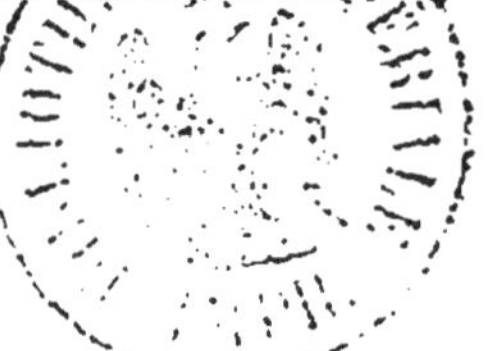

MAURICE ANGLIVIEL.

Paris. — Typ. de Ch. Meyrueis et Cᵉ, rue des Grès, 11. — 1857.

VIE

DE

M. DE MAUPERTUIS

Parmi tous les peuples policés l'histoire et l'éloquence se sont toujours disputé la gloire d'immortaliser les citoyens dont le mérite avait de l'éclat. On a toujours pensé que l'exemple des morts était la meilleure leçon pour les vivants.

Cette excellente méthode, si propre à fomenter l'émulation, fut reçue par nos pères et s'est perpétuée jusqu'à nous. Nos maîtres dans l'art de parler et d'écrire l'employèrent toujours à conserver la mémoire des héros ou des génies. Sous Louis le Grand, les Fléchiers, les Bourdaloues, quoique occupés des plus respectables objets, jetaient des fleurs sur les tombeaux des Turennes et des Condés, tandis que le philosophe Perrault, regardant comme ses bienfaiteurs tous ceux qui éclairaient l'univers, élevait un monument à ses plus illustres contemporains. Les sublimes vertus eurent de sublimes panégyristes. Souvent même le mérite éminent fut célébré par le mérite supérieur : Bossuet prononça l'oraison funèbre de le Tellier.

L'Académie des sciences à son renouvellement adopta cet usage. Ses statuts lui en font une loi, loi sage qui conservera son lustre tant que le Français sera sensible à l'honneur. Nous avons vu l'écrivain le plus brillant[1] remplir ce nouveau devoir avec les agréments et la sagacité qui régnaient dans tous ses ouvrages : l'esprit semblait chargé de louer la raison. Ses éloges variés, de savants, qu'on croyait se ressembler tous, firent aimer les sciences et respecter ceux qui les cultivaient.

C'est sans doute dans cette vue que la première de nos académies, qui n'a pendant plus d'un siècle accordé le prix qu'aux panégyristes de Louis XIV, commence à donner des couronnes à ceux qui peignent le mieux les Maurices, les Daguesseaux et les Duguay-Trouins[2], persuadés que c'est louer les rois que de célébrer les sujets qui rendirent leur règne glorieux.

Mais quelque vrais que puissent être ces éloges, leur titre semble les accuser d'être flatteurs. Le lecteur, justement étonné de voir tant d'hommes presque parfaits, est en garde contre un

[1] Fontenelle, secrétaire perpétuel de l'Académie des sciences. (M. A.)

[2] Les éloges de ces hommes illustres, par Thomas, remportèrent le prix de l'Academie française en 1759, 1760, 1761. (M. A.)

genre soupçonné d'écarter les défauts et de ne présenter que les vertus. Il craint qu'en lui donnant une haute idée d'un homme célèbre, on ne lui en donne pas une assez juste. Aussi, de tous ces panégyriques, ceux qu'on estime le plus sont ceux qui le sont le moins.

Toutes ces raisons m'engagent à louer M. de Maupertuis; mais à ne le louer qu'historiquement. D'ailleurs trois hommes illustres [1] ont épuisé déjà toutes les ressources de l'éloquence: il ne me reste plus que les détails de la vérité. Ils se sont attachés surtout à le faire honorer: je me propose surtout de le faire connaître. En qualité de présidents ou de secrétaires d'académies, ils ont rempli le devoir prescrit par la loi: je m'acquitte de celui que m'impose l'amitié.

Ce motif excusera des particularités peut-être minutieuses. L'esprit s'arrête volontiers sur un sujet qui plaît au cœur. L'homme que je peins avait tous mes sentiments. Malgré la distance que la nature avait mise entre nous, l'amitié la plus gratuite de sa part, la plus tendre de la mienne, nous avait rapprochés. J'ai donné des larmes à sa mort: je cherche à me consoler en traçant l'image de sa vie. Ceux qui l'ont connu se souviendront qu'il ne pouvait être médiocrement aimé; et ceux qui l'aimeront d'après mon récit, ne seront pas

[1] Grandjean de Fouchy, secrétaire perpétuel de l'Académie des sciences; Formey, secrétaire perpétuel de l'Académie de Berlin, le comte de Tressan, président de l'Académie de Nancy. (M. A.)

surpris que de longs regrets s'exhalent en longs discours.

1698 28 sept Pierre-Louis Moreau de Maupertuis naquit à Saint-Malo. Son père, René Moreau, écuyer, seigneur de Maupertuis, fut choisi par ses concitoyens pour leur député au Conseil royal du commerce et pour leur représentant aux états de Bretagne, et par les états pour l'un de leurs députés chargés de présenter au roi les cahiers de la province. Le roi le décora du collier de Saint-Michel, et les ministres l'honorèrent toujours de leur confiance. La mère de M. de Maupertuis s'appelait Eugénie Baudran, d'une famille dont le nom réveille, à Saint-Malo, l'idée de l'honneur et de la vertu. L'un et l'autre avaient d'excellentes qualités à lui transmettre.

Sa physionomie vive, marquée, mais dont les traits irréguliers étaient d'accord, annonça de bonne heure ce qu'il ferait un jour. Dès ses plus tendres années, il montra des étincelles de génie. Il bégayait encore, et faisait déjà des questions philosophiques : il demandait pourquoi le vent éteignait les bougies et allumait le feu.

1704 M. Moreau, obligé d'aller à Paris exercer l'emploi de député du commerce, que la ville de Saint-Malo venait de lui confier, voulut faire voir à sa femme la capitale. Leur fils fut du voyage : ils ne savaient point encore s'en séparer. Leur première curiosité les conduisit à Versailles, au grand couvert du roi. L'enfant, âgé de six ans,

portant une chevelure blonde sans cesse en mou- 1704
vement, s'ouvrit un passage parmi la foule et précéda les premiers rangs des spectateurs. Les traits singuliers de son visage, son air fin, ses yeux pleins de feu, frappèrent Madame la duchesse de Bourgogne, qui voulut le voir de plus près, fut enchantée de ses réponses, l'accabla de caresses, et demanda au roi des bonbons pour l'enfant, présage heureux des bienfaits que son auguste fils versa depuis sur l'académicien.

Son éducation fut domestique, et sa mère fit par faiblesse ce qu'elle aurait dû faire par raison. En effet, un esprit que la nature avait fait ardent et que la tendresse maternelle avait rendu délicat, n'aurait pu se bien déployer dans un collége, où, par un usage qu'on ne peut trop déplorer, on emploie six ou sept années à n'apprendre parmi les larmes et les ennuis que quelques mots d'une langue morte.

On lui donna pour précepteur un homme intelligent et vertueux, l'abbé Coquaud, dont le nom mérite d'être tiré de l'oubli, pour apprendre aux maîtres de la jeunesse que la gloire de leurs élèves devient en quelque sorte la leur.

Ce premier guide des études du jeune Maupertuis vit bientôt qu'il aurait plus de peine à le suivre qu'à en être suivi. Il ne l'assujettit pas aux méthodes communes : il ne s'obstina point à réprimer l'essor de son génie. Il étudia son caractère ; il attendit même et ses dispositions et

1701 ses moments pour les saisir et les seconder. Cet homme sage avait à combattre à la fois les tendresses de la mère et l'inapplication de l'enfant, et même cette raison prématurée qui le dégoûtait des règles de la syntaxe et de la rhétorique. Car dès ce temps-là des mots et des préceptes abstraits ne suffisaient pas pour nourrir son âme, et ces figures de l'art oratoire qu'on appelle les lumières du discours, lui en paraissaient déjà les ténèbres.

Aussi l'élève n'oublia-t-il jamais combien il devait à la patience et à la douceur de son maître. Il l'aima, le servit tant qu'il vécut. Après sa mort, il devint le bienfaiteur et l'appui de sa famille, à laquelle il envoya de Bâle une gratification deux mois avant de mourir lui-même.

1714 Le temps approchait où le jeune Maupertuis devait entrer dans le sanctuaire des connaissances humaines, et sortir de Saint-Malo, où il n'aurait appris qu'une philosophie de séminaire; mais l'habitude avait tellement uni la mère et le fils, que la séparation fut la matière d'un long combat entre la tendresse et la raison. La mère différait de jour en jour le départ, le fils conspirait aux délais; enfin le père partit de Paris pour l'arracher des bras maternels et le mettre dans ceux de la philosophie.

Le jeune Maupertuis, durant le cours de ses humanités, avait montré une forte inclination pour l'histoire naturelle, et surtout pour celle des

animaux d'une espèce plus relevée. Il choisit, il 1714
affectionna même ceux dont l'instinct, ou ce qui leur tient lieu de raison, approche le plus de la nôtre.

C'est avec ces dispositions philosophiques qu'ar- octobre.
rivé à Paris il commença son cours sous M. Le Blond, célèbre professeur au collége de la Marche. Le respect superstitieux pour le système de Descartes qui, dans les universités, avait déjà remplacé le culte d'Aristote, le ton même du professeur, dont les robustes poumons donnaient du poids aux plus frivoles arguments, captivèrent d'abord l'attention de l'écolier. Le précepteur l'avait suivi : le professeur l'entraînait. Mais bientôt il sentit que cette philosophie audacieuse s'engageait à résoudre trop de questions pour les bien résoudre toutes. Il se défia d'un philosophe qui avait commencé par douter et fini par faire un système. Et dès lors il entrevit que le plus fidèle disciple de Descartes serait peut-être l'homme qui penserait le moins comme lui.

M. Moreau avait la réputation d'habile navigateur; il connaissait le prix de la géométrie et s'y était appliqué. Il la fit étudier à son fils comme utile à toutes les professions qu'il pouvait embrasser. M. Guisnée, de l'Académie des sciences, lui expliqua les Eléments d'Euclide, sans contredit le meilleur cours de logique et peut-être de morale, s'il est vrai que la justesse de l'esprit soit le frein le plus puissant contre les passions du cœur.

1714 En même temps, le jeune Maupertuis apprenait l'équitation et tous les autres exercices du corps. Courant chaque jour d'une école à l'autre, il se délassait d'une leçon par une leçon plus difficile, et ne croyait savoir que ce qu'il avait approfondi.

1716 Après avoir donné deux ans à l'étude de la philosophie ou plutôt des erreurs qui en portaient le nom, il retourna dans la maison paternelle. Il s'y livra tout entier à la lecture et s'attacha surtout aux auteurs qui traitent de la science des êtres, non qu'ils pensassent le mieux à son gré, mais parce qu'ils le faisaient le plus penser. Les sublimes rêveries de Malebranche ne le séduisirent point. Il devinait sans doute qu'un plus sage métaphysicien[1], alors peu connu parmi nous, s'était plus heureusement essayé sur l'entendement humain. Il acquérait tous les ouvrages originaux en chaque genre, et sans être encore savant, il formait sa bibliothèque d'une manière savante. Mais peu de ses livres obtenaient son estime. Souvent il les jugeait sur quelques pages et les appréciait en deux mots. Tout ce qui n'allait pas rapidement au but le révoltait. Tout ouvrage qui ne lui paraissait pas accroître le nombre des vérités connues devenait l'objet de son mépris. Il imposait aux philosophes une loi qu'il a depuis suivie exactement lui-même, de ne répéter

[1] Locke. (M. A.)

les découvertes d'autrui que pour y ajouter ses 1716
propres découvertes.

La mer, qui l'environnait à Saint-Malo, semblait lui en promettre d'intéressantes. Il éprouva cet attrait de la navigation auquel les insulaires résistent si difficilement. Sa mère, qui ne pouvait l'éloigner d'elle un instant, frémit de l'idée d'en être séparée par des mers. Elle le contredit pour la première fois; mais elle éteignit si peu ce goût naissant, qu'il n'a fait que se fortifier avec l'âge et que M. de Maupertuis l'a conservé jusqu'à la mort. Tout ce qu'il put obtenir de sa mère fut la permission de faire un voyage en Hollande, où le plus étonnant des empereurs achevait alors son apprentissage du métier de matelot[1].

M. de Maupertuis revint trouver son père à 1717
Paris. Il était dans cet âge de vigueur et d'audace où l'on est si vivement épris de la gloire. Il voulut servir sa patrie sur terre, puisqu'il ne l'avait pu sur mer. Il reprit les exercices de la profession qu'il choisissait. En mêlant toujours les arts agréables aux arts utiles, il se perfectionna dans ceux de la danse et de la musique. Il cultiva ce dernier au point d'en apprendre la composition du célèbre Bernier, et il parvint en peu de temps à jouer de divers instruments, en maître. La précision et la délicatesse de son jeu sup-

[1] Pierre le Grand, empereur de Russie. (M. A.)

1717 pléaient à ce degré supérieur d'exécution qu'une longue habitude peut seule donner.

1718 Il entra dans la compagnie des mousquetaires gris. Son âge, le feu de son tempérament, la dissipation de son nouveau genre de vie ne lui firent pas négliger l'étude des mathématiques, et ce goût l'emporta bientôt sur tous les autres. Il avait destiné son loisir à la science. Il ne prévoyait pas qu'elle s'emparerait de toute sa vie. Elle devait l'éclairer dans sa profession, elle devint sa profession même.

Cependant on sollicitait pour lui une compagnie de cavalerie. C'était là le pas le plus honorable qu'il pût faire au sortir des mousquetaires. Une paix longue et durable rendait ces emplois fort rares et très brigués ; mais son père eut assez de crédit pour obtenir, malgré des concurrents plus qualifiés, l'agrément d'une compagnie dans le régiment de la Roche-Guyon, que M. de Maupertuis alla joindre à Lille en Flandre. Sa mère crut le perdre pour jamais ; mais rappelant toute sa vertu, elle trouva dans sa tendresse des ressources contre sa tendresse même.

M. de Maupertuis n'afficha ni le géomètre ni le mathématicien parmi des camarades, à qui ces langues étaient inconnues. Il partageait leurs plaisirs ; mais les vides en étaient remplis par ses études favorites. Une des plus longues paix dont ait joui la France enchaînait alors le courage de nos militaires. Le jeune officier ne laissa pas de

trouver deux occasions de faire connaître le sien, 1718
l'une dans les mousquetaires, l'autre à sa garnison. Le philosophe fut aussi brave que s'il n'eût été que soldat.

Il vint passer l'hiver dans la capitale. Il s'y ré- 1722
pandit parmi les savants et les beaux esprits. Entre ces assemblées de gens de tous états, que le besoin d'un délassement honnête ou l'oisiveté conduisent dans les cafés de Paris, il en était une[1] distinguée de toutes les autres par les sujets qui la composaient et chère au souvenir de ceux qui l'ont fréquentée. Le célèbre la Motte-Houdard de l'Académie française, aveugle et infirme dès l'âge de trente ans, ne connaissait guère d'autre plaisir au sortir de son cabinet que celui de la conversation, et personne n'y mettait plus d'agrément que lui. Il se rendait régulièrement au café entre onze heures et midi. Il y restait jusqu'à l'heure du dîner : souvent même il y attendait l'heure de l'Académie. Dès qu'on apercevait ses porteurs, la foule s'ouvrait pour lui faire un passage à la place qu'il s'était choisie. Cet hommage volontaire n'était rendu ni à la naissance, ni aux dignités, ni à la fortune; l'âge même n'y avait aucune part : la Motte n'avait pas encore cinquante ans. Bel esprit, aimable et d'un caractère doux, il était insensiblement devenu le dictateur perpétuel d'une république dont

[1] Elle se réunissait au *Café Procope*.

1722 les principaux citoyens étaient les la Faye, les Saurin, les Terrasson, les Fréret, les Melon, les Nicole, les Marivaux, les de Pons et d'autres gens de mérite qui vivent encore et dont plusieurs se sont répandus dans les différentes académies. On conversait, on dissertait, ou disputait avec vivacité, mais sans aigreur. L'étranger, le provincial, le nouveau venu étaient sûrs d'être écoutés dès la première fois, et bientôt ils savaient s'ils devaient parler une seconde.

M. de Maupertuis, qui sentait ses forces, fut curieux de connaître le café de la Motte; il y parut, et dans un cercle de savants et de beaux esprits il se fit bientôt des admirateurs par ses saillies brillantes, par la finesse de ses reparties et par la profondeur de ses idées. Ses manières ouvertes et franches lui firent pardonner une supériorité trop tôt montrée. Il fut bientôt l'ami de tous ceux qui composaient cette société; tous les jours elle acquérait de nouveaux membres : il en devint le chef après la mort de la Motte, arrivée en 1731. Peu répandu jusqu'alors dans le grand monde, on ne voyait M. de Maupertuis que chez ses amis particuliers ou à son café. On était sûr de l'y trouver à midi; presque tous les soirs il y passait deux heures au retour de la promenade ou des spectacles. Nulle part il ne se trouvait si fort à son aise. Il demandait très sérieusement à un de ses amis ce qu'il allait faire dans les maisons. Son goût pour l'indépendance, son éloi-

gnement pour toute sorte de gêne, fortifié dès 1722
l'âge le plus tendre par les complaisances aveugles de sa mère, étaient une habitude insurmontable, et lorsque recherché dans le monde le plus brillant il eut le choix de la meilleure compagnie, il préféra toujours le ton libre et peut-être brusque de sa petite république à ces grands égards polis, à ces attentions compassées qui ressemblent assez à la flatterie et qui tiennent quelquefois de la fausseté. Son amour-propre était avec raison plus flatté d'arracher des applaudissements à des gens qui n'étaient pas avares de critique, qu'il ne l'était des compliments les plus séduisants de ceux qui sont dans l'habitude de les prodiguer. Transporté depuis sur un plus grand théâtre, il plia son goût aux bienséances sans changer de façon de penser. Mais revenons aux premières années de son séjour à Paris.

La vie de garnison déplaisait à M. de Maupertuis. La paix le laissait dans l'inaction et ne lui promettait pas de gloire. Son ambition ne pouvait prétendre qu'à vieillir dans les honneurs subalternes d'un régiment. D'un autre côté, il avait plutôt parcouru qu'étudié les sciences. Plus estimé des autres que de lui-même, il craignait les difficultés de cette nouvelle carrière, quoiqu'un sentiment intérieur lui dit sans doute que le génie les aplanirait.

Plusieurs académiciens le pressaient d'obéir à la voix de la nature : tous le vouaient à la géo-

1722 métrie, et surtout M. Fréret, depuis secrétaire de l'Académie des belles-lettres. Cet illustre savant décida que la géométrie seule pouvait repaître cette âme active et dévorante. Ce furent ses termes. M. de Maupertuis se rendit enfin. Il prit pour maître M. Nicole, qui n'a jamais cessé d'être son ami. Bientôt il se démit de sa compagnie et s'offrit à l'Académie des sciences, qui le reçut à
1723 décemb. bras ouverts[1]. Il avait à peine vingt-cinq ans. Avant lui des militaires d'un grade supérieur[2] avaient préféré dans ce lycée la gloire du philosophe à celle du héros, et le nouvel exemple donné par M. de Maupertuis a depuis été suivi par d'autres [3].

On juge bien qu'une place à l'Académie des sciences ne s'obtient pas sans être disputée. Quelqu'un qui s'intéressait pour l'un des candidats dit à l'abbé Terrasson que M. de Maupertuis n'était pas le plus habile géomètre de ceux qui se présentaient. « Le plus digne de la place, répondit « l'abbé, n'est pas celui qui est le plus habile; « c'est celui qui est le plus capable de le devenir « dans un degré éminent: or, en parlant de là, « Maupertuis est le plus digne. » Pronostic *si bien vérifié* par l'événement, qu'aujourd'hui le nom même de ses concurrents est oublié!

[1] En qualité d'adjoint géomètre, le 11 décembre 1723. (M. A.)

[2] M. de la Faye, capitaine aux gardes, M. le chevalier de Louville, colonel de dragons.

[3] M. du Fai, capitaine au régiment de Picardie, M. le comte de Lauraguais, M. de La Condamine.

Il ne se pressa pas de se montrer à l'Aca- 1724
démie comme géomètre; ce ne fut même qu'après onze mois de silence qu'il lut un mémoire 15 nov.
de pure physique : sur *la forme des instruments de musique.*

En 1725, il passa de la classe des adjoints à 1725
celle des associés[1]. Son premier essai de géomé- 1er août.
trie à l'Académie ne se trouve que par extrait dans l'histoire de 1726. Il consiste dans la résolution d'un problème au moyen duquel on peut changer une courbe quelconque et le cercle même en une courbe quarrable aussi prochainement égale à la première qu'on le voudra. Il
donna successivement, les années suivantes, une 1726
application aussi fine qu'utile de la nouvelle analyse à une question de *maximis et minimis;* une 1727
démonstration simple et nouvelle du rapport de l'aire de la cycloïde au cercle générateur, *par le roulement* de différents *polygones réguliers* sur une ligne droite ou sur eux-mêmes; et une nouvelle théorie du *développement des courbes* par un rayon qui, au lieu de leur être tangent, comme dans le développement ordinaire, leur soit perpendiculaire[2]. Il approfondit encore cette matière en
1728, et donna des formules générales pour trou- 1728
ver les arcs de *toutes les développées qu'une courbe*

[1] Associé astronome. (M. A.)

[2] Fontenelle fait ressortir avec raison toute l'importance de ces travaux, qui ont fondé l'une des plus importantes théories de la géométrie. (N.)

1729 *peut avoir à l'infini*. En 1729, il étendit la théorie des lignes courbes, en démontrant qu'elles peuvent avoir des points d'inflexion[1] et de rebroussement[2] invisibles qui n'avaient pas encore été reconnus.

1727 et 1731 Tandis que la géométrie l'occupait, l'étude de la nature lui fournissait des délassements, même dans ses voyages. Ses expériences nous ont entièrement désabusé des préjugés qu'un examen superficiel avait fait adopter aux anciens naturalistes sur les *salamandres et les scorpions*, et prouvent que si l'on pouvait douter que M. de Maupertuis eût la patience d'un Réaumur, il en avait du moins la sagacité.

1729 Avide de nouvelles connaissances, il crut devoir unir aux lumières de sa patrie celles des autres nations. Il savait qu'on s'affranchit de plus de préjugés par quelques années de séjour dans les pays étrangers que par des siècles de réflexion dans son cabinet.

Dès 1728, notre jeune philosophe était parti pour l'Angleterre. Il ne vit point Newton, qui venait de payer son dernier tribut à la nature. Mais la Société royale vit en M. de Maupertuis le premier Français *newtonien* et s'empressa de l'adopter. Il ne séjourna que six mois à Londres; c'en

[1] Point où une ligne courbe passe de la concavité à la convexité ou inversement. (N.)

[2] Point où une courbe revient sur elle-même en formant deux branches ayant la même tangente. (N.)

fut assez pour un homme tel que lui dans de pa- 1729
reilles circonstances.

Jean Bernoulli vivait encore et continuait à consoler l'Europe savante de la mort de son illustre aîné[1]. Ces deux frères s'étaient initiés les premiers aux mystères de la haute géométrie. Amis et rivaux de Leibnitz et de Newton, qui avaient découvert le monde infinitésimal[2], ils y marchèrent à pas de géant, découvrant de nouvelles terres et défrichant les plus inaccessibles. Le calcul intégral était devenu leur bien, et son application à la physique leur talent particulier, espèce de mystère dont ils ont été longtemps presque seuls en possession. M. de Maupertuis se rendit à Bâle et s'offrit pour disciple au plus célèbre de ses citoyens. Cependant, il restait un obstacle à son initiation. M. Bernoulli père, flatté des motifs qui conduisaient M. de Maupertuis à Bâle, mais jaloux de ses droits de professeur et de ceux de son université, refusa de lui donner ses leçons à moins qu'il ne se fît recevoir étudiant de l'université de Bâle. M. de Maupertuis, dans l'ardeur de s'instruire, ne fut point arrêté par cette formalité qui paraissait avoir quelque chose d'humiliant. On l'en a vu plaisanter lui-même longtemps après,

[1] Jacques Bernoulli. (M. A.)

[2] C'est à Leibnitz qu'est due, sinon la découverte du calcul différentiel et intégral, du moins la publication de la *notation* actuellement encore employée qu'il fit paraître, en 1684, dans les *Actes de Leipsig*. (N.)

1729 en approuvant cependant la fermeté de M. Clairaut, avec lequel il fit un second voyage à Bâle, en 1734, et qui, beaucoup plus jeune que M. de Maupertuis, ne voulut pas acheter par une semblable complaisance le secours qu'il attendait de M. Bernoulli, mais dont il a bien prouvé depuis qu'il n'avait pas besoin. Ce premier pas fait par M. de Maupertuis, la maison de M. Bernoulli lui fut ouverte, et il y trouva tout, jusqu'à l'émulation. Déjà les fils de son hôte rendaient le titre de premier géomètre héréditaire dans leur famille. Daniel, l'aîné des deux, venait d'être appelé pour remplir une chaire de mathématiques et une place dans l'Académie impériale de Pétersbourg. Jean, son cadet, qui avait à peine dix-huit ans, se lia dès lors d'une amitié si tendre avec M. de Maupertuis, que le premier ne s'aperçut pas qu'il lui manquait un frère : les mêmes goûts, les mêmes penchants les unissaient, et leurs esprits étaient parents.

Le séjour de M. de Maupertuis à Bâle fut plus long qu'il ne l'avait projeté. L'admiration l'y avait conduit, l'étude l'y arrêta ; l'amour, un amour sans doute malheureux, l'y retint.

1730 Mais il brisa ses chaînes et revint à Paris remplir ses devoirs d'académicien. Ses travaux eurent bientôt réparé les vides de son absence. Il avait donné, l'année d'auparavant (1729), son Mémoire sur *quelques affections des courbes*. Le premier fruit de son voyage à Bâle fut le mémoire qu'il lut à l'Académie, le 29 novembre 1730, sur la *courbe aux approches égales* (*Descensus æquabilis*). Ce problème, proposé en 1687 par Leibnitz, résolu en 1694 par M. Bernoulli, avait été généralisé en 1699 par M. Varignon; mais il s'agissait toujours de ce qui arriverait dans le vide ou dans un milieu non résistant. M. de Maupertuis éleva le problème à la généralité qui lui manquait encore, en le résolvant pour toutes les hypothèses possibles de résistance des milieux. 1730

L'année 1731, l'Académie s'attacha plus intimement M. de Maupertuis, en l'élisant pour remplir la place de pensionnaire géomètre, vacante par la vétérance de M. Saurin. M. l'abbé Terrasson, ancien de quinze ans de M. de Maupertuis, aspirait à remplacer M. de Fontenelle, dont il avait été l'élève, dans celle de secrétaire perpétuel de l'Académie; mais rien ne l'empêchait, en attendant, de briguer la pension vacante : il ne la disputa point à M. de Maupertuis; il l'y vit nommer sans jalousie, et par là confirma le jugement qu'il avait porté de son mérite supérieur. 1731 24 juill.

Le nouveau pensionnaire répondit à la faveur qu'il recevait de l'Académie, par son assiduité aux assemblées, par ses travaux, et par l'heureux choix des sujets qu'il traita. Le recueil académique de cette même année contient quatre mémoires de lui : l'un, dont nous avons déjà parlé, rend compte de ses *expériences sur les scorpions*, faites dans un voyage précédent à Montpellier;

1731 les trois autres sont purement géométriques. Dans le premier il recule les bornes du calcul intégral, bornes qui semblent s'éloigner de plus en plus à mesure qu'on en approche; il y donne une méthode pour *la séparation des indéterminées dans les équations différentielles*. Les deux autres mémoires ont à peine chacun une page, et l'un d'eux avait fourni la matière de plusieurs traités. Le premier est une nouvelle solution d'un *problème astronomique* que M. Mayer avait donné sans démonstration dans les *Mémoires de Pétersbourg*, le moyen de trouver, par une seule observation, la distance de l'aurore boréale à la terre; le second est intitulé *Balistique arithmétique* (ou plutôt *analytique*). Toute la théorie du jet des bombes s'y trouve renfermée dans une formule algébrique. La grande brièveté de cet ouvrage l'a fait traiter, par quelques critiques, d'un pur jeu d'esprit. Ce n'est pas ainsi qu'en juge M. de Fontenelle. « Voici, dit l'historien de l'Académie, une matière déjà fort traitée, mais toute neuve pour sa forme. On en avait « des livres assez étendus, et M. de Maupertuis « réduit tout à une simple formule d'algèbre, qui « non-seulement renferme tous ces livres, mais y « traite de choses nouvelles; nous allons cependant retrancher à ce qu'il a donné une partie de « son mérite, l'extrême brièveté qui pourrait n'être « pas à l'usage de toutes sortes de géomètres. »

En effet, l'extrait de M. de Fontenelle, dont la précision et le talent pour l'analyse sont bien

connus, est quatre fois plus long que le mémoire 1731
même. Quant à l'utilité pratique qu'on peut tirer de la théorie de M. de Maupertuis, des tables aisées à construire, d'après ses principes, pourraient diriger les bombardiers dans tous les cas. C'est la remarque par laquelle M. de Fontenelle termine son extrait.

L'éloge précédent fait peut-être moins d'honneur à celui qui le reçoit qu'à celui qui le donne. A voir la manière franche dont M. de Fontenelle loue sans restriction l'ouvrage de M. de Maupertuis, se douterait-on qu'il y eût alors entre eux de la froideur? et il ne pouvait guère y avoir rien de plus, de la part d'un sage sur qui les passions humaines semblent n'avoir jamais eu d'empire. Peut-être aussi M. de Fontenelle cherchait-il à réparer un petit dégoût qu'il avait donné à M. de Maupertuis en préférant, à l'extrait qu'il l'avait prié de faire de ses *Eléments de géométrie de l'infini*, celui de l'abbé Terrasson qu'on lit dans les mémoires de l'Académie de 1727. M. de Fontenelle, à qui les principes du cartésianisme sucés avec le lait avaient inspiré la plus grande répugnance pour la doctrine de l'attraction, désirant cependant se mettre au fait des principes de la philosophie de Newton, avait eu recours à M. de Maupertuis. Cette matière fut traitée entre eux par écrit. Le caractère simple, modéré et vrai du Nestor des philosophes se manifeste dans ses questions, ses objections et ses répliques. Quelques

1731 fragments manuscrits de cette correspondance sont restés entre les mains d'un ami de M. de Maupertuis.

1732 On trouvera encore quatre mémoires de lui dans le recueil académique de 1732. Le premier est sur les *courbes de poursuite*. On donne ce nom à la courbe que doit décrire un vaisseau pour en atteindre un autre qui fuit. Ce mémoire est précédé d'une solution du même problème par M. Bouguer, en treize pages in-4°. Celle de M. de Maupertuis en remplit à peine une ; il en ajoute une seconde dans laquelle il rend le problème beaucoup plus général, en supposant que la ligne de fuite du vaisseau poursuivi n'est plus une droite, mais une courbe quelconque, et il en donne une nouvelle solution. Serait-ce là l'origine de l'éloignement, pour ne pas dire de l'inimitié, dont M. Bouguer n'a cessé depuis ce moment de donner des preuves à M. de Maupertuis ? Du moins n'en voit-on pas d'autre cause. D'ailleurs on sait que la jalousie était le faible de M. Bouguer, et qu'elle l'a quelquefois fait sortir de son caractère, naturellement doux.

Les mêmes causes ne produisent pas toujours les mêmes effets. Le même volume offre quatre solutions d'un autre problème de géométrie, proposé par M. Cramer, professeur de mathématiques à Genève. MM. Nicole, Clairaut, Camus et Maupertuis le résolurent à l'envi ; celui-ci même joignit à sa solution celle d'un autre problème

analogue au premier : et les quatre académiciens 1732
ne cessèrent pas d'être amis.

M. Jean Bernoulli proposa cette même année à son disciple de résoudre un autre problème que lui-même avait jugé digne de son attention. Il s'agissait de trouver des courbes algébriques et rectifiables sur la surface d'une sphère. M. de Maupertuis désespéra d'abord de le résoudre et pria M. Bernoulli de lui faire part de sa solution. La lettre était à peine partie, que la solution du problème se présenta. M. de Maupertuis la fit voir à MM. Nicole et Clairaut, et la communiqua par une seconde lettre à M. Bernoulli, dont il n'avait pas encore reçu la réponse. Il avait joint à ce problème la résolution de deux autres de même espèce [1].

Toutes ces pièces sont la moindre partie des travaux de M. de Maupertuis, de cette année ; celle qui mérite le plus d'attention dans les mémoires de l'Académie de 1732, est son mémoire *sur les lois de l'attraction* newtonienne. Cette doctrine, quoique née depuis un demi-siècle, était à peine répandue hors de l'Angleterre et presque inconnue en France ; du moins on l'y traitait encore de monstre métaphysique. M. de Maupertuis entreprit de la faire connaître à ses compatriotes et de l'accréditer. Son premier pas fut le mémoire

[1] *Solution du problème sur les Epicycloïdes sphériques et de quelques autres de cette espèce.* (*Mém. de l'Acad.*, 1732.)

1732 dont nous parlons. C'est une explication et un savant commentaire des sections XII et XIII du premier livre des *Principes de la philosophie naturelle*, qui contiennent toute la théorie de Newton sur l'attraction. C'étaient presque les seuls auxquels M. Varignon et M. Hermann, à qui nous devons des éclaircissements sur divers endroits du même ouvrage, n'avaient point touché. Les autres commentateurs du philosophe anglais n'en avaient pris que les propositions particulières dont ils avaient besoin pour l'exposition de son système.

Ce moment fut en France la première époque d'une révolution dans la philosophie. Nous avions appris de Descartes à n'admettre que des causes physiques dont on eût une idée claire, et nous ne reconnaissons plus d'après lui d'autre cause mécanique que l'impulsion. Le nom seul d'attraction révoltait les esprits; elle faisait craindre de ramener dans la philosophie les qualités occultes des péripatéticiens, cette manière de raisonner, à peine bannie de nos écoles, qui retarda pendant tant de siècles les progrès de l'esprit humain. Il fallait le courage de M. de Maupertuis pour oser combattre de front des préjugés si légitimes.

Newton n'avait pas donné l'attraction pour une cause, mais seulement pour un fait dont la supposition expliquait merveilleusement les autres phénomènes de la nature dont la cause pouvait être une matière subtile qui sortirait des corps, ou

même une véritable impulsion. M. de Maupertuis 1732
osa faire quelques pas de plus en demandant *grâce pour la nouveauté de ses conjectures.*

Dans la supposition que l'auteur de la nature ait voulu établir entre les corps une loi d'attraction mutuelle, M. de Maupertuis cherche quelle raison de préférence aurait pu déterminer le Créateur à choisir la raison inverse du carré des distances plutôt que toute autre loi. Il prouve que dans une infinité d'autres systèmes, dont plusieurs semblent plus simples, l'accord de la même loi dans le tout et dans les parties ne peut jamais avoir lieu, ce qui doit leur donner l'exclusion; il conclut que cette uniformité, qui ne se trouve que dans la loi d'attraction, en raison inverse du carré des distances que suivent tous les corps célestes, rend cette loi préférable à toutes les autres.

Mais c'est surtout dans le ***Discours sur la figure des astres***, imprimé séparément au Louvre cette même année, que M. de Maupertuis se montre zélé partisan du système newtonien. Il prouve dans son second chapitre, intitulé ***Discussion métaphysique sur l'attraction***, que quand on la regarderait comme une propriété de la matière, elle ne renfermerait rien d'absurde ni de contradictoire. Il n'est guère possible d'abréger M. de Maupertuis; cependant comme on est aujourd'hui plus instruit sur ces matières qu'on ne l'était il y a trente ans, nous tenterons de donner le précis

1732 de ce chapitre qui a ramené tant de gens que le mot d'attraction effarouchait.

Nous connaissons quelques propriétés physiques des corps; mais oserions-nous assurer que nous les connaissons toutes, et prononcer dogmatiquement l'exclusion de celles que nous ne connaissons pas? Nous ne sommes en droit d'exclure que les propriétés qui seraient contradictoires avec celles que nous savons qui existent en effet. La mobilité se trouve dans la matière; nous pouvons affirmer que l'immobilité ne s'y trouve pas. C'est là tout ce qui nous est permis ici. Mais les corps, outre les propriétés que nous leur connaissons, ont-ils celle de peser ou de tendre les uns vers les autres? C'est à l'expérience, à qui nous devons la connaissance des autres propriétés, à nous apprendre s'ils ont encore celle-ci. Ils ne peuvent l'avoir, dit-on; car cette propriété est inconcevable. Et les autres sont-elles plus aisées à concevoir? Le peuple, par l'habitude qu'il a de voir un corps communiquer son mouvement à un autre ou une pierre tomber vers la terre, croit en sentir la raison. Le philosophe ne connaît pas mieux la force impulsive que l'attractive. Qui pouvait deviner que cette force impulsive résidait dans les corps, avant que de les avoir vus se heurter? Dira-t-on que les corps n'ont pas en effet la force impulsive, mais que c'est Dieu lui-même qui meut le corps choqué? Si cela est ainsi, qui peut assurer que Dieu n'a pas voulu que les corps s'attirassent mutuellement? Est-il plus difficile à l'Etre suprême de faire tendre ou mouvoir l'un vers l'autre deux corps éloignés, que d'attendre, pour mouvoir un corps, qu'il soit rencontré par un autre? Quelle différence! s'écrient les partisans de l'attraction exclusive. Nous savons que les corps sont impénétrables : deux corps qui se rencontrent ne pouvant se pénétrer, il fallait bien qu'à la rencontre de deux corps l'auteur de la nature établît quelque nouvelle loi, au lieu qu'entre deux corps éloignés il n'y a point de pareille nécessité. — C'est ici le plus fort argument, ou du moins le plus spécieux qu'on puisse proposer contre l'attraction. Je ne prétends pas, réplique M. de Maupertuis, que l'établissement de la loi de tendance mutuelle d'un corps vers l'autre soit nécessaire; je me suis borné à faire voir qu'elle était possible. Mais, ajoute-t-il, votre raisonnement prouve tout au plus que l'attraction n'est pas, ainsi que l'impulsion, une suite nécessaire de l'impénétrabilité ou d'une autre propriété du premier ordre que nous reconnaissons dans la matière; mais si la pesanteur ou l'attraction était une propriété primordiale attachée à la matière et indépendante des autres propriétés, nous ne verrions pas que son établissement fût nécessaire et découlât de ces autres propriétés, comme nous ne voyons pas que l'impénétrabilité soit une conséquence nécessaire de l'étendue. Convenez donc que l'attraction ne ren- 1732

1732 ferme ni impossibilité ni contradiction. C'est une pure question de fait. Il faut examiner si l'attraction est nécessaire pour expliquer les phénomènes et l'admettre en ce cas, ou la rejeter s'il est possible de les expliquer sans elle. Les adversaires de l'attraction n'ont jamais répondu à ce raisonnement.

Cette apologie du principe *newtonien* est suivie d'une comparaison des deux systèmes de Descartes et de Newton. M. de Maupertuis démontre l'impossibilité des tourbillons par leur incompatibilité avec les deux lois de Képler, qui sont vérifiées par toutes les observations astronomiques. Il fait voir que Newton, sans supposer autre chose que ces deux lois unanimement reconnues de tous les astronomes, déduit géométriquement de l'une la réalité de la force centrale, et de l'autre la loi de cette force. Si un corps décrit autour d'un centre fixe ou mobile des aires proportionnelles au temps (c'est la première loi de Képler), Newton démontre que le corps est attiré vers ce centre : or, les planètes décrivent autour du soleil et les satellites autour de leur planète principale des aires proportionnelles au temps ; donc les planètes sont attirées par le soleil, et les satellites par leur planète principale. Newton cherche ensuite dans quel rapport doit croître ou diminuer la force des corps mus autour d'un centre, quand la proportion entre leur distance au centre et le temps de leur révolution est telle qu'on

l'observe dans les corps célestes ; conformément 1732
à la seconde loi de Képler, il démontre que cette seconde analogie suppose que la force qui attire vers le centre décroît en même raison que le carré de sa distance augmente. Les comètes, si embarrassantes dans le système des tourbillons qu'elles ne pourraient traverser en tous sens, deviennent une nouvelle confirmation du système de l'attraction suivant lequel tous leurs mouvements sont prévus. Tous les phénomènes de la chute des corps en sont une conséquence nécessaire. Le mystère de la pesanteur est enfin dévoilé, la force qui fait tomber une pierre sur la surface de la terre est précisément la même qui retient la lune dans son orbite. Nous ne flottons plus sur une mer de conjectures et d'hypothèses arbitraires. Newton s'appuie sur des faits généralement avoués; il en tire des conséquences purement géométriques et qui sont incontestables.

Enhardi par l'exemple de son maître, M. de Maupertuis, dans son ouvrage sur *la figure des astres*, ose faire quelques pas en avant. Il examine les différentes lois possibles de la pesanteur et l'effet de leurs combinaisons avec la force centrifuge. Il prouve qu'il peut y avoir des astres d'une forme très aplatie, il donne des raisons très plausibles des apparences célestes auxquelles les astronomes ont donné le nom de *nébuleuses* et qu'on a prises longtemps pour des amas de petites

1732 étoiles[1]; il explique les apparitions, les disparitions et les changements de grandeur remarqués dans quelques autres[2]; il tire de sa théorie la preuve que ces amas de matière lumineuse qui font la queue des comètes peuvent, à l'approche d'une planète, être attirés vers elle et former autour d'elle un torrent séparé du corps de cet astre, ce

[1] Il y a en effet des *nébuleuses* de forme circulaire qui ne sont que des amas d'étoiles, comme le prouvent les nombreuses et admirables observations de W. Herschel, faites avec ses puissants télescopes, et celles de J. Herschel, son fils. Mais outre ces nébuleuses réductibles en étoiles, il semble, d'après ce que dit M. Arago dans son *Astronomie populaire*, qu'il y en aurait d'autres d'une nature différente, de forme moins régulière, composées d'une sorte de matière phosphorescente cosmique qui, en se condensant, produirait de nouveaux mondes. Il faut voir, dans l'ouvrage de M. Arago, les détails pleins d'intérêt qu'il donne sur ces merveilleux phénomènes, dont on ne connaissait qu'une vingtaine environ du temps de Maupertuis, et dont le nombre s'élève actuellement à près de 3000! (Voy. l'*Astronomie populaire*, de M. Arago, t. Ier, l. XI, p. 495.) (N.)

[2] Maupertuis suppose que les étoiles temporaires variables, et périodiques sont des astres très aplatis, semblables en quelque sorte à des meules autour desquelles circuleraient des planètes dont les orbites seraient très elliptiques; il fait voir que les lois de la pesanteur, qu'il considère comme universelles, peuvent produire cette forme aplatie de certaines étoiles, et que, dans un système ainsi constitué, elles doivent amener des changements d'orientation correspondant à leurs changements d'éclat. M. Arago, dans son *Astron. pop.*, (t. Ier, l. IX, ch. 23.), cite cette conjecture de Maupertuis comme une des explications plausibles du phénomène des étoiles variables. — Mais, frappé de la remarque de M. Hind, qui a reconnu qu'en général la lumière de ces étoiles était rougeâtre, surtout quand elle est faible, il suppose que cette coloration peut être due à des nuages cosmiques qui circuleraient autour de ces étoiles et en feraient varier l'éclat.

Quant aux opinions hardies de Maupertuis sur l'*universalité* des lois de l'attraction newtonienne, elles ont été pleinement confirmées de nos jours par la belle découverte du mouvement elliptique des étoiles doubles autour de leur centre commun de gravité. (Voy. l'*Astron. populaire* de M. Arago, t. Ier, l. X, ch. 13, p. 471.) (Is. A.)

qui nous présenterait les mêmes apparences que 1732
l'anneau de Saturne[1].

Cet ouvrage, qui est d'un très petit volume, comme tous ceux de M. de Maupertuis, est le premier qu'il ait publié hors des *Mémoires de l'Académie* : il fit beaucoup d'honneur à son auteur et beaucoup de partisans à la philosophie de Newton. M. de Fontenelle, dans son extrait du livre de M. de Maupertuis, laisse voir sa répugnance pour l'attraction et ne dit qu'un mot de l'explication de l'anneau de Saturne, quoiqu'elle s'accordât avec tous les systèmes de pesanteur. Il y suppléa en partie dans l'extrait qu'il donna deux ans après d'un mémoire de notre académicien[2].

Le cartésianisme, abattu, fit quelques efforts pour se relever; mais on eut beau l'étayer, le reprendre sous œuvre, le bâtiment s'écroulait de toutes parts. Cependant les philosophes ensevelis sous ses ruines ne se rendaient pas encore, et dans

[1] Grâce aux observations de W. Herschel, on est plus instruit que Maupertuis sur la constitution physique de l'anneau de Saturne ; mais on en est encore, comme de son temps, réduit à de pures conjectures sur son origine. On sait seulement que cet anneau étant très aplati, l'hypothèse de Maupertuis ne saurait expliquer sa formation d'une manière satisfaisante. (Voy. dans l'*Annuaire du bureau des longitudes*, de 1832, 2e éd., p. 298, la *Notice* de M. Arago, sur *les comètes*. (N.)

[2] Ce Mémoire, intitulé *Discours sur la figure des corps célestes*, est le complément du *Discours sur la figure des astres* ; car il a pour objet le développement des doctrines exposées dans ce premier ouvrage, et les calculs qui ont conduit l'auteur aux remarquables résultats dont le *Discours sur la figure des astres* ne contient que l'énoncé. (N.)

1732 l'Académie des sciences il se forma deux partis sur des vérités démontrées. Les tourbillons furent défendus ouvertement par l'abbé de Molières[1], par feu M. Cassini[2], par l'abbé de Gamache[3], par M. de Fontenelle même[4] dans ses extraits et dans un ouvrage en forme qu'il n'osa cependant publier alors, et qui n'a vu le jour que les dernières années de sa vie. M. Saurin, dès 1709, avait donné un mémoire où il soutenait la cause des tourbillons; elle était favorisée, du moins secrètement, par tous ceux qui ne renonçaient qu'avec peine aux opinions de leur jeunesse, et qui, pour dire tout, ne pouvaient souffrir qu'on les renvoyât à l'école[5]. L'attraction ne plut guères qu'à de jeunes académiciens qui n'avaient pas leurs propres préjugés à combattre. De l'Académie la dispute passa dans les colléges, où la doctrine de Newton n'avait pas encore pénétré; c'est là que la question fut débattue avec acharnement. Les deux partis s'accusaient l'un l'autre de n'être pas physiciens. Ce qu'ils prouvèrent le mieux, c'est qu'ils n'étaient pas philosophes.

[1] *Leçons de physique*. 1734.
[2] *Mémoires de l'Académie*. 1735 et 1736.
[3] *Astronomie physique*, par M. Gamache. 1740.
[4] Extraits des ouvrages précédents et *Histoire de l'Académie des sciences*. 1728, 1734. 1740.
[5] Mairan, Nollet étaient également du vieux système; et quand il fut question, en 1740, d'adjuger le prix sur le flux et le reflux de la mer, à Bernoulli, Euler et Mac-Laurin, ils vinrent à bout d'y faire ajouter une pièce cartésienne du père Cavalleri : contraste bien ridicule. (Note de de Lalande.)

M. de Maupertuis fut sensible aux traits de ses 1732
adversaires, qui résistaient opiniâtrement à la tyrannie que l'évidence exerçait contre eux. Pour venger Newton et lui-même, il entreprit de faire, par une espèce d'artifice, une révolution que la raison seule aurait faite trop lentement. Les jours d'assemblée il donnait à dîner à quelques jeunes newtonniens, qu'il menait au Louvre pleins de gaieté, de présomption et de bons arguments. Il les lâchait contre la vieille académie, qui désormais ne pouvait ouvrir la bouche sans être assaillie par ces enfants perdus, ardents défenseurs de l'attraction. L'un accablait d'épigrammes les cartésiens, l'autre de démonstrations. Celui-ci, prompt à saisir les ridicules, copiant d'après nature les gestes, les mines, les tons, répondait aux raisonnements des adversaires en les répétant. Celui-là, n'opposant qu'un rire moqueur aux changements qu'on faisait au système ancien, soutenait que le fond du système était atteint et convaincu d'être vicieux. Cette petite troupe était animée de l'enjouement quelquefois caustique de son chef.

C'est ainsi qu'en se jouant, M. de Maupertuis établit le newtonianisme dans l'Académie. Quelques-uns adorèrent encore Descartes en secret; mais la plupart de ses disciples commencèrent à croire sa doctrine déraisonnable dès qu'ils la virent ridicule. Ceux qui suivirent cette guerre de plaisanteries, se souvinrent que des opinions plus im-

1732 portantes devaient leur fortune à des moyens moins légitimes.

1733 L'année suivante fut marquée par de nouvelles disputes, mais plus modérées, sur la figure de la terre. Elles produisirent un événement qui servira longtemps d'époque à l'histoire des sciences.

De tous temps on avait tenté de déterminer la grandeur de la terre. Aristote, Eratosthène, Possidonius nous en ont laissé des mesures totalement inutiles, tant à cause des différences qui sont entre elles qu'à cause de l'incertitude où nous sommes de la vraie valeur des stades et des milles. Aussi, malgré le savoir de ces grands hommes, vers le milieu du siècle passé, Snellius et Riccioli différaient de plus d'un huitième sur la circonférence de la terre[1]. Il était temps d'éclairer ce doute;

[1] C'est à Snell ou Snellius, géomètre de Leyde, mort en 1626, à l'âge de trente-cinq ans, que les sciences doivent la première application de la trigonométrie à la mesure d'un arc du méridien pour déterminer la grandeur de la terre. Le mémoire où il raconte ses observations et leurs résultats est de 1617. Il entreprit de déterminer la longueur de l'arc du méridien compris entre Alcmaer et Berg-op-Zoom. Le nombre qu'il trouva, réduit en toises, donne, pour la longueur d'un degré, environ 55,100 toises. Mais il pouvait avoir commis une erreur d'environ 2,000 toises. J. Cassini, ayant refait une partie des calculs de Snellius au commencement du dix-huitième siècle, et ayant corrigé plusieurs de ses erreurs, trouva que le degré du méridien en Hollande devait avoir, d'après les observations de Snellius, 56,675 toises. Enfin, en 1729, Musschenbrœk, dans une dissertation sur un second travail de Snellius, de 1622, plus exact que le premier, établit que, d'après cette seconde observation, le degré mesuré par le géomètre hollandais devait avoir 57,033 toises. En 1633 et 1635, Norwood, savant anglais, en mesurant l'arc compris entre Londres et York, trouva, par un procédé moins scientifique que celui de Snellius, que le degré devait avoir 57,300 toises. (Is. A.)

c'est pourquoi Louis XIV donna ordre à l'Aca- 1733
démie naissante de mesurer cette planète, qu'il remplissait déjà du bruit de ses exploits. On ne doutait point que la figure de la terre ne fût exactement sphérique. Tous les degrés d'un cercle sont égaux. Ainsi l'abbé Picard se contenta de mesurer un degré du méridien au nord de Paris[1].

Mais un voyage de M. Richer à Cayenne, en 1672, pour des observations astronomiques, renversa tout ce système de géographie. Il avait trouvé que son horloge à pendule, réglée à Paris sur le moyen mouvement du soleil, retardait de 2' 28" dans cette île éloignée de l'équateur de cinq degrés. Cette expérience, dont l'Académie avait prévu d'avance le résultat, prouvait que la pesanteur était moindre à l'île de Cayenne qu'à Paris. Huygens en trouvait la cause dans la théorie de ses forces centrifuges, dont le propre est de diminuer d'autant plus la pesanteur dans chaque lieu, que ce lieu est plus voisin de l'équateur. Newton se joignit à lui, et l'un et l'autre recon-

[1] Voici un fait assez curieux dans l'histoire de la mesure de la terre, et que nous empruntons à un mémoire de de Lalande, de 1787, sur un écrit de Fernel, premier médecin de Henri II, publié en 1528. Lalande raconte comment Fernel, ayant eu l'idée de mesurer un degré entre Paris et Amiens, détermina l'arc compris entre ces deux villes en observant les hauteurs du soleil, et mesura leur distance en comptant les tours de roue de sa voiture, et en tenant scrupuleusement compte des sinuosités du chemin. Or, par un singulier et merveilleux concours de circonstances, ce degré entre Paris et Amiens, dont la longueur est de 57,069 toises, d'après les travaux de Delambre et Méchain, exécutés en 1792, se trouve de 57,070 toises d'après la mesure si peu scientifique de Fernel. (Is. A.)

1733 nurent que la force centrifuge sous l'équateur était la 289ᵉ partie de la gravité. Ensuite ils entreprirent de déterminer la figure de la terre par les lois de l'hydrostatique ; et tous les deux la déclarèrent aplatie vers les pôles, ne différant que sur le plus ou le moins d'aplatissement : encore cette différence naissait-elle du système que chacun suivait sur la pesanteur, car ils s'accordaient sur la force centrifuge. Mais Huygens, supposant que tous les corps tendaient vers un seul point, trouvait que le diamètre de l'équateur devait surpasser l'axe de la terre de $\frac{1}{578}$ partie de sa longueur ; et Newton, attribuant la pesanteur à l'attraction mutuelle de toutes les parties de la matière qui forme la terre en raison inverse du carré de leurs distances, trouvait que le diamètre de l'équateur devait surpasser l'axe de la terre de $\frac{1}{230}$ partie de sa longueur [1].

Les raisonnements de Huygens et de Newton jetèrent les mathématiciens dans de grandes incertitudes, et rendirent le travail de Picard insuffisant. La France, à qui l'on devait les premières mesures, voulait qu'on lui en dût la perfection. Dominique Cassini fut chargé de mesurer l'arc du méridien qui traverse la France. Il le partagea en deux, qu'il mesura séparément : l'un de Paris

[1] La différence entre ce résultat théorique et celui que les dernières mesures ont donné ($\frac{1}{300}$ environ au lieu de $\frac{1}{230}$) résulte du défaut d'homogénéité du globe, dont Newton ne tenait pas compte dans ses calculs. (N.)

à Collioure, lui donna le degré de 57,097 toises; 1733
l'autre, de Paris à Dunkerque, le donna de 56,960 toises. Et la mesure de l'arc entier lui donna le degré moyen de 57,060 toises, égal à celui de l'abbé Picard. Ces mesures faisaient de la terre un sphéroïde allongé. Elles furent répétées par M. Cassini le fils, en différents temps, en différents lieux, avec différents instruments et par différentes méthodes. Le résultat fut toujours que la terre était allongée vers les pôles.

Les mathématiciens en furent étonnés : les faits se trouvaient opposés aux calculs; les mesures paraissaient plus fortes que les raisonnements. Cependant les géomètres n'osaient abandonner Newton. M. de Mairan essaya de concilier l'observation avec la théorie. En supposant que l'amas de matière terrestre avait été primitivement très allongé, il en conclut que l'attraction de la force centrifuge aurait pu diminuer cet allongement sans l'anéantir tout à fait; mais cette hypothèse supposait que les mesures des degrés du méridien par M. Cassini étaient justes; et quoique cet académicien, en mesurant le parallèle de Paris pour commencer sa carte géométrique du royaume, eût crut trouver la confirmation de ses premières mesures, leur exactitude supposée détruisait trop manifestement tout le système de Newton pour n'être pas soupçonnée d'erreur par ses partisans.

L'Académie fut divisée. On comprit que les opé-

2

1733 rations géographiques et les observations astronomiques de MM. Cassini frères, dans la spéculation géométrique, étaient sujettes à de grandes erreurs dans l'exécution, tant par l'imperfection des instruments, qui n'étaient pas alors portés au point de perfection où ils l'ont été depuis, que par l'aberration des étoiles fixes, nouvellement découvertes par M. Bradley [1], à laquelle on n'avait point eu égard dans les observations faites en France, etc. On convint unanimement que le plus sûr moyen de résoudre la question, était d'aller mesurer quelques degrés du méridien voisins de l'équateur. Plein du courage des âmes nées pour le bien public et passionnées pour la vérité, M. de La Condamine s'offrit, dans la même assemblée, à faire dans cette vue le voyage de Cayenne, si le roi voulait l'y envoyer. Cette proposition, faite verbalement par un nouvel académicien, qui n'avait alors que le grade d'adjoint, ne fut point saisie ; mais elle donna lieu à M. Godin, qui peu de temps après fut fait pensionnaire astronome, de présenter à l'Académie un Mémoire sur les avantages qu'on pourrait tirer d'un voyage sous l'équateur, qu'il offrit d'entreprendre avec M. de Fouchy, son élève. Pour donner à cette idée un

[1] L'*aberration* des étoiles fixes, dont la cause a été découverte en 1727, par Bradley, est un déplacement apparent et annuel des étoiles autour de leur position réelle. Cette illusion résulte du mouvement de la terre dans son orbite, combiné avec le mouvement de propagation de la lumière des étoiles. (N)

air de nouveauté, M. Godin ne fit entrer, dans ce 1733
voyage, la mesure des degrés que comme un objet subordonné à d'autres. Ce projet fut agréé de l'Académie et du ministère. M. de La Condamine, qui l'avait proposé le premier, réclama ses droits et demanda d'être du voyage. La province de Quito au Pérou (dont la capitale, située presque sous l'équateur), et qui fait partie de l'Amérique espagnole, fut choisie comme le lieu le plus propre à la mesure des degrés équinoxiaux.

Cette importante question de la mesure de la terre produisit beaucoup d'autres travaux, et entre autres deux Mémoires de M. de Maupertuis de 1733 et 1735. Dans le premier, il donne la solution théorique de cinq problèmes relatifs à la figure de la terre, supposée un ellipsoïde de révolution; mais ces solutions ne pouvaient guère s'appliquer pratiquement à la question de fait qu'il s'agissait de résoudre.

Il n'en est pas de même du second Mémoire (8 juin 1735), dans lequel M. de Maupertuis établit la relation qui lie le rapport des axes de l'ellipsoïde terrestre avec la longueur du degré du méridien à l'équateur, la longueur d'un autre degré à une latitude quelconque et le sinus de cette latitude; de sorte que trois de ces quantités étant connues, la quatrième se trouvait par cela même déterminée.

M. le cardinal de Fleury, instruit par M. le comte de Maurepas des avantages que l'Acadé-

1734 mie et la navigation tireraient d'une détermination précise de la figure de la terre, fit donner ordre à MM. Godin, Bouguer, de La Condamine, de partir pour l'équateur, munis des passe-ports
1735 5 mai. de la cour d'Espagne. Ils s'embarquèrent à la Rochelle, sur un vaisseau du roi, avec l'ardeur qu'inspirent le désir et la certitude d'être utiles à l'univers. A peine les trois académiciens étaient-ils partis pour aller mesurer au Pérou les degrés équinoxiaux, que M. de Maupertuis proposa un autre voyage moins long[1], probablement moins pénible et moins dangereux, mais non moins utile : celui du cercle polaire.

Introduit familièrement chez M. le comte de Maurepas[2] pendant sa convalescence, par M. le comte de Caylus, ami particulier du ministre, il lui représenta que le voyage du Nord pour mesurer les degrés du méridien, voisins du cercle polaire, était le plus sûr moyen de décider la question sans appel par la comparaison des degrés du méridien les plus différents en longueur qu'il serait possible. « Si l'aplatissement de la « terre, disait-il, n'est pas plus grand que Huygens « l'a supposé, la différence des degrés du méri- « dien, déjà mesurés en France d'avec les pre- « miers degrés du méridien voisins de l'équateur, « ne sera pas assez considérable pour qu'elle ne

[1] Voyez *Histoire de l'Académie des sciences*. 1735, p. 31.
[2] Ministre et secrétaire d'Etat et ayant le département de la marine.

« puisse pas être attribuée aux erreurs possibles 1735
« des observateurs et à l'imperfection des instru-
« ments. Mais si l'on observe au pôle; la diffé-
« rence entre le premier degré du méridien
« voisin de la ligne équinoxiale et le 66e, par
« exemple, qui coupe le cercle polaire, sera assez
« grande, même dans l'hypothèse de Huygens,
« pour se manifester sans équivoque, malgré les
« plus grandes erreurs *commissibles*, parce que
« cette différence se trouvera répétée autant de
« fois qu'il y aura de degrés intermédiaires. »

Le ministre fut persuadé par ces réflexions, et l'Académie, par un mémoire dans lequel M. de Maupertuis démontra que le voyage sous l'équateur pouvait être insuffisant pour décider la question. Il s'offrit en même temps pour celui du pôle, et s'associa MM. Clairaut, Camus et Le Monnier, académiciens, avec qui le voyage le plus pénible devenait aisé. L'abbé Outhier, chanoine de Bayeux, bon observateur et correspondant de l'Académie des sciences, leur fut adjoint. M. de Sommereux eut l'emploi de secrétaire, et M. Herbelot celui de dessinateur. M. Celsius, savant astronome suédois, qui se trouvait à Paris, se joignit à eux, de l'agrément du roi.

Pendant les préparatifs du voyage, M. de Maupertuis donna deux Mémoires qui montraient
combien il était occupé de ce grand projet. Dans 1736 4 fév.
l'un, il déterminait par la mesure d'un arc, même médiocre, du méridien, et par l'observation de

1736 deux étoiles très voisines faites aux deux extrémités et au milieu de cet arc, si la terre est sphérique ou non, et en quel sens elle s'éloigne de
24 fév. la sphéricité. Dans l'autre, il déterminait la déclinaison des étoiles par l'observation du temps qu'elles mettent à parcourir un arc. Ces deux ouvrages augmentèrent les espérances qu'on avait conçues de ses opérations.

2 mai. Il partit sur un vaisseau équipé à Dunkerque, accompagné de toute la suite nécessaire pour le succès de l'entreprise. M. de Voltaire chanta le courage de ces Argonautes nouveaux, chargés de la gloire de la patrie. Tous les philosophes de l'Europe attendirent avec impatience le résultat d'observations qui devaient résoudre le plus intéressant des problèmes, et diminuer les dangers que l'on court sur un élément où les moindres erreurs de position sont si redoutables.

21 mai. M. de Maupertuis et ses compagnons arrivaient à peine à Stockholm, qu'après avoir obtenu toutes les facilités nécessaires de la cour de Suède, qui leur donna pour adjoint M. Celsius, professeur d'astronomie à Upsal, ils se hâtèrent d'en partir pour se rendre au fond du golfe de Bothnie, dont la côte septentrionale atteint presque le cercle polaire. Leur projet était de mesurer un degré, ou la 360e partie du méridien. Pour y parvenir, il fallait d'abord avoir la longueur d'une ligne de vingt lieues marines, ou de vingt-cinq lieues communes dans la direction du méridien, c'est-à-

dire du sud au nord. On conçoit que toute ligne 1736
tracée sur la surface de la terre ne peut être qu'un arc, puisque la terre est convexe. Après avoir déterminé la longueur de cette ligne, ou de cet arc, il fallait en mesurer l'amplitude, c'est-à-dire reconnaître quelle portion c'était de la circonférence totale du méridien, ou, ce qui est la même chose, combien cet arc contenait de degrés, de minutes et de secondes; ce qui exige deux observations astronomiques d'une même étoile, dont on mesure la plus grande hauteur aux deux extrémités de l'arc. La valeur du degré du méridien une fois connue en Laponie, la comparaison avec celui de France suffisait pour décider la question de l'allongement ou de l'aplatissement de la terre. Quant à la mesure terrestre, les montagnes, les bois, les marais, les mers, les rivières ne permettent guère dans aucun pays de mesurer sur le terrain une étendue de vingt lieues en droite ligne. On y supplée par le moyen de la trigonométrie (qui est l'art de mesurer les distances inaccessibles), en formant des triangles sur le terrain, dont un seul côté mesuré effectivement sert à conclure tous les autres. Le premier objet des académiciens fut donc de former une suite de triangles qui communiquassent avec quelque terrain dont ils pussent mesurer la longueur à la perche, et de cette base, actuellement mesurée, conclure, par le calcul, toutes les autres distances. La facilité de se rendre par mer aux

1736 différentes stations, d'y transporter les instruments dans des chaloupes, l'avantage des points de vue que leur promettaient les îles du golfe marquées sur toutes les cartes, la direction du golfe à peu près nord et sud, tout avait tourné leur choix vers ces côtes et ces îles. Ils coururent les reconnaître. Mais toutes leurs navigations leur apprirent qu'il fallait renoncer à ce premier dessein ; ces îles ne s'avançaient point assez en mer pour former, avec des points pris sur la côte, d'assez grands triangles et tels que leurs opérations les demandaient.

Les montagnes des environs de Tornéa présentèrent des points de vue d'une apparence plus favorable. Mais il fallait naviguer sur un fleuve rempli de cataractes, traverser à pied des bois et des marais, escalader des montagnes escarpées, dépouiller leurs sommets des arbres dont elles étaient couvertes, vivre dans ces déserts avec la plus mauvaise nourriture, souffrir les piqûres des mouches, si cruelles que les Lapons même n'y peuvent résister, enfin entreprendre l'ouvrage sans trop savoir s'il était possible. Ces obstacles effrayants eurent pour eux l'attrait de la difficulté. On résolut de mesurer, malgré la nature, le degré le plus septentrional qu'il leur serait possible d'atteindre, et ce fut le degré qui coupe le cercle polaire, et dont une partie s'étend dans la zone glacée.

6 juill. Les académiciens partirent donc de Tornéa, et

ne vécurent plus que dans les lieux inhabités et 1736
sur les montagnes qu'ils voulaient lier par des triangles les unes aux autres. Ils y plantèrent leurs signaux, y portèrent leurs instruments, et commencèrent leurs observations. Ils passèrent 30 juill.
le cercle polaire, et, de rochers en rochers, de cataractes en cataractes, ils arrivèrent à Pello, où ils se trouvèrent tous réunis.

Là, se rendant un compte mutuel de leurs tra- 9 sept.
vaux, ils s'applaudirent d'avoir la plus belle suite des triangles qu'ils pussent souhaiter. Il semblait qu'ils eussent été les maîtres de placer les montagnes à leur gré. Toutes celles où ils avaient posé des signaux et le clocher de l'église de Tornéa, qui terminait la suite de leurs triangles vers le sud, formaient une figure fermée, dans laquelle se trouvait la montagne de Horrilakero qui en était comme le foyer et le lieu où aboutissaient tous les triangles. La figure était un long heptagone, placé justement dans la direction du méridien. Vers le milieu on pouvait mesurer une base plus grande qu'aucune qui jamais eût été mesurée, et sur la surface la plus plane, puisque c'était celle d'un fleuve glacé pendant cinq mois de l'année. Enfin, la longueur de l'arc du méridien était la plus convenable pour la certitude des opérations, comme M. de Maupertuis l'avait démontré avant son départ. L'ouvrage étant possible, le courage de la troupe redoubla pour ce qui manquait encore à l'exécu-

1736 tion, et qui ne demandait que des fatigues et du temps.

Ils choisirent la montagne de Kittis, point le plus septentrional de leurs triangles, pour faire la première des deux observations astronomiques qui devaient déterminer l'amplitude de l'arc du méridien. Ils y bâtirent deux observatoires. Dans l'un était une pendule du célèbre Graham, un quart de cercle de deux pieds de rayon, et une lunette mobile autour d'un axe horizontal. Dans l'autre était un secteur de neuf pieds de rayon, ouvrage du même Graham, et pareil à celui auquel M. Bradley devait sa découverte de l'aberration des étoiles fixes.

Ils se hâtèrent de venir observer la hauteur méridienne de la même étoile qu'ils avaient observée à Kittis, dans la ville de Tornéa, à l'embouchure du fleuve de même nom, qui, dans un seul jour, était devenu une plaine immense de glace et de neige. Ils trouvèrent 57' 27'' pour l'amplitude de leur arc, qui coupait le cercle polaire.

L'ouvrage était bien avancé. Mais ils ne savaient point encore la longueur de la base qui devait servir d'échelle au plan de leurs triangles, et ne pouvaient jusque-là prononcer sur l'allongement ou l'aplatissement de la terre. Au lieu de remettre l'arpentage de cette base au printemps, ils l'entreprirent au solstice d'hiver, temps où le soleil ne se levait à midi que pour paraître un instant; mais où les crépuscules, la blancheur

de la neige et les aurores boréales, ces feux dont 1736
le ciel étincelle toujours en ces régions, leur promettaient assez de lumière pour travailler quatre heures dans la journée.

Attirés par la nouveauté du spectacle, les Lapons descendirent de leurs montagnes. Les académiciens se partagèrent en deux troupes pour avoir deux mesures au lieu d'une et prévenir par là toutes méprises. Marchant dans une neige de deux pieds de haut, accablés sous le poids de longues perches qu'il fallait sans cesse porter et relever, transis de froid et suant de travail, privés de toute autre boisson que de l'eau-de-vie, promptement gelée, qui les brûlait en les désaltérant, et qu'ils ne pouvaient approcher de leurs lèvres sans les retirer de la tasse toutes saignantes, ils mesurèrent en six jours un espace de plus de trois lieues.

Mais ils avaient oublié une observation sur Avasaxa, haute montagne remplie de rochers et d'abîmes couverts d'une neige éternelle. M. de Maupertuis entreprend de l'escalader. Armé d'un quart de cercle, il s'enfonce dans une espèce de petit traîneau attaché par une longe au poitrail d'un renne aussi agile qu'indomptable. Il gravit à travers les précipices sur le sommet de la montagne, fait son observation, et descend avec la vitesse d'un éclair. M. l'abbé Outhier eut le courage de l'accompagner dans cette périlleuse expédition [1].

[1] *Primaque lux nostri tecum fuit illa pericli.* Ovid., *Met.*, lib. XIII.

1736 Dès lors la mesure de la base fut achevée; et sur une distance de 7406 toises 5 pieds, il n'y eut entre le travail des deux troupes qu'une différence de quatre pouces, qui ne font pas trois pieds sur un degré. En prenant le milieu, l'erreur probable se réduit à la moitié.

Ils virent alors que la longueur de l'arc du méridien intercepté entre les deux parallèles de Tornéa et de Kittis, était de 55,023 ½ toises, que cette longueur ayant pour amplitude 57' 27", le degré du méridien sous le cercle polaire était plus long d'environ 1,000 toises que ne l'avait supposé M. Cassini dans son ouvrage sur la figure de la terre[1].

30 déc. Ils se hâtèrent de revenir à Tornéa pour se garantir des dernières rigueurs de l'hiver. Ce fut
1737 sans doute pendant l'oisiveté de cette saison que
M. de Maupertuis prit un goût passager pour une Laponne[2], qui s'attacha tendrement à lui et vint même le joindre à Paris. Il la chanta comme la plus aimable et la plus délicate des maîtresses. Voici des couplets de ce philosophe amoureux :

> Pour fuir l'amour,
> En vain l'on court
> Jusqu'au cercle polaire.

[1] Le degré du méridien qui coupe le cercle polaire devait être de 56,521 toises. *Grandeur et figure de la terre*. 1718. Page 243. M. de Maupertuis le trouvait de 57,437 toises.

[2] C'était une Finlandaise. (Note de de Lalande.)

Dieux! qui croiroit 17,7
Qu'en cet endroit
On eût trouvé Cythère?

Dans les frimas
De ces climats
Christine nous enchante :
Oui, tous les lieux
Où sont tes yeux
Sont la zone brûlante.

L'astre du jour
A ce séjour
Refuse la lumière;
Et tes attraits
Sont désormais
L'astre qui nous éclaire.

Le soleil luit :
Des jours sans nuit
Bientôt il nous destine;
Mais ces longs jours
Seront trop courts
Passés près de Christine.

On vit que sa passion pour la philosophie ne l'abandonnait point, même en ces instants où elle lui permettait de se jouer sur des objets moins sérieux. Géomètre jusque dans ses plaisirs, il portait du moins alors la gaieté jusque dans les spéculations géométriques. Le *Journal* du voyage du Nord, par l'abbé Outhier, fait foi que sans les ressources et l'enjouement de M. de Maupertuis, ses savants compagnons, tantôt malades, tantôt découragés, auraient travaillé peut-être avec moins de fruit, et certainement avec moins d'ardeur.

1737 Après une inaction de trois mois, ils sortirent de Tornéa pour vérifier leurs opérations. C'était un hommage qu'ils devaient au nom de Cassini, un tribut qu'ils payaient au préjugé. Quant aux triangles, tous leurs angles avaient été observés tant de fois et vérifiés par tant d'yeux, qu'il ne pouvait y avoir aucun doute sur cette partie. Cependant ils firent un calcul singulier. Ils supposèrent que, par la plus grande maladresse et le plus grand malheur réunis, ils se fussent trompés de 20'' dans chacun des deux angles de chaque triangle et conséquemment de 40'' dans le troisième, et que toutes ces erreurs, allant toujours dans le même sens, tendissent toujours à diminuer la grandeur de leur arc. Ils reconnurent que l'erreur sur la longueur totale n'aurait été que de 54 toises et demie, tandis qu'ils trouvaient une différence d'environ 1,000 toises entre le résultat de leurs observations et la longueur de ce même degré, conclue par M. Cassini.

17 mars Il ne restait à vérifier que l'amplitude de l'arc; ils résolurent de la déterminer par une autre étoile, ce qui ne se pouvait sans faire un nouveau voyage à l'autre extrémité de l'arc mesuré.
4 avril. Ils retournèrent donc à Kittis, ils y observèrent une autre étoile, ainsi qu'à Tornéa. Les deux amplitudes résultant des deux opérations s'accordèrent avec précision. Ils conclurent enfin que le degré terrestre était plus grand de 377 toises que

celui de Picard entre Paris et Amiens, et que la 1737
terre est considérablement aplatie vers les pôles.

Cependant le soleil se rapprochait et ramenait
l'aurore de ce jour qui dure plusieurs mois. Les
académiciens songèrent à quitter un pays où ils
voyaient « l'été dans les cieux pendant que l'hiver
« était encore sur la terre. » Mais M. de Maupertuis apprit qu'au milieu d'une vaste forêt, au delà
du cercle polaire, on voyait un ancien monument
qui passait pour une merveille. Habitué au péril
comme à la fatigue, avide de pénétrer jusqu'au
centre de la Laponie, il partit, accompagné de 11 avril.
M. Celsius, très versé dans les langues du Nord.
Après une marche pénible, il vit une pierre d'une
forme irrégulière et une inscription qu'il copia,
mais que ni le savant Suédois, ni lui, ne purent
déchiffrer. Ils doutèrent même si les prétendus
caractères étaient l'ouvrage de l'homme ou le jeu
de la nature. On peut voir dans sa *Relation* les
conjectures philosophiques que ce monument lui
fit naître sur les changements arrivés à notre
globe, et produits peut-être par la seule variation dans l'obliquité de l'écliptique.

Enfin les académiciens partirent pour Stock- 9 juin.
holm, les uns par terre, treize mois après leur
départ de Paris, les autres par mer. Ceux-ci,
parmi lesquels était M. de Maupertuis, firent
naufrage dans le golfe de Bothnie ; mais leur hardiesse et leur habileté les sauvèrent, et le roi de
Suède les consola de cette triste aventure par l'ac-

1737 cueil le plus gracieux. Il avait dit à M. de Maupertuis, à son premier passage : « Je me suis « trouvé dans de sanglantes batailles ; mais j'ai- « merais mieux retourner à la plus meurtrière « que d'entreprendre le voyage que vous allez « faire. C'est un pays affreux : du reste c'est un « pays de chasse. » Il lui donna un fusil dont il s'était servi longtemps lui-même. L'ambassadeur leur avait recommandé de ne point faire l'exercice de leur religion, de peur de choquer les habitants ; mais le seigneur de l'Église (c'est ainsi qu'ils appellent le prêtre), ayant su qu'ils s'en abstenaient par cette considération, les rassura et leur montra qu'il y avait sous le cercle polaire des chrétiens tolérants. L'abbé Outhier dit dès lors la messe.

Revenus dans leur patrie, ils y trouvèrent des contradictions pires que les difficultés qu'ils avaient vaincues. Il y avait en France bien des gens qui ne voulaient point donner à la terre une figure qu'un Hollandais et un Anglais avaient imaginée. Un petit nombre de sages se disaient tout bas que les académiciens pouvaient bien avoir raison. M. de Maupertuis, également indigné de l'incrédulité de ses ennemis et de la faiblesse de ses partisans, soutenait que la question était décidée et déployait ce caractère de hauteur qu'il avait jusqu'alors contenu. Il lut dans une assemblée
13 nov. publique de l'Académie la *Relation du voyage et des opérations*. Ses auditeurs pâlirent plusieurs fois au

récit des périls qu'il avait bravés, et applaudirent 1737
au détail des précautions scrupuleuses qu'il avait prises pour assurer le succès de sa mission. L'Académie ne se prononça point, mais le public se déclara pour lui.

M. le cardinal de Fleury répandit sur les académiciens les bienfaits du roi. Il donna cent pistoles de pension à chacun d'eux, et distingua M. de Maupertuis en lui en donnant vingt de plus [1]. M. de Maupertuis jugeant que le cardinal de Fleury, chargé de la reconnaissance de l'univers, s'en acquittait avec trop d'économie, le remercia de ses bontés, l'assura que le plaisir et la gloire d'avoir bien fait étaient la seule récompense qu'il eût ambitionnée, et le pria de répartir entre ses collègues la pension qu'il lui destinait.

Le cardinal de Fleury fut piqué de ce refus, le premier peut-être qu'il eût essuyé. Le philosophe lui parut d'autant plus ingrat qu'il était plus désintéressé. Le comte de Maurepas, son protecteur auprès du premier ministre, sollicita M. de Maupertuis d'accepter cette modique pension et d'écrire à Son Éminence une lettre d'excuse. Mais M. de Maupertuis, outré de la récompense dont on payait ses travaux, fut toujours inflexible. Il dit même à M. de Maurepas, dans un moment de vivacité, que le cardinal pouvait donner

[1] M. de Maupertuis reçut au mois de décembre la nouvelle que le roi avait aussi donné à Celsius 1,000 livres de pension. Ce fut M. de Maurepas qui le lui dit.

1737 cette pension à son valet de chambre, qui avait aussi fait le voyage du pôle et qui en était revenu malade. M. de Maurepas crut ne devoir plus être son ami que secrètement.

Mais Paris, charmé de la générosité de M. de Maupertuis, eut pour lui une considération qui tenait de l'enthousiasme. Jusqu'alors il n'avait fréquenté que les gens de lettres : à son retour de Laponie il se répandit dans le grand monde et parut y être né. Les plus brillantes sociétés se le disputaient : il avait tout ce qu'il faut pour y plaire, tous les genres d'esprit et l'art de n'en avoir pas toujours. Il mit les géomètres à la mode : on les croyait tous sauvages, quelques-uns surent être frivoles.

Ces succès réveillèrent l'envie. Quelques académiciens même n'en parurent pas exempts. Ils trouvèrent que M. de Maupertuis triomphait avec trop de fierté. Il était dur et humiliant pour M. Cassini, après cinq différentes opérations où le père et le fils avaient employé tout leur art, et qui avaient coûté tant de soins et de dépenses, de convenir qu'il s'était trompé, d'avouer que M. de Maupertuis, en neuf mois, avait détruit leur ouvrage d'un demi-siècle ; enfin de rétracter une erreur soutenue pendant quarante ans, malgré les plus fortes objections. M. Cassini était doux, modeste et très réservé dans ses discours : il avait le maintien d'un homme étonné de sa réputation. Ses partisans, sur la foi de son nom, par-

laient plus haut que lui, et ceux que l'éclat 1737
de M. de Maupertuis offusquait cherchaient à l'obscurcir. Ils jetèrent des doutes et des difficultés sur la manière dont l'opération avait été faite; ils crièrent beaucoup sur ce que l'instrument n'avait pas été retourné; ils conclurent que pour décider la question, il fallait attendre le résultat des opérations faites sous l'équateur[1].

M. de Maupertuis employa le secours de la ruse. 1738
Il publia une petite brochure anonyme, où il faisait, contre son travail, des objections assez spécieuses. Ensuite il en donna une seconde sous le titre d'*Examen désintéressé*. Cette pièce, très adroite et très maligne contre les Cassini, avec le plus grand air d'impartialité, donna le change à leurs partisans. M. de Mairan même y fut trompé, et lui prodigua des éloges. Dès lors M. de Maupertuis dit publiquement qu'il en était l'auteur. Alors on en reconnut le venin, et l'on aima mieux dire qu'on avait eu tort de louer ces ouvrages que de convenir que M. de Maupertuis avait raison[2]. Mais ses admirateurs publiaient qu'il était bien

[1] Il faut convenir qu'il y avait bien quelquefois incertitude. Les astronomes suédois, en 1803, ont refait le travail et n'ont trouvé le degré que de 57,192 toises, au lieu de 57,419, et cela s'accorde mieux avec les autres degrés mesurés ailleurs; mais il n'est pas moins vrai que la question fut décidée par l'ouvrage de Maupertuis. (Note de de Lalande.)

[2] L'argument que faisait surtout valoir en faveur de M. Cassini l'auteur de l'*Examen*, était le nombre et l'appareil de cinq différentes mesures.

1738 étrange que MM. Cassini et de Réaumur lui enviassent la gloire d'avoir déterminé la figure de la terre, tandis qu'ils étaient tous les deux comblés de biens et d'honneurs; l'un pour s'être trompé dans ses mesures, l'autre pour avoir ruiné une compagnie[1] d'associés à une manufacture entreprise sur sa parole.

Cependant M. Cassini, conservant son caractère, portait dans cette querelle une extrême modération. Il n'écrivait point, et se contentait d'alléguer sa mesure du méridien; il avouait même que les observations des satellites de Jupiter, anciennement faites par La Hire à Saint-Malo, et par Enseinschmid à Strasbourg, aux deux extrémités du parallèle de Paris, qui s'accordaient avec sa mesure, étaient susceptibles d'une assez grande erreur. Mais ses adhérents n'imitaient point son exemple : ils disaient même que la découverte de M. de Maupertuis, fût-elle sûre, n'était pas fort importante. Ces propos s'accréditaient en se répétant, et il ne tenait pas à ces hommes qui voient toujours avec des yeux malades la gloire d'autrui, qu'on ne regardât l'expédition du Nord comme l'effet d'une de ces spécu-

[1] En 1720, M. de Réaumur ayant donné l'art d'adoucir et de forger le fer fondu, il s'établit à Paris une manufacture où l'on fit de très beaux ouvrages en fer fondu et réparé à la lime; mais quoique d'un prix très inférieur à ceux qu'on pouvait faire avec du fer battu et limé, on les trouvait trop chers, et la manufacture fut abandonnée. Il avait en récompense, de M. le Régent, dix mille livres de pension, reversibles, après sa mort, à l'Académie des sciences.

lations vaines et pénibles, dont l'oisiveté des philosophes s'occupe quelquefois[1]. 1738

M. de Maupertuis réfuta cette injustice en tirant la relation de son voyage de ce vaste recueil de mémoires académiques, plus propre à conserver les ouvrages qu'à les rendre publics. Il la fit imprimer séparément, et prouva dans sa préface l'utilité de l'entreprise. En effet, si la figure de la terre était incertaine, les navigateurs seraient exposés à des erreurs de longitude qui les jetteraient dans de grands périls. Sur des routes de cent degrés en longitude, ils commettraient des erreurs de plus de deux degrés si, naviguant sur le sphéroïde de Newton, ils se croyaient sur celui de Cassini. De plus, avant la détermination de la figure de la terre, on ne pouvait savoir si cette erreur ne serait pas beaucoup plus grande; elle l'est en effet, puisque les mesures de M. de Maupertuis, et depuis lui celles des académiciens envoyés sous l'équateur, font notre globe plus aplati que la théorie de Newton ne le suppose[2]. Si le navigateur ne sent pas aujourd'hui tout l'avantage d'une mesure exacte des degrés terrestres, c'est qu'il est exposé à plusieurs autres erreurs, parmi lesquelles l'erreur qui naît de l'ignorance de la figure de la terre se trouve confondue et cachée.

[1] Maupertuis fit encore imprimer une autre plaisanterie, intitulée: *Lettre d'un horloger anglais*, mais qu'il supprima lorsqu'on l'eut raccommodé avec Cassini. (Note de de Lalande.)

[2] Voyez la note de la page 90.

1738 Mais quand la navigation sera perfectionnée, ce qui restera de plus important pour lui, ce sera la détermination exacte de la figure de cette planète. Cette détermination est encore utile à la perfection du nivellement et à la théorie de la lune, astre sur lequel on a toujours beaucoup compté pour déterminer les longitudes en mer[1]. Tel est l'enchaînement des sciences, que les mêmes principes servent à diriger un vaisseau sur la mer, à suivre le cours de la lune dans son orbite, et à faire couler les eaux dans les lieux qu'on veut rapprocher par elles.

Dans ce même livre, M. de Maupertuis fit part à l'Académie de la mesure de la pesanteur dans la zone glacée. Il l'avait déterminée avec une horloge d'une construction particulière, de l'invention de Graham, et destinée à ces sortes d'expériences. Il avait trouvé que la pesanteur à Paris est à la pesanteur à Pello comme 100,000 à 100,137. En même temps, il donna une table des différents poids d'une même quantité de matière, dans les lieux où des expériences sur la pesanteur avaient été faites par les mêmes observateurs, ou avec les

[1] Ces prévisions se sont vérifiées depuis la mort de M. de Maupertuis. Les tables des mouvements de la lune se sont perfectionnées, ainsi que les instruments propres à observer en mer cet astre et sa distance aux étoiles. Les montres marines de Harisson, celles de plusieurs de nos artistes, les efforts réunis de nos plus grands géomètres, des mécaniciens et des opticiens donnent lieu d'espérer que dans quelques années on aura la longitude en mer avec plus de précision que nos pères n'ont osé l'espérer.

mêmes instruments. Enfin il montra que son attention s'était portée sur tous les objets, en communiquant une observation sur la déclinaison de l'aiguille aimantée à Tornéa, qu'il avait trouvée être de 3° 5' du nord à l'ouest. 1738

Cependant les lettres des trois académiciens envoyés à l'équateur, décidaient la question en faveur de l'aplatissement de la terre. M. de La Condamine écrivit à M. le comte de Maurepas et à M. de Maupertuis que, malgré l'insuffisance de leurs premières observations aux deux extrémités de l'arc du méridien qu'ils allaient répéter, et quand on y supposerait une erreur double de celle qui paraissait possible, la correction de cette erreur ne pourrait que rendre cet aplatissement moindre, mais qu'il resterait encore plus grand qu'il ne résultait de la théorie de Newton [1].

M. de Maupertuis, vainqueur, partit pour Saint-Malo, sa patrie, et alla dans le sein de sa famille jouir tranquillement de sa gloire et se délasser des combats qu'elle lui avait coûtés. Ce fut alors qu'un grand poëte [2], surpris de le voir s'arracher aux applaudissements de Paris pour aller trouver ses parents, lui écrivit ces paroles où d'un trait il peint M. de Maupertuis : « Comment faites-vous « avec cet esprit sublime pour avoir aussi un « cœur? » Notre philosophe goûtait à Saint-Malo,

[1] Voyez la note de la page 90.
[2] M. de Voltaire. (M. A.)

1738 toutes les douceurs de la société domestique avec une sœur tendrement chérie, avec un frère naturaliste et physicien, de qui M. de Maupertuis disait qu'il avait plus d'esprit que lui[1]; avec des amis dont sa gloire augmentait l'amour-propre. Il y apprit pendant son séjour que l'Angleterre se servait déjà, pour perfectionner sa navigation, de ces mêmes mesures qu'en France on accusait d'être inutiles et suspectes[2].

Madame la marquise du Châtelet, qui, dès l'âge où les femmes ne savent que plaire, avait joint à ce mérite celui d'écrire et de penser, l'appelait depuis longtemps dans son château de Cirey, en Bourgogne. Elle y vivait dans l'étude de la philosophie et des arts avec M. de Voltaire, à qui ses *Lettres* sur les Anglais avaient suscité des persécutions qu'il avait conjurées en s'éloignant. Elle voulut apprendre les mathématiques. M. de Maupertuis lui donna pour maître M. Kœnig, qu'il avait connu à Bâle et retrouvé à Paris dans l'indigence. Celui-ci, le plus superstitieux idolâtre de Leibnitz, au lieu de leçons de géométrie en donnait à la marquise sur la métaphysique des monades et sur toutes les vérités inintelligibles

[1] Ce frère, auquel il avait procuré, par la recommandation du roi de Prusse, une abbaye, mutilait des chats pour faire des expériences. Madame la duchesse d'Aiguillon lui demandait un jour : « Comment, vous qui aimez les chats, pouvez-vous avoir cette « cruauté? — Madame, répondit l'abbé, on a des sous-chats pour « ces sortes d'épreuves. »

[2] *Tab. loxodromiques* de Murdoch.

qu'on croit dans les écoles d'Allemagne. Il l'engagea même à prêter son nom et son esprit à rendre séduisantes ces nouveautés, dans la préface du livre où elle enseignait à son fils la physique qu'elle venait d'apprendre. 1738

M. de Maupertuis eut donc à Cirey deux disciples au lieu d'un. Il eut à combattre les hérésies métaphysiques de madame du Châtelet et à corriger les paralogismes que M. de Voltaire avait semés dans ses *Eléments de philosophie* newtonienne. M. Jean Bernoulli fils vint à son secours et remit madame du Châtelet dans l'étude des mathématiques et des langues, au point d'être en état de traduire Newton, et de le commenter à l'aide de Clairaut. Le père Jacquier, minime français, célèbre par son commentaire de Newton, se rendit aussi à Cirey. Le comte Algarotti manquait à cette société: il venait de rendre aux dames le même service que M. de Fontenelle avait rendu à la marquise de la Mésangère, en parant de fleurs, peut-être moins naturelles, une philosophie certainement plus vraie [1]. Il se rendit aux invitations de madame du Châtalet et vint augmenter le nombre de ses admirateurs et de ses maîtres. On jouissait des plaisirs de la campagne, et l'on envoyait à Paris des pièces pour concourir au prix proposé par l'Académis des sciences.

Cependant cette petite et savante cour, malgré

[1] Le *Newtonianisme pour les dames.*

1738 l'heureux choix des personnes qui la composaient, ne put s'exempter des tracasseries et des ridicules. On écrivit contre M. de Mairan, quoiqu'on pensât peut-être comme lui[1]. On défendit Leibnitz, auquel on ne croyait guère. On disputait sans ménagement et quelquefois avec aigreur. M. de Voltaire, jaloux de M. Kœnig, tâchait de l'éloigner : M. de Maupertuis était son protecteur auprès de la marquise. L'ennui succédait quelquefois à la joie, et les caprices aux complaisances. On se lassait de se voir et peut-être on se le témoignait; mais les meilleures sociétés ont ces défauts, et pas une n'eut les agréments de celle-ci. Il était réservé au château de Cirey de rassembler à la fois tous les plaisirs et tous les talents : des géomètres profonds, un Italien philosophe, un poëte enchanteur, l'intrépide aplatisseur de la terre et une femme aimable, qui joignait aux goûts frivoles de son sexe celui des connaissances les plus sublimes et un esprit capable d'entendre et de juger de tels hommes.

1739 Cependant la dispute sur la figure de la terre durait toujours. Pour la terminer, M. de Maupertuis, de retour à Paris, fut d'avis de vérifier la mesure astronomique de Picard avec le même secteur dont il s'était servi au pôle. Pour cela on prit, sur l'arc mesuré du méridien de Paris, la partie terminée par les deux églises de Notre-Dame

[1] Sur les forces vives.

d'Amiens et de Notre-Dame de Paris, magnifiques 1739
monuments, quoique gothiques, que le hasard semblait avoir placés si exactement sous le même méridien, à la distance de près d'un degré, qu'ils semblaient destinés à être le terme d'une telle mesure. On reconnut des erreurs dans l'observation astronomique de Picard[1], la mesure de sa base et de ses triangles n'ayant pas encore été vérifiée. Le résultat des nouvelles observations fut alors que le degré du méridien entre Amiens et Paris était de 57,183 toises (au lieu de 57,060 toises).

Enfin M. Cassini se défia de l'exactitude de la base de M. Picard, sur laquelle il avait fondé tous ses rapports. Il remesura jusqu'à cinq fois la base de M. Picard, qu'il trouva trop longue d'une toise par mille; il recommença, et trouva les degrés du méridien croissants à contre-sens de ce qu'il les avait trouvés autrefois, ce qui confirmait la mesure des observateurs du pôle. Il reconnut
son erreur. Il fit plus, il en consigna l'aveu dans 1740
le livre publié depuis par M. Cassini de Thury, son fils, en 1744, intitulé *La méridienne de Paris vérifiée dans toute l'étendue du royaume*. Ce fut alors que M. de Maupertuis fit imprimer sa *Lettre d'un horloger anglais*, brochure pleine de l'ironie la plus fine, et devenue extrêmement rare, parce que

[1] Voy. *Mesure des trois premiers degrés du méridien*, par M. de La Condamine, art. XXVII, pag. 239 et suiv., imprimé au Louvre en 1751.

1740 depuis sa réconciliation sincère avec M. Cassini M. de Maupertuis supprima le très petit nombre d'exemplaires qu'il en avait fait tirer [1].

Il ne lui fut pas si facile de se réconcilier avec MM. de Réaumur et de Mairan. Le premier lui avait reproché la chaleur avec laquelle il soutenait sa cause. M. de Maupertuis lui avait répliqué que toute l'Académie l'avait vu se passionner pour des araignées, et se brouiller pendant des années entières avec un ancien ami [2] pour quelques bagatelles sur les thermomètres; qu'après cela il ne lui convenait guère de désapprouver sa vivacité dans une affaire où son honneur était intéressé. Quant à M. de Mairan, la méprise où il était tombé en applaudissant à l'auteur de *l'Examen désintéressé* lui tenait au cœur; Il n'a jamais pardonné ce piége à M. de Maupertuis, dont quelques autres plaisanteries lui étaient peut-être revenues : faiblesses d'esprits supérieurs bien consolantes pour le vulgaire !

Cependant M. de Maupertuis, voulant embrasser l'universalité des sciences, méditait sur les lois du mouvement, sur la nature de l'équilibre, et cherchait s'il n'y aurait pas dans la statique, pour les corps tenus en repos par des forces, une loi générale nécessaire pour leur repos. Ses recherches ne furent pas inutiles, et voici ce qu'il

[1] Voy. la note de de Lalande, p. 57; voy. aussi, sur cette brochure, *la France littéraire*, par M. Querard, t. V, art. Maupertuis. (M. A.)

[2] M. de Mairan.

trouva (*Loi du repos* des corps, *Mém. de l'Acad.* 1740 20 fév.
1740) : « Soit un système de corps qui pèsent, ou « qui soient attirés vers des centres par des for- « ces qui agissent chacune sur chacun, comme « des fonctions quelconques de leurs distances « aux centres. Pour que tous ces corps demeu- « rent en repos, il faut que la somme des produits « de chaque masse, par l'intensité de sa force et « par l'intégrale de chaque fonction, multipliée « par l'élément de la distance au centre, fasse « un minimum. » Il démontra cette belle loi dont le principe fondamental de la statique n'est qu'une suite et un cas particulier. Il fit voir qu'elle facilitait la solution de plusieurs problèmes de mécanique, qui avaient autrefois étonné ou fatigué Fermat et Varignon.

Vers le même temps il donna une magnifique édition in-4° des *Mémoires* de l'illustre Duguay-Trouin, son compatriote et son ami, et dans la préface qu'il mit à la tête du livre, il traça le portrait du héros avec autant d'élégance que de fidélité.

Un jeune prince, nourri dans l'école des arts 31 mai.
et de l'adversité, venait de monter sur le trône. Dans sa retraite de Rheinsberg, il avait dévoré les ouvrages de M. de Maupertuis et souhaité mille fois de voir sa personne. Dès qu'il fut maître, il tourna vers les sciences ses premiers regards. Il rappela M. Wolff, persécuté par le feu roi à la requête des théologiens; il ravit à la Russie le feu du ciel en lui enlevant le lumineux Euler; il

1740 invita MM. Bernoulli, 'S Gravesande et Musschenbroek à se rendre auprès de lui. En un mot, il sembla vouloir commander aux sages comme aux héros. Mais ses plus grands empressements furent pour M. de Maupertuis. Voici ce qu'il lui écrivit de sa main : « Mon cœur et mon inclina-
« tion, Monsieur, m'ont fait désirer dès le pre-
« mier moment de mon avénement de vous avoir,
« pour donner à l'Académie de Berlin la forme
« qu'elle ne peut recevoir que de vous. Venez donc
« enter sur la plante sauvage la greffe des scien-
« ces et des fleurs. Vous avez appris au monde la
« figure de la terre : vous apprendrez d'un roi
« quel est le plaisir de posséder un homme tel
« que vous. »

M. le comte de Camas, ministre de Prusse à la cour de France, eut ordre d'ajouter ses instances à cette invitation. M. de Maupertuis s'y rendit avec joie et partit pour Wesel, où il fut présenté au roi-philosophe. Les bontés dont il fut comblé, les qualités éminentes dont il fut le témoin familier, lui inspirèrent pour ce prince ce tendre attachement qui n'a fini qu'avec sa vie. Cependant il ne fit point sa cour avec bassesse. Il sentit qu'un monarque qui l'aimait ne pouvait aimer les esclaves : il sut plaire par la vérité.

L'*Anti-Machiavel* venait de paraître, et des millions de voix avaient répété les louanges que l'éditeur lui avait données. Le suffrage de M. de Maupertuis manquait à l'amour-propre de l'auteur. Le roi le pressa de lui dire ce qu'il en pensait. Après avoir donné des éloges à la beauté de l'ouvrage, le roi continuant à le presser : « Mais, « Sire, ajouta M. de Maupertuis, je crains qu'on « ne dise que le premier conseil que Machiavel de- « vait donner à son prince, c'était celui de le ré- « futer. » 1740

Dans le même temps, M. de Voltaire, invité par le même prince, alla rendre ses hommages à celui dont il avait présagé les destinées. Il partit de Bruxelles pour Clèves, où le roi l'entretint souvent. Mais parlant toujours de madame du Châtelet, qu'il avait laissée à Bruxelles, et de son dévouement pour cette dame, il partit de Clèves, après avoir passé quelques jours auprès du roi avec M. de Maupertuis, dont il faisait gloire d'être disciple. Le philosophe était en ce moment plus nécessaire aux vues du prince que le poëte. Au milieu de projets de guerre, occupé du rétablissement de son Académie, dont la gloire n'avait pas survécu à Leibnitz, son fondateur, Frédéric voulut que M. de Maupertuis le suivît à Berlin, et le persuada par tout ce que le plus séduisant des rois pouvait employer de plus attrayant. « Quand « nous partions tous deux de Clèves, » dit M. de Voltaire dans sa lettre de la Haye à M. de Maupertuis, du 18 septembre 1740, « que vous prîtes « à droite et moi à gauche, je crus être au juge- « ment dernier, où le bon Dieu sépare ses élus « des damnés. Divus Federicus vous dit : Asseyez- septemb.

1740 « vous à ma droite dans le paradis de Berlin, et
« à moi il me dit : Allez, maudit en Hollande. »

octobre. M. de Maupertuis jouit à la cour de Prusse de
tous les agréments que les deux reines purent lui
procurer. Il n'était pas aisé de lui faire oublier
Paris. Il y tenait par les chaînes d'un heureux
amour pour une jeune philosophe remplie d'esprit et d'agrément. Les fêtes de Berlin le tinrent
quelques semaines dans une espèce d'enchantement, et des charmes nouveaux le rendirent peut-
être infidèle à des charmes trop connus.

13 déc. Il ne suivit point en Silésie le roi de Prusse,
qui disparut d'un bal pour aller se mettre à la
tête d'une armée, et dont cette province apprit à
la fois l'arrivée et le départ. Mais ce prince, ayant
1741 dans l'espace de deux mois conquis la Silésie,
pris des quartiers d'hiver, augmenté son armée,
19 fév. revu sa capitale et rouvert la campagne, M. de
Maupertuis le suivit et assista à toutes les opérations qui précédèrent la bataille de Molwitz. Glo-
gau fut pris en dormant, Brieg en veillant. Cette
5 avril. expédition ressemblait moins à une guerre qu'à
une fête, jusqu'à ce que le comte de Neuperg vint
opposer aux Prussiens victorieux des troupes
aguerries par le prince Eugène.

Tous ces événements réveillèrent dans le cœur
de M. de Maupertuis l'ardeur martiale dont il
10 avril. avait brûlé dans sa jeunesse. Il voulut être témoin
d'une bataille et ne quitta point le roi, qui eut un
cheval tué sous lui, deux pages blessés à ses cô-

tés, et qui reçut deux balles dans sa cuirasse. Son 1741
aile droite fut enfoncée et poursuivie. Le maréchal de Schwérin, couvert de sang et de sueur, mais plus inquiet du péril de son maître que de ses blessures, pria le roi de se retirer, et, sur son refus, menaça de se retirer lui-même. Ce prince, sollicité par ses autres généraux, et sentant que le salut de la Prusse résidait en sa personne, fit ce que Maurice de Saxe imita depuis dans la bataille de Raucoux : il força son courage à la retraite. M. de Maupertuis, emporté par son cheval dans un parti de hussards, fut fait prisonnier, et dans un instant fut dépouillé par les soldats. En vain il leur promettait la valeur de ses effets en argent, il n'était point entendu : et les hussards le menèrent couvert de haillons au camp autrichien. Il n'y pouvait être longtemps étranger. Nul officier dont il ne fût connu dès qu'il se nomma. Le comte de Neuperg lui donna des habits et de l'argent, le consola de la brutalité des soldats par toutes sortes de politesses, et le fit conduire jusqu'à Vienne. Le roi de Prusse craignit qu'il n'eût été tué. Le bruit de sa mort se répandit, et ses amis le pleurèrent pendant quelques jours.

A Vienne il fut présenté à la reine de Hongrie et au grand-duc de Toscane, qui l'accueillirent en souverains dignes d'avoir de pareils sujets. La reine lui demanda s'il était vrai que la reine de Prusse fût la plus belle princesse du monde.

1741 M. de Maupertuis répondit : « Je l'avais cru ainsi, Madame, jusqu'à aujourd'hui. » Elle lui demanda encore de quel œil sa philosophie avait vu deux princes se disputant avec le fer et le feu de petits lambeaux de la planète qu'il avait mesurée. « Il ne m'appartient pas, répondit-il, d'être plus philosophe que les rois. »

13 avril. Celui de Prusse venait de faire arrêter le cardinal Zinzendorf, archevêque de Breslau, coupable d'excès de zèle pour la maison d'Autriche. Frédéric lui permit de se retirer à Vienne. La reine de Hongrie répondit à ce procédé généreux en renvoyant au roi de Prusse, sans rançon et sans délai, M. de Maupertuis, qui partit de Vienne avec la satisfaction d'avoir joui de sa réputation dans une cour où il se croyait inconnu. Lorsqu'il prit congé du grand-duc de Toscane, Son Altesse royale daigna le presser de lui dire par quel bienfait elle pourrait lui marquer son estime. M. de Maupertuis lui demanda pour toute grâce de faire chercher, s'il était possible, une montre à secondes de Graham, qui lui était souvent utile, et qu'un soldat lui avait prise en le dépouillant. « Je l'ai trouvée, » lui dit le prince, en tirant de sa poche une montre du même artiste, et la lui présentant comme un bijou restitué.

mai. De Vienne il revint à Berlin, où il apprit que le cœur sur lequel il devait un jour régner avait tremblé pour sa vie et fait des vœux pour son retour. Mais ses affaires le rappelant à Paris, et le roi de Prusse étant plus occupé de la guerre que des sciences, il partit pour la France où il reprit ses fonctions académiques. 1741 31 mai.

Toujours passionné de *sa figure de la terre*, il s'en servit pour perfectionner la théorie de la lune dans un traité qu'il donna sur la parallaxe de cet astre. Il y montra les relations de ces deux corps, qui s'entr'aident, l'un à déterminer les mouvements de l'autre, et celui-ci à fixer la figure de celui-là. Il avança le moment où l'astre qui domine sur la mer, et qui en cause le flux et le reflux, doit enseigner au navigateur à déterminer la longitude, en mesurant les distances de la lune à la terre avec plus d'exactitude, en déterminant l'orbite de la lune avec plus de précision, en augmentant les connaissances sur les longitudes. Il avança beaucoup dans cette carrière épineuse où l'on ne marche qu'à pas lents. Quand il s'agissait du bien public, les détails les moins faits pour son activité lui devenaient agréables. « C'est, disait-il, avoir fait quelque chose de « grand que d'avoir fait une petite partie d'une « grande chose. »

Ce qu'il y a de plus nouveau dans cet ouvrage, c'est une méthode pour déterminer la figure de la terre, qui n'était point assujettie comme toutes les autres à la supposition d'une inégalité dans tous les degrés intermédiaires proportionnée à celle qui se rencontre entre les deux degrés extrêmes.

Mais l'admiration des mathématiciens, que

1741 peu d'autres gens partagent, contribue lentement à la gloire. M. de Maupertuis, qui en était aussi avide que s'il n'en eût encore acquis qu'une incertaine, saisit l'occasion de se présenter au public sous le nouvel aspect d'un écrivain capable de régner sur plus d'une province du monde pensant.

1742 Il parut une comète[1] qui lui fournit la matière d'une *Lettre* à la fois ingénieuse et savante (26 mars). Il l'adressa à une dame philosophe. Il y rassemble ce qui s'est dit jusqu'à son temps de faux et de vrai sur ces astres et tout ce qu'on en savait alors; du badinage, de la précision, le ton d'un homme maître de son sujet, voilà le principal mérite de cette pièce. M. de Maupertuis avait pour elle une sorte de prédilection. C'est qu'il sentait qu'il est plus difficile d'écrire parfaitement qu'il ne l'est de trouver des vérités échappées à Newton. En effet, cette lettre, soit pour le fond des choses, soit pour la manière de les présenter, peut être mise à côté des *Mondes* de M. de Fontenelle, et mérite une place parmi ce petit nombre de livres bien écrits et bien pensés que notre langue a dans chaque genre.

M. de Maupertuis n'y rassure point les hommes contre la crainte qu'ils ont des comètes. Il fait voir les ravages qu'elles pourraient causer dans

[1] Cette comète avait été vue le 2 mars, à l'Observatoire de Paris, par M. Grante. (Is. A.)

l'univers, soit en vitrifiant ou en brisant notre terre, soit en l'inondant d'un fleuve enflammé, soit en leur attribuant, comme a fait Whiston[1], le déluge qui engloutit nos pères, et l'incendie qui consumera leurs enfants[2]. 1742

Oserai-je hasarder ici une conjecture que Whiston a peut-être dédaignée ? Tous les hommes, peuples, rois, philosophes même, du moins pendant longtemps, se sont accordés à considérer les comètes comme les avant-coureurs d'un grand événement. D'où vient cette persuasion si ancienne, si générale, si forte ? Ne serait-ce point de quelque changement arrivé à la terre par une comète après son apparition ? Celle, dont on a observé plusieurs révolutions de 575 ans, a dû paraître l'année du déluge universel. En passant près de la terre pour aller vers le soleil, elle peut l'avoir inondée de sa queue et de son atmosphère. Un souvenir obscur s'en sera conservé de race en race parmi les hommes avec celui du déluge ; et toutes les comètes auront depuis inspiré la

[1] *A new Theory of the Earth.*

[2] Lalande et M. Arago ont essayé, comme Maupertuis, d'éclairer le public sur la veritable nature des comètes. — Ils discutent comme lui les chances d'un choc de ces astres avec notre planète, et l'hypothèse de Whiston ; mais leurs conclusions, surtout celles de M. Arago, sont beaucoup plus rassurantes que celles de Maupertuis. — Voy. les *Réflexions sur les comètes qui peuvent approcher de la terre,* par Lalande. 1773. — Les *Notices,* de M. Arago, *sur les comètes,* dans l'*Annuaire du Bureau des longitudes,* de 1832, seconde édition, 1834, 1836 et 1844, et l'*Astronomie populaire,* t. II, l. XVII. Les comètes, p. 261. (Is. A.)

1742 crainte des maux qu'une seule avait autrefois causés. Et qui sait si cet utile effroi n'est pas destiné à ramener les hommes à leur devoir, lorsqu'une autre comète, ou peut-être la même, revenant un jour du soleil et en rapportant des exhalaisons brûlantes, causera cette conflagration universelle prédite à notre malheureuse planète ?

Jusqu'alors la géographie n'avait été traitée que dans la supposition de la parfaite sphéricité de la terre. On venait de démontrer qu'elle était aplatie vers les pôles; il fallait donc une géographie nouvelle. M. de Maupertuis en donna les éléments, qui ne pouvaient instruire que des maîtres. Il savait qu'en France surtout les gros livres trouvent peu de lecteurs; il rassembla dans une soixantaine de pages, avec autant de concision que de clarté, beaucoup de choses curieuses, éparses depuis dans de gros volumes; une courte exposition du système du monde; l'histoire des mesures entreprises pour connaître la grandeur et la figure de la terre, les moyens de la mesurer, la preuve que les degrés du méridien, croissant en approchant du pôle, supposent la terre aplatie vers le pôle, etc. Il fit à l'amour de la paix un assez grand sacrifice, en supprimant une première édition de cet ouvrage, faite en 1740, dans le temps de son plus vif ressentiment des chicanes qu'il essuya sur ses opérations du Nord. L'ouvrage fut réimprimé à

Paris, en 1742 ; mais il en retrancha ce qui pou- 1742
vait choquer ceux dont il voulait conserver l'amitié.

Cette même année, il donna un mémoire sur la ligne *loxodromique*, espèce de spirale qui coupe sous le même angle tous les méridiens de la terre, la même que décrit un vaisseau pendant qu'il suit le même rumb. Comme c'est sur cette ligne qu'est fondée toute l'exactitude de la navigation, il fallait en donner une description nouvelle, relative à la vraie détermination de la figure de la terre. D'après son calcul, on pouvait dresser des tables et des cartes plus sûres que celles dont se servent les navigateurs, et, en effet, on les a dressées[1]. Je ne dois pas omettre un fait qui prouve que, malgré la sensibilité qu'on a reprochée à M. de Maupertuis, l'amour de la vérité l'emportait chez lui sur l'amour-propre. Dans la première édition de ses *Eléments de géographie*, en cherchant à prouver que la terre était un solide de révolution et que tous les méridiens étaient semblables, il lui était échappé une faute qui n'a été relevée, du moins publiquement, par aucun géomètre. Un de ses amis l'en avertit; il reconnut et corrigea son erreur, et remercia son ami (oct. 1743).

[1] Murdoch. *Nouvelles tables loxodromiques, ou application de la théorie de la véritable figure de la terre à la construction des cartes marines réduites*, traduites de l'anglais par Bremond. Paris, 1742. In-8°.

1742 Il reçut, ainsi que M. de Voltaire, une nouvelle invitation de se rendre à Berlin; mais l'un et l'autre ne purent encore s'arracher à tout ce qui les retenait en France. Ils se voyaient souvent à Paris et se communiquaient leurs ouvrages. M. de Voltaire, qui l'avait consulté dès 1731, quand il commençait à étudier la physique, s'honorait du titre de son disciple, l'appelait son maître dans l'art de penser, le réconciliait avec madame du Châtelet, et gravait les vers les plus flatteurs au bas de ce portrait où il est représenté habillé à la laponne et d'une main aplatissant la terre. M. de Maupertuis se livra de bonne foi aux mouvements de sa reconnaissance. Il crut rendre service à son ami en lui donnant un état qui tournât ses occupations vers d'utiles objets, et qui contînt cette imagination impétueuse qu'il fallait enrayer. Dans cette vue, il disposa tout pour lui ouvrir les portes de l'Académie des sciences et pour l'en faire nommer secrétaire perpétuel, ce que M. de Voltaire désirait avec passion. Il ne doutait point qu'aidé de quelque mathématicien, M. de Voltaire ne consolât le public de la vieillesse de M. de
1743 Fontenelle. Ce projet ne réussit pas. La mort de
29 janv. M. le cardinal de Fleury fit vaquer une place à l'Académie française. M. de Voltaire, qui ne s'estimait pas assez pour dédaigner un honneur trop tardif, la sollicita par lui-même et par ses amis avec un empressement égal à celui que cette compagnie lui devait. M. Boyer, ancien évêque

de Mirepoix, crut qu'il serait scandaleux qu'un particulier peu dévot succédât à un prince de l'Eglise. M. de Voltaire, rejeté d'un corps dont il était né membre, voulut en vain être de l'Académie des sciences : M. de Maupertuis ne put l'y faire entrer. Cependant cet emploi convenait singulièrement à M. de Voltaire, qui est le premier homme du monde pour écrire ce que les autres ont pensé. 1743

Après la mort du cardinal de Fleury, M. le comte de Maurepas crut pouvoir se livrer à son inclination pour M. de Maupertuis. Il l'admit à sa familiarité, et lui promit de faire valoir auprès du roi des services trop tard récompensés. Etonné des agréments et de la fécondité de son imagination, il lui conseilla de tourner ses vues du côté de l'Académie française. Bientôt après, la mort de l'abbé de Saint-Pierre y laissa une nouvelle place vacante; car, quoique depuis longtemps exclu des assemblées, et même rayé de la liste, pour avoir été mal à propos trop bon citoyen, on ne lui avait pas donné de successeur. M. de Maupertuis représentait qu'un algébriste serait déplacé parmi des esprits sans cesse occupés de choses de goût, d'imagination et de sentiment. Le ministre insista. M. de Montesquieu se joignit à lui. Ils se chargèrent même des sollicitations alors en usage, et ne lui laissèrent que la voix de M. Boyer à briguer par lui-même.

M. de Maupertuis alla faire sa visite au prélat

1743 et lui demanda son suffrage. Mais un pieux ennemi l'avait devancé et dépeint à M. Boyer comme un déiste décidé, auteur d'une certaine *Cosmologie* manuscrite[1], où il s'avisait de démontrer algébriquement l'existence de Dieu. L'évêque lui répondit franchement que, non-seulement il lui refusait sa voix, mais encore qu'il lui donnerait l'exclusion auprès de Sa Majesté, attendu qu'un homme suspect d'irréligion ne pouvait décemment être admis dans une compagnie que tant de saints évêques remplissaient de l'odeur de leur doctrine et de leur vertu. M. de Maupertuis paraissant surpris de ce début, M. Boyer ajouta qu'on savait bien comment il démontrait en secret l'existence de Dieu et comment il assujettissait en public les miracles de la Genèse aux lois de la physique ; qu'en un mot le roi qui, dans la personne de l'abbé de la Bletterie, avait improuvé l'élection d'un janséniste, ne pourrait approuver en conscience celle d'un incrédule. M. de Maupertuis voulut se justifier, l'évêque ne voulut pas l'entendre : l'adroit délateur le lui avait sans doute représenté comme un orateur séduisant.

M. de Maupertuis court chez le ministre et lui porte ses plaintes de la persécution dont il est menacé. M. de Maurepas rit beaucoup de cette scène, du ridicule de l'accusation, de l'embarras

[1] Voyez plus loin, page 127, l'analyse de ce livre, que Maupertuis ne publia qu'en 1750, à Berlin. (Is. A.)

de l'accusé, et des reproches respectueux qui 1743
échappent à son chagrin. Il lui dit de retourner chez le prélat, et de lui parler avec la fermeté convenable. Il lui permet même de le citer, s'il en est besoin.

M. de Maupertuis demande une seconde audience à M. Boyer, et l'ayant obtenue, il lui témoigne combien il est sensible à l'accusation dont on le noircit, et le prie de lui en nommer l'auteur. Il assure qu'une place à l'Académie, qu'il sollicite d'après les conseils de M. de Maurepas, n'entre pour rien dans la résolution qu'il a prise de confondre le calomniateur; mais qu'il doit à sa réputation et à son respect pour les vérités évangéliques de poursuivre la réparation de la sourde injustice qu'on lui fait. L'évêque refuse de lui dire d'où part le coup. « Eh bien, Monseigneur, reprend M. de Maupertuis, vous n'avez qu'à dire au roi ce qu'il vous plaira. De mon côté, je lui vais exposer que j'ai voulu vous désabuser, et que vous n'avez pas voulu l'être; que j'ai voulu confondre le délateur, et que vous l'avez protégé. J'ose espérer de l'amitié dont m'honore M. de Maurepas, qu'il fera parvenir à Sa Majesté les justes plaintes que je vais lui porter contre vous et contre la calomnie. »

Ebranlé par le ton et le feu dont ce propos était animé, M. Boyer répondit qu'on l'avait sans doute trompé, qu'un homme si jaloux de sa qualité de chrétien ne pouvait être un athée, qu'il le re-

1743 connaissait pour le meilleur chrétien du monde, et que loin de s'opposer à son élection il lui promettait sa voix. En effet, il se rendit à l'Académie et vota pour lui : il fut même un de ses plus zélés solliciteurs

27 juin. Le *Discours* que M. de Maupertuis prononça le jour de sa réception fut d'un genre nouveau. Il sentit que le public n'attendait pas de lui des trivialités. Au lieu de fastidieuses louanges qu'on répète dans tous ces remercîments, il justifia le choix de l'Académie en prouvant avec une éloquente justesse que l'objet des études du géomètre et du bel esprit est le même et dépend des mêmes principes. Il loua Richelieu et Louis XIV en deux mots; mais il se tut sur l'abbé de Saint-Pierre, soit qu'il craignît de rappeler des torts presque oubliés, soit qu'il eût ordre de ne point louer un homme auquel pourtant tous ses confrères voudraient sans doute ressembler.

De mauvais plaisants s'emparèrent de ce discours pour en faire des critiques qui s'étendirent jusque sur son auteur; l'un compara son discours à sa perruque, un autre l'accusa dans une brochure de transformer les beaux esprits en géomètres et de ressembler à Circé, qui métamorphosait les hommes en animaux. Le récipiendaire avait dit que les Lapons ne savaient pas le nom de leur roi. Le critique lui fit dire qu'ils ignoraient le nom du nôtre. Peu de temps après, ce même homme lia connaissance avec M. de

Maupertuis, qui le reçut avec indulgence. Il savait sans doute que des hommes de son espèce ont le privilége de ne pouvoir s'offenser. 1743

M. de Maupertuis, voyant que l'espérance des bienfaits du roi lui était désormais promise, profita de l'estime et de l'amitié que M. de Maurepas avait pour lui. Il lui rappela que le cardinal de Fleury avait avili, par l'offre d'une pension de 1,200 liv., une entreprise glorieuse à la France, et dont M. de Maurepas même avait été le promoteur. Ce ministre, pour récompenser M. de Maupertuis, sans blâmer la conduite du cardinal, trouva un expédient également utile à l'Académie des sciences, à la marine et à son ami. Ce fut de lui donner une pension de 4,000 liv., à condition qu'il travaillerait à perfectionner la navigation. M. de Maupertuis avait besoin de ce secours : il dépensait beaucoup en voyages, en livres, en expériences. Son père s'en plaignait souvent et dit un jour à M. de Maurepas que son fils tirait sur lui des lettres de change sans lui en donner avis. « Je le crois bien, répondit le mi-
« nistre : il est trop bien né pour donner des
« avis à son père. »

M. de Maupertuis se hâta de remplir le nouvel engagement qu'il venait de prendre. Il donna un traité d'*Astronomie nautique*, tant pour un observatoire fixe que pour un observatoire mobile.

Dans cet ouvrage, dont l'unique défaut est de n'être à la portée d'aucun pilote, il perfectionna

1743 les moyens astronomiques qu'a le navigateur de connaître à chaque instant le point de la surface de la mer où il est. Il mit à l'écart la longitude dont il avait suffisamment traité dans son ***Discours sur la parallaxe de la lune***, et ne s'attacha qu'à la latitude, à ce point principal de l'art du pilote, qui lui découvre à quelle distance il est du pôle et de l'équateur. Il crut que malgré les bornes que les marins ont mises à leur astronomie ordinaire, ils pourraient profiter d'une science plus vaste, qui simplifierait encore leurs observations déjà si simples. Considérant le navigateur comme un astronome qui travaille dans un observatoire entraîné par les vents et continuellement agité, il eut égard, dans la solution des problèmes, à tous les inconvénients, et proposa tous les moyens que l'agitation du vaisseau rend nécessaires et laisse possibles. Enfin il supposa, non un astronome, mais un navigateur sans science, sans industrie, dénué d'instruments, faisant naufrage, et lui présenta les dernières ressources de l'art dans une telle extrémité.

Ce vaste plan fut concentré dans quelques lignes d'algèbre. Cinq formules suffirent pour résoudre quarante problèmes, dont chacun en suppose plusieurs autres. Ce traité fut imprimé deux fois au Louvre : la meilleure édition est la seconde de l'année 1751.

1744 Tandis qu'une partie de l'Académie applaudissait à ses travaux et que l'autre les rabaissait, il

méditait sur la formation de l'univers, et cher- 1744
chait un principe unique duquel il pût tirer toutes les lois du mouvement ou avec lequel toutes les lois s'accordassent.

L'entreprise était difficile : les plus grands philosophes y avaient échoué. Descartes crut que dans la nature la même quantité de mouvement se conservait toujours, et qu'elle était le produit de chaque masse multipliée par sa vitesse. Mais on prouva contre lui que si elle se conserve dans quelques cas, elle augmente, diminue et s'anéantit dans d'autres. Fermat, voyant que les corps vont d'un point à l'autre par une ligne droite, par le chemin et le temps le plus court, avait cru que la lumière, qui, dans sa propagation et dans sa réflexion, suit le chemin le plus court, suivait encore cette même loi dans sa réfraction. Mais on lui montra que la lumière traversait plus facilement et plus vite le cristal et l'eau que l'air et le vide[1]. Leibnitz crut que dans le choc des corps il y avait une quantité qui se conservait inaltérable, et prit pour cette quantité, qu'il appela la *force vive*, le produit de la masse d'un corps multiplié par le carré de sa vitesse. Mais ce théo-

[1] Cette objection était une conséquence des principes de la théorie de l'émission, imaginée par Newton. Mais la théorie de Newton sur la lumière a dû faire place, de nos jours, à celle des ondulations, qui seule peut se concilier avec les découvertes des physiciens modernes, et particulièrement avec l'expérience de M. L. Foucault, qui a démontré que la vitesse de la lumière est moins grande dans l'eau que dans l'air. (Is. A.)

1744 rème était plutôt une suite de quelques lois du mouvement que le principe de ces lois. Huygens, qui l'avait découvert, ne l'avait point donné pour un principe, et Leibnitz, qui promit toujours de l'établir *à priori*, ne l'établit jamais. Quand on lui dit que la *force vive* ne se conservait point dans le choc des corps durs, il aima mieux soutenir qu'il n'y avait point de corps durs dans la nature que d'abandonner son principe. Newton, observant qu'à la rencontre des différentes parties de la matière le mouvement était plus souvent détruit qu'augmenté, crut que Dieu imprimait de temps en temps de nouvelles forces à la machine du monde; mais les leibnitziens se moquèrent de cette idée, qui supposait que l'ouvrage avait sans cesse besoin de la main de l'ouvrier.

M. de Maupertuis vint enfin. Il soupçonna que la lumière qui passe d'un milieu dans un autre, abandonnant déjà le chemin le plus court, qui est celui de la ligne droite, pourrait bien aussi ne pas suivre celui du temps le plus prompt. Après avoir converti cette conjecture en démonstration, il découvrit que le chemin qu'elle tient est celui par lequel la quantité d'action est la moindre. C'est cette quantité d'action qui lui parut être la vraie dépense de la nature, et ce qu'elle ménage le plus dans le mouvement des corps. Il appelle, après Leibnitz, *quantité d'action* le produit de la masse par l'espace et par la vitesse.

15 avril. C'est ce qu'il démontra dans une assemblée

publique de l'Académie des sciences. Il y lut un 1744
mémoire sur l'*accord de différentes lois de la nature qui jusqu'alors avaient paru incompatibles.* Il y prouva que tous les phénomènes de la réfraction s'accordaient avec le grand axiome de métaphysique, que la nature, dans tous ses effets, agit toujours par les voies les plus simples, et que *la lumière, passant d'un milieu dans un autre, le sinus de son angle de réfraction est au sinus de son angle d'incidence en raison inverse des vitesses qu'a la lumière dans chaque milieu.* Il avertit que le chemin le plus court et le plus tôt parcouru n'était qu'une conséquence de la plus petite quantité d'action, conséquence que Fermat avait prise pour le principe. Il déduisit du sien toutes les lois que suit la lumière, soit dans sa propagation, soit dans sa réflexion, ou dans sa réfraction. Enfin, prévoyant qu'on lui reprocherait d'appliquer les causes finales à la physique, il répondit qu'il fallait non-seulement calculer les mouvements des corps, mais aussi consulter les desseins de l'intelligence qui les fait mouvoir.

Ce mémoire eut d'abord peu de succès; mais on peut juger de celui qu'il devait avoir, par les lumières que M. Euler y puisa la même année. Il démontra que dans des courbes que des corps décrivent par des forces centrales, la vitesse du corps multipliée par le petit arc de la courbe fait toujours un *minimum.* C'était une des plus belles applications du nouveau principe au mouvement

1744 des planètes, dont en effet ce principe est la règle.

Un nouveau phénomène produisit un nouvel ouvrage. C'était un enfant de quatre ou cinq ans qui avait tous les traits des nègres, et dont une peau très blanche et blafarde ne faisait qu'augmenter la laideur. Sa tête était couverte d'une laine blanche, tirant sur le roux ; ses yeux, d'un bleu clair, paraissaient blessés de l'éclat du jour ; ses mains, grosses et mal faites, ressemblaient plutôt aux pattes d'un animal qu'aux mains d'un homme. Tout Paris courait le voir[1].

M. de Maupertuis en fit le sujet d'une *Dissertation*, où il réunit l'élégance du bel esprit qui tient le pinceau, à la sagacité de l'anatomiste armé du microscope. Seulement on lui reprocha l'excès d'enthousiasme avec lequel il annonce le précieux secret qu'il arrache à la nature. Il ne dit rien du phénomène, et tout ce qu'il dit tend à l'expliquer. Il avança modestement que la liqueur séminale de chaque espèce d'animaux, contenant un nombre infini de parties propres à former, par leur assemblage, des animaux de même espèce, on pourrait penser que chaque partie fournit ses germes[2]. Il fit de M. de Réaumur un éloge qui

[1] Ce prétendu *nègre blanc* était évidemment une sorte d'*albinos*. On sait que l'*albinisme* est une affection par suite de laquelle disparaissent, chez les hommes et chez les animaux qui en sont affectés, la plupart des matières colorantes qui donnent à diverses parties du corps leur couleur particulière. M. Is. Geoffroy a placé avec raison les albinos parmi les monstruosités. (A. de Quatrefages.)

[2] Il paraît, d'après ce passage et ce que l'auteur ajoute plus loin,

lui donna le chagrin d'avoir un si équitable en- 1744
nemi.

M. de Voltaire fit aussi une dissertation sur le nègre blanc. Si l'on compare les morceaux des deux ouvrages où les deux auteurs traitent les mêmes parties du même sujet, on verra la différence de leur genre d'esprit.

Enfin, MM. Bouguer et de La Condamine arrivèrent du Pérou, en 1744[1]. Leurs mesures s'accordaient avec celles du pôle pour faire la terre aplatie; de sorte que l'aplatissement de la terre vers les pôles fut décidé par la conformité des opérations faites sous les trois zones.

Mais les académiciens ne convinrent point de la part que chacun devait avoir à la gloire de l'exécution.

que Maupertuis aurait été en quelque sorte le précurseur des idées de Buffon, tout en croyant à une doctrine assez semblable à celle des panspermistes. Au dire de ces derniers, tous les êtres vivants renferment une multitude infinie de germes qui, placés dans des conditions favorables, se développent pour reproduire l'animal ou la plante dont ils sont sortis. D'après Buffon, chaque partie du parent renferme une *matière primitive* composée de particules organiques toujours actives, et servant seules à la nutrition, à l'accroissement, et quand la matière primitive est déposée dans un lieu convenable, les particules organiques venues d'un même point s'attirent réciproquement et reproduisent en petit l'être dont elles étaient naguère partie intégrante; c'est ainsi que le pied, la main, la tête de l'embryon sont formés avec les particules organiques fournies par les pieds, les mains, les têtes des parents, par conséquent ces particules organiques reproduiront en petit le *moule intérieur* des parents. Il est inutile d'ajouter que ces diverses hypothèses sont depuis longtemps abandonnées. (A. de Quatrefages.)

[1] M. de La Condamine, qui s'était embarqué à Cayenne, arriva le 30 novembre 1744 à Amsterdam, mais ne fut de retour à Paris que le 23 février 1745. (M. A.)

1741 Les Cassini faisaient valoir la correction de leur ancienne mesure, annoncée dès 1740 dans le livre de *la Méridienne vérifiée*, et publiée par M. Cassini de Thury; et les derniers venus soutenaient que sans eux le problème ne serait point au-dessus de toute objection. M. Bouguer, ne pouvant rien disputer à M. de Maupertuis, s'appropria tout l'honneur d'une entreprise dont M. de La Condamine et M. Godin (qui avait passé au service de l'Espagne) avaient partagé les travaux et les dangers. M. de La Condamine revendiqua ses droits, et prouva que le succès du voyage à l'équateur aurait été douteux sans les observation correspondantes qu'il mit M. Bouguer en état de faire, et que celui-ci ne fit qu'à regret, et enfin que le voyage même eût été inutile sans une avance de 40,000 écus, faite au roi sur le crédit que s'était procuré M. de La Condamine M. Bouguer ne se bornait point à cette injustice : il attaquait obliquement les mesures du Nord, dont il n'attribuait le succès qu'à la bonne construction de l'instrument dans lequel l'axe optique de la lunette était parallèle au plan, circonstance dont il prétendait avoir le premier senti l'importance. M. de La Condamine réfuta les prétentions que le père Boscowich a depuis réduites à leur juste valeur, dans son livre sur la figure de la terre[1].

[1] *De expeditione litt.*, imprimé à Rome en 1754, in-4°. Ce livre a

Dès que la mesure du globe fut élevée au-dessus de toute contradiction, l'envie rabaissa le mérite de ceux qui l'avaient exécutée. « Les académiciens, disait-on, ont été au bout du monde « pour voir comment il était fait ; et Newton l'a- « vait vu sans sortir de son cabinet. Il n'y avait « qu'à partir comme lui des lois de la pesanteur, « on serait arrivé au même point que lui, et l'on « n'aurait point eu les doutes qu'il n'avait pas. « Les vrais inventeurs sont Huygens et Newton : « nos académiciens ne sont que des ouvriers dé- « fiants et curieux, qui ont vérifié la théorie « d'habiles maîtres qu'ils n'entendaient pas. » 1744

Ces propos, inspirés par la malignité, sont encore aujourd'hui répétés par le demi-savoir ou la jalousie. On les trouve consignés dans le *Siècle de Louis XV*, dont l'auteur ose même jeter des doutes sur la justesse des mesures[1]. Mais la gloire de nos savants est garantie par l'estime de tout ce que l'Europe a de plus éclairé. Les théories d'Huygens et de Newton n'étaient que des hypothèses, et leurs disciples ne les donnaient que

été, depuis, traduit en français par le père Hugon, confrère de l'auteur, et imprimé à Paris en 1770, avec des augmentations de l'auteur, des notes, etc., sous ce titre : *Voyage astronomique et géographique dans l'Etat de l'Eglise, pour mesurer deux degrés du méridien*, traduit du latin, par l'abbé Chatelain (le père Hugon). In-4°.

[1] *Siècle de Louis XV*, par Voltaire, ch. XLIII. Voici le passage auquel l'auteur fait sans doute allusion : « Des voyages au bout du monde pour constater une vérité que Newton avait démontrée dans son cabinet ont laissé des doutes sur l'exactitude des mesures. » (Is. A.)

1744 pour telles. M. de Mairan a démontré qu'en admettant la force centrifuge d'Huygens et l'attraction de Newton, la terre pouvait être allongée. Si ces deux grands hommes eussent entrepris un voyage sur mer, ils n'auraient osé naviguer d'après leur hypothèse contre la foi due aux seules observations. Huygens et Newton devinèrent : nos académiciens ont démontré. Les premiers mirent les savants sur les voies de la vérité ; mais les seconds l'ont trouvée. Huygens n'avait eu égard qu'à la force centrifuge ; la théorie de Newton supposait la masse d'un globe homogène. La plus savante théorie en physique est toujours fondée sur quelques suppositions que l'observation seule peut vérifier. Aussi a-t-elle donné l'aplatissement de la terre plus grand qu'il ne résulte de la théorie newtonienne[1].

Fatigué de ces contradictions sans cesse renaissantes, M. de Maupertuis fut plus disposé à pré-

[1] Dans le mémoire *sur les opérations pour la mesure de la terre* (t. IV de ses *Œuvres*, nouv. édit., p. 287) Maupertuis, en comparant ses mesures avec celles de Picard, dont il avait corrigé les observations astronomiques, trouve que la terre devait être aplatie au pôle de $\frac{1}{178}$. Dans une *Addition* à ce Mémoire, il montre qu'en comparant le degré du méridien au cercle polaire avec celui du Pérou, l'aplatissement de la terre devait être de $\frac{1}{216}$, nombres effectivement plus grands que celui qui résulte des calculs de Newton. Dans cette même *Addition* à son Mémoire, Maupertuis donne le résultat d'un travail d'Euler qui, en discutant et comparant toutes ces mesures entre elles, et en y ajoutant celle de La Caille au Cap, en conclut que la terre devait être aplatie de $\frac{1}{230}$, coïncidence remarquable de l'observation avec la théorie bien faite pour frapper l'esprit enthousiaste de Maupertuis. On sait que les dernières mesures donnent environ $\frac{1}{300}$ pour l'aplatissement de notre globe. (Is. A.)

ter l'oreille aux instances du roi de Prusse, qui, 1741
du ton le plus pressant de l'amitié, le sollicitait de revenir rétablir l'Académie de Berlin dans son lustre. Il partit donc pour un pays vers lequel il avait eu toujours les yeux tournés depuis son premier voyage. Il y fut reçu comme il avait été désiré. Il eut un grand appartement au palais : les reines le considérèrent comme une espèce de favori. Il retrouva dans leur cour une jeune personne, qui peut-être avait murmuré plus d'une fois de sa longue absence.

C'était Eléonor de Borck, fille d'honneur de la reine mère, et chérie de sa maîtresse : grande, bien faite, d'une blancheur éblouissante, d'une figure assez embellie par les agréments de la beauté pour pouvoir dédaigner la régularité des traits, d'un esprit prouvé par le choix de son cœur, d'une naissance égale à celle des plus nobles souverains ; ses ancêtres régnaient en Poméranie avant l'existence des plus grandes maisons d'aujourd'hui.

M. de Maupertuis, oubliant la philosophie parisienne, rendit des soins assidus à mademoiselle de Borck. Une imagination si vive ne pouvait enfanter une passion froide. Il ne connut plus de bonheur ni de gloire sans son Eléonor. Il ferma ses livres, il oublia ses calculs. Sa guitare, son sistre même, bizarre instrument, agréable sous ses doigts, ne rendit plus que des sons tendres et langoureux.

Il ne pouvait soupirer longtemps sans être

1744 écouté. Peu d'hommes avaient la conversation plus amusante. Nulle femme ne l'eût soupçonné d'être un savant. L'esprit juste se cachait et ne laissait paraître que l'esprit aimable. Ses louanges, toujours délicates, ordinairement vraies, étaient des traits à retenir : l'amour-propre, en les confiant à la mémoire, croyait faire l'office du discernement. Le feu de ses yeux, le ton de la persuasion, donnaient à son visage une physionomie animée qui permettait à peine d'en remarquer les irrégularités. Simple dans son extérieur, il outrait la négligence et paraissait tendre à la singularité. A Paris, à Berlin, à Saint-Malo, partout il avait un air étranger. Jamais il ne s'assujettit à cette étude de la parure de laquelle résultent des agréments qui souvent nous en imposent à nous-mêmes, parce qu'ils nous agrandissent dans l'imagination d'autrui. Malgré cela, et peut-être par cela même, il plaisait aux femmes. Moins il était occupé de lui, plus il leur paraissait occupé d'elles; et Mademoiselle de Borck n'était pas sans inquiétude. Elle eut une rivale, dont la beauté ne tint pas contre ses charmes.

La reine mère, voyant que ces deux cœurs allaient être d'accord, voulut achever l'ouvrage que l'amour avait commencé. M. de Maupertuis était en grande faveur auprès d'elle : souvent elle s'instruisait avec lui. Elle désirait autant que le roi, son fils, de l'attacher à la cour de Prusse, et pensait que mademoiselle de Borck pourrait seule,

par le don de sa main, le dédommager de la 1744
France. M. de Maupertuis eut l'habileté d'amener cette princesse à lui faire la première proposition de ce mariage. Il y répondit avec toute la reconnaissance d'un homme sûr de ne jamais regretter sa liberté sacrifiée. Les grâces et les vertus se réunissaient en mademoiselle de Borck : elle n'avait pas besoin de l'indulgence de l'amour.

La reine mère était désormais chargée du bonheur de M. de Maupertuis; mais elle trouva plus de difficultés qu'elle n'imaginait. Les parents de sa fille d'honneur firent quelques objections sur la différence des qualités et des religions. Ils eurent la politesse de n'insister que sur la dernière; mais dans le fond ils avaient à combattre sinon leur préjugé, du moins celui de leur nation, sur la noblesse d'origine et sur les mésalliances. Ce préjugé va si loin en Allemagne, qu'un prince qui épouse la fille d'un pair de France ou d'Angleterre, n'est pas sûr de transmettre ses fiefs à ses enfants.

Le roi, craignant d'un côté que M. de Maupertuis ne lui échappât si la négociation se rompait, et de l'autre sentant que les Borcks hésitaient seulement par égard pour un certain public, approuva hautement les prétentions de M. de Maupertuis. Aux yeux d'un arbitre des fortunes, un grand homme vaut bien un grand seigneur ; et, pour mademoiselle de Borck, il était naturel qu'elle pensât comme un roi.

1744 Dès lors les obstacles disparurent. La reine mère n'entendit plus parler de *luthéranisme* ni de *qualité*. M. de Maupertuis promit de s'établir à Berlin et n'eut pas besoin de promettre qu'il respecterait les droits de la conscience. Mademoiselle de Borck le récompensa du sacrifice qu'il lui faisait de sa patrie, en lui avouant des sentiments d'autant plus précieux, qu'ils avaient été plus timides.

Cependant M. de Maupertuis ne perdit point de vue les services que les sciences attendaient de lui. L'Académie de Berlin, fondée par le premier roi de Prusse (1700), eut en naissant cet éclat que les autres compagnies savantes doivent aux années[1]. La mort de Leibnitz la jeta dans la langueur; un règne purement militaire lui avait ravi jusqu'à son dernier souffle. Le feu roi avait assigné des pensions à ses bouffons sur les fonds de cette compagnie. Un d'eux en avait même obtenu le titre de vice-président[2]. De là, le mépris pour un corps que le souverain avait couvert de

[1] Voyez dans le savant ouvrage de M. Bartholmèss intitulé *Histoire philosophique de l'Académie de Prusse*, 1851, in-8°, 2 vol., les détails précieux qu'il donne sur l'origine, la fondation, l'histoire et les travaux de cette Académie, particulièrement sous le règne de Frédéric le Grand. (Is. A.)

[2] D'après M. Bartholmèss, ce bizarre et savant personnage (Paul Gundling) fut nommé par Frédéric-Guillaume 1er président de son Académie, en 1718, deux ans après la mort de Leibnitz. — Le baron de Printzen étant président honoraire à cette époque, cela explique pourquoi La Beaumelle dit ici que Frédéric-Guillaume avait nommé un de ses bouffons vice-président. (Voy. *Histoire philosophique de l'Académie de Prusse*, t. Ier, p. 87.) (Is. A.)

ridicule. Un de ses amusements était de proposer 1744
à son Académie des questions burlesques, et ces questions étaient décidées à peu près sur le même ton qu'elles étaient proposées : c'était là tout ce qu'il restait aux sciences de liberté. Un jour, il fit demander pourquoi deux verres remplis de champagne et choqués l'un contre l'autre ne rendaient pas un son aussi aigu et aussi clair que lorsqu'ils sont remplis de toute autre sorte de vin. Les Académiciens répondirent que, de peur de renouveler l'histoire de la dent d'or, il fallait commencer par constater le fait. Le roi leur envoya quelques bouteilles de champagne [1].

Cette compagnie était dans cette espèce d'anéantissement, quand le roi, au milieu des embarras d'une guerre qui demandait toute son âme, entreprit de lui donner un nouvel être. Il chargea le maréchal de Schmettau de seconder ses vues (oct. 1743).

Ce seigneur forma une société mi-partie, c'est-à-dire composée de membres de l'ancienne et de quelques gens de lettres, qui en avaient établi une nouvelle. Le roi donna des statuts particuliers et une salle de son palais pour les assemblées. L'administration en fut confiée à quatre seigneurs, MM. de Schmettau, de Viereck, de Borck et de Gotter, qui présidèrent par trimestre sous le nom de curateurs. Il fut réglé que les mé-

[1] *Lettres familières* de Bielfeld.

1744 moires ne paraîtraient plus qu'en français. Les pensions furent distribuées. Un des curateurs proposa d'insérer dans les nouveaux statuts que les gentilshommes pourraient être académiciens sans déroger. M. de Maupertuis empêcha qu'on ne fît cet affront aux sciences et à l'Allemagne. Il comparait ce règlement à celui de l'Académie d'Arles, qui exigeait des récipiendaires des preuves de noblesse.

Il n'approuva point la nouvelle forme que l'Académie venait de prendre ; mais il ne présumait pas assez de son crédit pour oser s'en expliquer ouvertement : et déjà il avait assez d'envieux sans chercher encore à se faire des ennemis. D'ailleurs sa passion pour mademoiselle de Borck lui donnait une espèce d'indifférence pour tous les autres objets. Il applaudit en gémissant à l'inauguration de la nouvelle Académie (23 janv. 1744), où le marquis d'Argens lut un discours sur l'utilité des sociétés littéraires, et M. Francheville une ode sur le bonheur dont les sciences allaient jouir.

Dès que M. de Maupertuis eut réglé les préliminaires de son mariage, il retourna en France pour obtenir le consentement de son père. Il s'arrêta quelques jours à Bâle, et, passant nécessairement dans le voisinage de Fribourg, il voulut être témoin d'un siége. Cette place était alors attaquée par M. le maréchal de Coigny, dont il était particulièrement connu et estimé. Il alla tous les jours à la tranchée, comme si c'eût été son mé-

tier. Cette intrépidité déplacée lui valut une dis- 1744
tinction qui peut-être en était le but : le général
jeta sur lui les yeux pour porter à Sa Majesté novemb.
prussienne la nouvelle de la prise du château qui
ne pouvait tenir longtemps. Mais il écrivit au ministre de la guerre pour s'assurer si le roi approuverait ce choix, contraire à l'usage. M. le comte d'Argenson lui répondit qu'un homme qui avait fait les fonctions de militaire en méritait les honneurs, et que le roi trouvait bon que M. de Maupertuis fût dépêché à Berlin, où le roi de Prusse verrait avec un double plaisir M. de Maupertuis et le porteur d'une bonne nouvelle. En effet, le roi le reçut avec les témoignages d'estime que méritait un courrier si extraordinaire. Il ne tarda pas à repartir de Berlin pour Paris.

Mais à peine y fut-il arrivé, que ses amis, infor- 1745
més de son projet d'établissement en Prusse, tâchèrent de l'en détourner. L'un employait des raisons tirées de sa santé, qui ne pouvait que souffrir d'un air froid et dans un pays sablonneux ; l'autre le prenait par des motifs de reconnaissance envers une patrie qui honorait ses talents et récompensait ses services. Celui-ci l'attaquait par son faible, par les sentiments de l'amitié, et lui représentait combien tous ceux qui le chérissaient seraient affligés de le perdre. Celui-là lui répétait que le public, étonné de son expatriation, l'attribuerait peut-être à quelque mécontentement mal fondé, ou à l'inconstance de son esprit,

1745 ou bien à cette inquiétude naturelle dont il était accusé. Tous lui prédisaient qu'il s'en repentirait un jour. Ces diverses considérations agissaient sur son cœur; il avait fait lui-même ces réflexions; mais le souvenir de mademoiselle de Borck, la parole qu'il lui avait donnée, celle qu'il en avait reçue, en affaiblissaient l'impression.

Il eut à combattre des sentiments encore plus chers que ceux de l'amitié. Un père octogénaire le conjurait de ne point lui ravir un fils sur lequel ses derniers jours avaient compté. Rien ne toucha plus vivement M. de Maupertuis, et vraisemblablement il n'eût jamais pensé à se donner à la Prusse s'il eût prévu combien il lui serait difficile de s'arracher à la France. Mais, pour concilier ce qu'il avait promis à l'amour avec ce qu'il devait à la nature, il projetait de fréquents voyages dans sa patrie, et déjà son ardente imagination lui représentait Berlin comme un faubourg de Paris.

Parmi ces anxiétés, son esprit travaillait encore. Il méditait sur la génération, dont il avait ébauché le système dans son *Négre-Blanc*. Il fondit cette dissertation dans un ouvrage plus régulier intitulé *Vénus physique*. Il débute du ton de Sénèque; mais il prend bientôt celui d'Epicure. Prodigue d'ornements ambitieux et d'images voluptueuses, il para son sujet d'agréments étrangers qui prouvaient combien il était amoureux,

et que sans doute il aurait supprimés depuis, s'il 1745
avait cessé de l'être. Il rentre dans la gravité philosophique, lorsqu'il expose les divers sentiments des physiciens sur la génération.

Les uns avaient cru, d'après Aristote, qu'elle était l'ouvrage du mélange des deux liqueurs. Les autres, apercevant des espèces d'œufs autour des trompes de la matrice, avaient placé le fœtus dans chacun de ces œufs fécondés par l'esprit séminal du mâle : suivant cette idée, tout le genre humain était contenu et déjà formé dans l'œuf de la première femme. Harsoëker et Leuwenoeck, ayant vu dans une goutte de liqueur séminale des milliers d'animalcules se mouvant en directions différentes, rendirent aux mâles la fécondité attribuée aux femmes. La plupart des anatomistes marièrent ces deux opinions et furent ovistes et spermatistes tout à la fois. Harvey, à qui Charles Ier, roi d'Angleterre, abandonna toutes les biches de ses parcs pour le mettre à portée du mystère de la génération, ne trouva ni liqueur du mâle dans leurs matrices, ni œuf dans les trompes, ni altération dans le prétendu ovaire. Il vit le fœtus se former, et prit, pour ainsi dire, la nature sur le fait ; mais ce qu'il dit pour expliquer cette formation ne servit qu'à faire pardonner à ses prédécesseurs leurs absurdités.

M. de Maupertuis admit avec les anciens le mélange des deux semences ; et de ce que l'enfant ressemble au père et à la mère, il conclut que

1745 l'un et l'autre avaient également part à la formation. Il eut recours à ce que les chimistes appellent forces ou rapports, qui font que toutes les fois que deux substances disposées à se joindre se trouvent unies ensemble, s'il en survient une troisième qui ait plus de rapport avec l'une des deux, elle s'y unit en faisant lâcher prise à l'autre. Il ajouta que les forces ne sont autre chose que l'attraction[1].

Avec ce principe il explique tout. Qu'il y ait, dans les deux semences des parties destinées à former le cœur, la tête, les entrailles, les bras, les jambes, et que ces parties aient chacune un plus grand rapport d'union avec celle qui, pour la formation de l'animal, doit être sa voisine qu'avec toute autre, le fœtus se forme nécessairement. Si chaque partie est unie à celles qui doivent être ses voisines, l'enfant naît dans sa perfection; si quelques parties se trouvent trop éloignées, ou d'une forme trop peu convenable, ou trop faibles, il naît un monstre par défaut; si des parties superflues trouvent encore leur place et s'unissent aux parties dont l'union était déjà suffisante, il naît un monstre par excès. Il finit par demander si l'instinct des animaux n'appartient pas aux plus petites parties dont l'animal est composé, et si cet instinct, dispersé dans les

[1] Ces idées physico-chimiques, même avec les modifications que devait y introduire la science moderne, ne sauraient aujourd'hui être soutenues. (A. de Quatrefages.)

parties des semences, ne suffit pas pour faire les unions nécessaires entre ces parties[1]. 1745

M. de Buffon jugea ce système digne d'être approfondi. Plus il fit d'expériences, plus il s'y affermit. Mais cet ingénieux et savant historien de la nature trancha le mot, et dit hardiment que chaque partie du corps de l'un et de l'autre sexe fournissait ses molécules organiques; au lieu que M. de Maupertuis ne l'avait dit qu'avec ces détours dont on doit envelopper parmi nous une vérité nouvelle. L'un et l'autre expliquèrent l'union de ces molécules par des attractions. Mais M. de Buffon y ajouta les *Moules intérieurs*, qu'il est difficile d'expliquer et que M. de Maupertuis se plaignit toujours de ne pas entendre. Quant aux prétendus animalcules que le microscope fait découvrir dans la liqueur séminale, M. de Buffon les regarde comme des êtres moyens entre la matière brute et l'animal; au lieu que M. de Maupertuis les prend pour de vrais animaux, convient qu'il ignore leurs fonction et conjecture, qu'ils mettent en mouvement les liqueurs proli-

[1] Cette dernière partie des théories de Maupertuis ferait, pour ainsi dire, de chaque partie de l'animal un être distinct, s'unissant à d'autres êtres par un acte de sa volonté. On comprend tout ce qu'a de peu rationnel une pareille idée: elle ne tend à rien moins qu'à supprimer l'individualité dans les animaux les plus manifestement simples, et ne s'applique pas davantage aux individus élémentaires qui, par leur réunion, forment les animaux composés, comme certains polypes, mollusques, etc. Au reste, Maupertuis, comme on le verra plus loin, accordait quelque chose de semblable à la matière brute elle-même. (A. de Quatrefages.)

1745 fiques, et facilitent par là l'union des parties qui peuvent se joindre [1].

Ce système n'était pas nouveau. Empédocle avait dit que les liqueurs séminales des deux sexes contiennent toutes les molécules analogues au corps de l'animal et nécessaires à sa reproduction [2].

Plotin avait suivi l'idée d'Empédocle, et recherché la raison de cette attraction des parties, qu'il avait trouvée dans une harmonie et une assimilation de ces mêmes parties, qui les porte à se lier ensemble quand elles se rencontrent, ou à se repousser lorsqu'elles sont dissemblables. Il disait que c'est la variété de ces assimilations qui concourt à la formation de l'animal, et il appelait cette désunion et cette liaison la force magique de l'univers [3].

Depuis, Sennert alla beaucoup plus loin; mais il n'osa dire que l'âme, qu'il admettait dans la semence des plantes et dans celle des animaux, avait l'idée de tous les organes des animaux et des plantes, et qu'elle savait la manière de les

[1] Les naturalistes ont longtemps partagé sur ce point les idées de Maupertuis, mais des recherches plus récentes ont donné sur ces prétendus animalcules des notions plus justes. On les regarde généralement aujourd'hui comme des espèces d'organes destinés à se détacher et qui conservent pendant quelque temps une vie propre manifestée par leur irritabilité et des mouvements analogues à ceux que présente la queue d'un lézard séparée de l'animal. (A. de Quatrefages.)

[2] Voy. Gal., *De Semine*, l. 2, c. 3; Plutarch., *De Placit.*, l. 1, c. 3.

[3] Plotin, *Ennead*, 4, l. 4, p. 434, et Marsile Ficin, son interprète.

construire et de les placer où il fallait. M. de Maupertuis fut plus hardi, comme nous le verrons dans la suite. 1745

La *Vénus physique* fut attaquée par l'auteur, prudemment anonyme, d'un livre intitulé : *L'art de faire des garçons*[1]. M. de Maupertuis n'y répondit point. Son adversaire ne lui avait fait que des objections aussi ridicules que la recette qu'il indiquait pour remplir l'objet de son livre. Il soutenait que la femme ne faisait aucune émission de liqueur séminale[2].

Cependant le père de M. de Maupertuis différait de consentir à son mariage, dans l'espérance de l'en détourner. Il était surtout affligé que son fils épousât une luthérienne. Il consulta divers docteurs sur ce cas de conscience, et la variété des solutions ne diminuait pas ses perplexités. Les uns disaient qu'il fallait une dispense du pape; les autres qu'elle était inutile. Ceux qui regardaient le prêtre comme le ministre de ce sacrement prétendaient qu'on ne pouvait le recevoir hors de la véritable Eglise; ceux qui croyaient, avec le plus grand nombre de théologiens, que les parties contractantes se l'administrent mutuellement, assuraient que la bénédiction sacerdotale

[1] Procope Couteau, docteur en médecine, fils de celui qui tenait le fameux café de ce nom.

[2] L'auteur anonyme avait raison. Le liquide secrété par la mère n'a aucun rapport avec celui que fournit le père. (A. de Quatrefages.)

1745 était une simple cérémonie qu'on pouvait omettre dans les pays protestants. M. de Maupertuis tint pour ceux qui étaient de l'avis de son cœur. Il obtint le consentement de son père, et remit à l'Académie des sciences sa pension. Le roi lui accorda la permission de s'établir en Prusse, et un brevet de regnicole qui lui conservait tous ses droits de Français. Libre de tout souci, M. de
août. Maupertuis revola en Prusse sur les ailes de l'amour.

Le roi de Prusse le revit avec une nouvelle joie. Il n'avait cessé de lui écrire des lettres d'autant plus précieuses, qu'elles étaient datées des jours où il projetait pour le lendemain des marches savantes ou des batailles meurtrières. Il lui donna quinze mille francs de pension, le nomma président de l'Académie de Berlin, et attacha à ce titre l'égalité de rang avec les présidents des cours supérieures, dont les places, uniques dans chaque tribunal, sont ordinairement remplies par la première noblesse.

25 oct. Le jour marqué pour son mariage approchait. Dans le contrat il fit présent de vingt mille écus à mademoiselle de Borck, et bientôt après il fut au comble de ses vœux. La reine mère donna dans son palais la fête nuptiale, et accompagna cette union de toutes les bontés qui pouvaient en augmenter le bonheur [1].

[1] La fête donnée par la reine-mère eut lieu le 2 novembre 1745. (A. M.)

Ce mariage l'alliait à quantité de maisons illus- 1745
tres et puissantes. Les parents de madame de
Maupertuis occupaient les premiers emplois, soit
à l'armée, soit au conseil. Et les distinctions que
le roi avait données au mari, le mettaient au niveau
de tout ce que la cour de Berlin avait de considérable. M. de Maupertuis se logea dans une maison agréable et commode à l'extrémité de la ville,
voisine du parc royal, où souvent il allait rêver
en liberté.

Dégagé des inquiétudes de l'amour, il revint
à ses études favorites, et lut à l'Académie de Berlin un mémoire sur les *Lois du mouvement*. Il y 1746
recherchait comment le mouvement se distribuait
entre deux corps qui se choquent, soit que ces
corps fussent durs, soit qu'ils fussent élastiques.
Il ramena son principe général que, *dans tout
changement qui arrive, la quantité d'action nécessaire
pour ce changement est la plus petite qu'il soit possible*. Il répéta que la quantité d'action était le
produit de la masse des corps par leur vitesse et
par l'espace qu'ils parcourent. Il observa que les
forces vives se conservaient après le choc, mais
que cette conservation n'avait lieu que pour les
corps élastiques et non pour les corps durs.

Cette pièce prouvait que le nouveau président n'était pas moins propre à illustrer l'Académie par ses travaux que par son administration. Mais les leibnitziens dont elle était remplie furent alarmés d'un principe contraire à celui de leur maître.

1746 Si M. de Maupertuis n'eût pas eu pour lui l'évidence, il lui eût suffi d'avoir M. Euler. Du reste, personne alors n'attribua cette loi de l'épargne aux philosophes anciens et modernes qui avaient dit que la nature ne fait rien en vain et qu'elle suit la route la plus facile. On savait que quelques auteurs avaient connu qu'elle épargnait un *minimum* dans quelques-unes de ses opérations. Mais M. de Maupertuis en ayant fait une loi universelle de la nature, on ne pensait point à lui associer dans cette découverte Malebranche, Wolff, 'S Gravesande, qui n'avaient fait l'application de ce principe qu'à des cas particuliers. D'ailleurs le renouvellement de la philosophie l'avait presque anéanti; car Descartes avait proscrit les causes finales et vu dans toutes les opérations de la nature plutôt une extrême inconstance qu'une loi générale et certaine.

Cependant M. de Maupertuis songeait à donner une meilleure forme à l'Académie; le maréchal Schmettau en avait presque toute l'administration; et la qualité de président, dont les droits n'étaient pas déterminés, loin de subordonner les curateurs à M. de Maupertuis, le jetait en de fréquents conflits de pouvoir avec eux. Le département de chaque classe était marqué trop vaguement, le nombre des académiciens n'était pas fixé : les pensions trop multipliées, et par là trop modiques, ne suffisaient pas aux besoins de ceux qui les avaient.

M. de Maupertuis représenta ces inconvénients 1746
au roi, qui lui demanda un mémoire. Il lui porta le plan d'un règlement plus simple, où chaque classe fut restreinte dans ses limites; trois pensionnaires établis dans chacune, les affaires économiques abandonnées à la prudence d'un comité, et tous les défauts des précédents statuts corrigés avec ménagement.

Le roi en approuva tous les articles et apostilla 10 mai.
les huitième et treizième en termes décisifs pour l'autorité du président: « Il aura, écrivit-il de sa « main, la présidence sur tous les académiciens « honoraires et actuels. Rien ne se fera que par « lui, ainsi qu'un général gentilhomme com- « mande des ducs et des princes dans une armée « sans que personne s'en offense... Le président « Maupertuis aura l'autorité de dispenser les pen- « sions vacantes aux sujets qu'il jugera en méri- « ter, d'abolir les petites pensions et d'en grossir « celles qui sont trop minces, selon qu'il le ju- « gera convenable. De plus, il présidera les cu- « rateurs dans les affaires économiques.

Ces règlements furent portés à la première as- 2 juin.
semblée publique de l'Académie par M. de Borck, ministre d'état et curateur en fonction, qui, après en avoir fait la lecture, céda sa place à M. de Maupertuis, désormais l'unique chef d'une compagnie dont il était le restaurateur.

Ce qui surprit le plus, ce fut l'abandon que le roi fit des revenus de l'Académie à la sagesse de

1746 M. de Maupertuis, rare confiance dans un pays où le ministre des finances a besoin d'une permission du prince pour disposer de toute somme qui excède 24 livres. Ces revenus sont considérables. Ils consistent principalement dans la vente des almanachs. Ce privilége accordé par Frédéric Ier, roi de Prusse, d'abord affermé cinq cents écus, produit maintenant environ soixante mille livres. Les presses de Berlin remplissent l'Allemagne et le Nord d'almanachs de tous prix et de toute espèce.

A peine M. de Maupertuis commençait-il à jouir des agréments de son nouvel état, qu'il apprit la mort de son père. Non-seulement il le pleura comme un bienfaiteur et un ami; mais la crainte d'avoir abrégé ses jours en le quittant, les reproches qu'il se fit de n'avoir pas été le soutien de sa vieillesse; l'idée qui l'assiégeait sans cesse, que ses yeux, en se fermant, n'avaient pas été entièrement satisfaits, tout cela le jeta dans un accablement dont le temps seul put le tirer.

juin. Il partit pour Saint-Malo, se flattant de trouver quelque consolation en unissant son affliction à celle de sa famille. Il recueillit la succession de son père. Son amitié pour son frère et pour sa sœur s'expliqua par des actes de désintéressement.

De là il se rendit à Paris, où madame la duchesse d'Aiguillon douairière, qui l'avait toujours honoré de son amitié, lui en donna de nouvelles preuves auprès de M. le comte de Maurepas, qui, l'année précédente, avait paru mécontent de son expatriation. Mais une abbaye d'un revenu modique étant venue à vaquer, il la demanda en vain pour l'abbé de Saint-Ellier, son frère. M. Boyer, dispensateur des bénéfices, répondit que les biens de l'Eglise ne devaient appartenir qu'à ceux qui la servaient, et que l'abbé de Saint-Ellier pourrait y prétendre, en s'occupant du salut des âmes, au lieu de s'amuser à mutiler des chats. 1746 août.

M. de Maupertuis retourna promptement à Berlin. Le roi le créa chevalier de l'ordre du Mérite, institué à son avénement au trône, et moins multiplié que les cordons rouges ne le sont parmi nous. La marque de cet ordre est une croix d'or à huit pointes, incrustée d'émail blanc, attachée à un ruban noir moiré, liseré d'argent; sur la croix on lit ces mots : *Pour le mérite.*

Le roi de Prusse, tous les jours plus ami des sciences, prit l'Académie sous sa protection particulière. Les associations militaires les plus distinguées ont un grand maître; le roi sentit qu'une Société littéraire ne pouvait avoir qu'un protecteur. Celle-ci appartenait auparavant au souverain : par ce titre de protecteur, le souverain voulut lui appartenir. Aussi s'imposait-il la loi de la rendre juge de ses travaux. Il y fit lire une ode française, où il peignait les sciences

1746 avec les traits du génie et le coloris de l'esprit (janv. 1747)[1].

Il aimait trop à sacrifier aux muses pour ne pas leur élever un temple. Il bâtit un édifice superbe, en belle pierre de taille, à l'usage de l'Académie. L'ordre est corinthien, l'entablement est porté par douze statues colossales représentant des cyclopes; au-dessus de l'architrave qui couronne les onze fenêtres principales, on voit des trophées d'instruments mathématiques; le fronton présente le Parnasse et la fontaine d'Hypocrène, qui y prend sa source. Apollon, la lyre en main, est assis au sommet, dans le chœur des muses; sur la droite, la Peinture, avec tous ses attributs, s'appuie sur Isis, représentée avec plusieurs mamelles, pour faire entendre qu'elle donne la vie et la nourriture à tous les êtres. Sept génies, qui l'environnent, s'occupent de divers ouvrages de géométrie, d'architecture et d'optique. Des deux côtés sont l'Histoire et le Silence, représenté par Harpocrate, qui met le doigt sur sa bouche. On a placé sur la gauche, l'Antiquité, avec les monuments de l'Egypte et de la Grèce, dont la Sculpture, le compas à la main, fait observer les beautés aux génies qui sont autour d'elle; à ses côtés sont la Métamorphose et la Mythologie. Ces des-

[1] Voy. l'*Hist. Philos. de l'Acad. de Prusse*, t. Iᵉʳ, p. 158. — M. Bartholmèss y cite cette pièce de vers plutôt comme un témoignage caractéristique de l'époque que comme une œuvre poétique remarquable. (Is. A.)

sins, imaginés par le roi, exécutés par Blume le 1746
jeune, sont d'une beauté qui parle à tous les yeux.

M. de Maupertuis, en quittant la France, avait non-seulement perdu sa pension d'académicien, mais aussi celle qui lui avait été accordée sur la marine pour travailler à la perfection de la navigation; mais, bientôt après son retour à Berlin, 24 août.
il reçut avis du ministre de France que le roi venait de lui donner une pension de quatre mille livres, en récompense des services qu'il avait rendus à l'Etat; son nouveau maître lui permit de l'accepter. M. de Maupertuis eut surtout obligation de cette grâce à M. le comte d'Argenson, son ancien ami.

Rien n'était plus propre à consoler M. de Maupertuis d'une injustice qu'on lui avait faite à Paris. Tandis que la cour semblait approuver son établissement en Prusse et mettait à l'approbation le sceau du bienfait, son nom avait été rayé de la liste de l'Académie des sciences, qui devait être flattée de présider par un de ses membres l'Académie de Berlin; mais ce nom y brillait d'autant plus qu'on ne l'y voyait pas[1]. A la vérité, la Compagnie ne l'effaça point par une délibération expresse; mais le parti opposé à M. de Maupertuis profita d'un malentendu et la rendit com-

[1] Præfulgebant Cassius atque Brutus eo ipso quod effigies eorum non videbantur. *Tac. ann.*, lib. III.

1746 plice de l'exclusion, pour avoir dit qu'il avait remis sa pension d'académicien en partant pour la Prusse. Ses ennemis feignirent de croire qu'en cessant d'être pensionnaire de l'Académie il se désistait aussi du titre d'académicien, sous prétexte qu'il n'avait pas demandé le titre de vétéran. Mais il est évident qu'il devait passer de plein droit dans cette classe. Ce passage n'est une grâce que pour ceux à qui l'Académie conserve sous ce titre une pension qui n'est plus due qu'à leurs successeurs. M. de Maupertuis, qui remettait librement la sienne, se trouvait dans un cas singulier et très dispensé de mendier par des sollicitations le titre de vétéran, après vingt-deux ans d'exercice. Aussi l'Académie française ne crut-elle pas sa place vacante. Elle pensa qu'il la remplirait dignement en étendant parmi les Allemands le goût et la langue de notre nation.

Vers le même temps, les rois de France et de Prusse donnèrent à M. de Maupertuis une nouvelle marque d'estime. Il avait fort à cœur d'obtenir un bénéfice pour l'abbé Saint-Ellier, son frère, et se souvenait des refus du distributeur. Il crut devoir opposer au crédit un crédit supérieur, et s'adresser au roi de Prusse. Ce monarque le servit en ami, écrivit au roi de France et le pria de donner une abbaye à l'abbé de Saint-Ellier. A cette nouvelle, M. Boyer en offrit une à ce désagréable protégé. Celui-ci la refusa et dit

qu'il en attendrait une plus digne des deux 1746
princes qui se réunissaient pour son bonheur. En effet, peu de temps après, il en vaqua une considérable. Il se présente. En vain M. Boyer propose de la charger d'une grosse pension pour un ecclésiastique utile : les rois ne donnent pas à demi. M. Boyer se vit réduit à gémir en secret de voir la vigne du Seigneur livrée au vigneron oisif, sur la recommandation de l'hérétique.

Dès que l'administration de l'Académie de Berlin eut été confiée à M. de Maupertuis, tout ce que l'Europe avait de savant ou de célèbre brigua l'honneur d'y être admis. Insensiblement la liste des académiciens s'épura de quantité de noms obscurs qui furent remplacés par des noms illustres. Mais le nombre des étrangers aurait dû être fixé, et tous les membres être déjà connus par quelque ouvrage. Les Allemands voyaient avec jalousie un Français à la tête d'une Académie de leur nation; quelques-uns se plaignaient de sa partialité dans le choix des sujets, parce qu'il préférait le bel esprit au compilateur, et le savant à l'érudit. L'école de Leibnitz, dont l'autorité diminuait de jour en jour, l'accusait de briser les statues que ce sublime rêveur avait méritées.

M. de Maupertuis savait et méprisait ces pro- 1747
pos. Il prononça, le jour de la naissance du roi, 24 janv.
un *Discours* plein de traits mâles et fiers, mais

1747 adoucis par les grâces[1]. Le roi y était loué avec enthousiasme, et pourtant avec vérité. Il n'y eut dans l'Académie qu'un cri d'admiration; mais les géomètres purent se demander quels étaient le sujet et le but de toutes ces phrases brillantes. M. de Maupertuis semblait avoir parlé uniquement pour le plaisir de bien dire.

M. le marquis de Paulmy, voyageant en Allemagne, fut agrégé à l'Académie de Berlin, et y prononça un discours de remercîment (2 fév. 1747). Son aïeul, garde-des-sceaux, s'était dispensé de cette formalité envers l'Académie française. La réponse de M. de Maupertuis, ses discours à l'occasion des mémoires de Brandebourg, lus dans les assemblées publiques[2] par D'Arget, secrétaire du cabinet du roi; les éloges funèbres des comtes de Keyserlingk et de Borck furent exempts de cette superfluité d'idées et de paroles qui font quelquefois haïr l'éloquence. Dans les uns, il célébra les grands qui cultivaient les sciences; dans les autres, il pleura d'illustres amis : dans tous il parut occupé du soin d'étendre l'empire de la vérité et de la vertu. C'étaient les beaux jours de cette Compagnie : ses séances offraient à la fois l'image d'une Académie et celle d'une cour. Les reines, les princesses, les frères du roi, les honoraient de leur présence; les seigneurs y couraient

[1] Voy. dans l'*Hist. philos. de l'Acad. de Prusse*, t. Ier, p. 162, le jugement de M. Bartholmèss sur ce *Discours* de Maupertuis. (Is. A.)

[2] Du 1er juin 1747, et du 25 janv. 1748. (M. A.)

en foule : on y jugeait les écrits d'un héros. M. de 1747
Maupertuis, obligé par sa place d'être éloquent, trouvait dans la fécondité de son imagination des ressources sur lesquelles la justesse de son esprit ne lui avait pas permis de compter : il fut orateur dès qu'il fallut l'être.

Il méditait depuis longtemps sur le problème d'une langue universelle. Solbrig avait entrepris ce grand ouvrage, Leibnitz l'avait cru possible et ne l'avait pas entrepris. M. de Maupertuis doutait que l'exécution en pût être fort utile. Mais cette matière le conduisit à des réflexions neuves et profondes sur l'origine des langues et la signification des mots. Il en fit imprimer douze exemplaires pour interroger le goût de quelques amis[1]. Le sujet était trop peu développé pour être à la portée du public. Il prévoyait ce qui arriva, dès que cet essai parut au grand jour, que les uns n'y trouveraient que des ténèbres, les autres que des trivialités.

Il suppose qu'après un sommeil qui lui a tout fait oublier, il est subitement frappé des perceptions telles que le hasard les lui présente. Il distingue ces perceptions par des signes simples ; mais comme parmi ces perceptions dont chacune a son signe, il aurait bientôt peine à distinguer à quel signe chaque perception appartient, il sub-

[1] *Réflexions philosophiques sur l'origine des langues, et la signification des mots.*

1747 divise ces signes et augmente le nombre de leurs parties, à mesure qu'il analyse les parties des perceptions. De là, passant à l'influence que les expressions des premières perceptions ont sur les sciences, il prétend que si l'on s'était tenu aux premières expressions simples, si la mémoire avait été assez forte pour retenir chaque signe sans le confondre avec les autres, aucune des questions qui nous embarrassent aujourd'hui ne serait entrée dans notre esprit; car nous avons pris les expressions pour les choses, nous avons combiné les choses entre elles, et cette combinaison a produit ce que nous appelons nos sciences. Ensuite, entrant dans le détail, il prouve que c'est de la généralisation des signes que sont nés tous nos systèmes et toutes nos erreurs. En effet, cette destination arbitraire des signes aux différentes parties des perceptions, pouvait être faite de plusieurs manières différentes par les premiers hommes. Mais une fois faite, de telle ou telle manière, elle jette dans telle ou telle proposition, et influe continuellement sur toutes nos connaissances. Puis, reprenant la formation de sa langue, il demande si cette proposition, *il y a*, n'est pas un abrégé de toutes les perceptions dont elle est née, c'est-à-dire des perceptions, *je vois*, *j'ai vu*, *je verrai*, etc. Il finit par assurer que nous ne pouvons être nous-mêmes les juges sur la succession de nos perceptions, car qu'est-ce que la durée par rapport à nous? Le cours des astres, les horloges, peuvent-ils en être des mesures suffisantes, puisque nous ne la connaissons que par le nombre des perceptions que notre âme y a placées, puisque cette durée ne paraît plus la même dans la souffrance et dans le plaisir, puisque nous ne connaissons les perceptions passées que par le souvenir qui est une perception présente? 1747

Un exemplaire de ce traité tomba entre les mains de feu M. Boindin, magistrat, qui depuis trente ans tenait école d'athéisme dans quelques cafés de Paris; à la petitesse du volume, à la précision géométrique qui y régnait, aux doutes métaphysiques dont il était rempli, il en devina l'auteur. Mais il ne vit que ses propres maximes sur le pyrrhonisme et sur l'incrédulité, jugement à peu près semblable à celui que l'auteur de l'*Homme-machine*[1] portait dans le même temps, que Descartes, Leibnitz, Malebranche, Wolff, Boerhaave, Tertullien, saint Augustin, étaient matérialistes comme lui. M. Boindin agrégea donc M. de Maupertuis à sa secte dans quelques remarques qu'il écrivit sur cet ouvrage; il y prétendit que le but secret et principal de ce philosophe était de saper par les fondements l'édifice de la religion. Ces remarques ne parurent qu'après sa mort, mais par ses ordres; car ce vertueux athée était incapable de nuire pendant sa vie.

M. de Maupertuis ne se laissa point prendre aux

[1] La Mettrie.

1747 louanges de Boindin. Il réfuta des soupçons auxquels il n'avait pas donné lieu, parce qu'ils portaient sur des sentiments dont il était jaloux. Il se plaignit du dessein caché que lui prêtait l'incrédulité, qui avait pris pour le masque de l'objet, l'objet même dont il était occupé. Il défendit son opinion hardie sur la durée, en mettant entre son adversaire et lui les auteurs les plus orthodoxes, et en demandant si sa philosophie devait être plus timide que celle des théologiens. Enfin il montra que le système qui résultait de ses réflexions sur l'origine des langues tranchait toutes les difficultés qui sont dans les autres systèmes. En effet, dès que toute réalité dans les objets n'est et ne peut être que ce qu'on énonce quand on est parvenu à dire : *il y a*, il n'est plus, il ne peut plus être pour les objets, différentes manières d'exister ; il est vrai, il est indubitable qu'ils existent dans toute l'étendue du sens de ce mot, et qu'on ne peut plus trouver leur existence en opposition avec ce qui nous est révélé. Cette doctrine, loin de favoriser l'athéisme ou le matérialisme, ressemble beaucoup plus à celle de Berkeley, évêque de Cloyne, qu'on n'accusera pas de matérialisme, puisqu'il nie l'existence des corps. Les deux doctrines s'accordent en ce qu'elles n'admettent d'autre réalité que nos perceptions.

1748 L'Académie de Berlin, renouvelée, était encore au berceau lorsque M. le maréchal de Schmettau voulut l'engager, pour coup d'essai, dans une

entreprise qui ne pouvait être exécutée avec suc- 1748
cès que par une Académie formée de longue main, en ce qu'elle exigeait des observateurs fort exercés; frappé des grandes opérations de la France pour la figure de la terre, accoutumé aux projets difficiles, le maréchal proposait un ouvrage plus considérable : c'était de mesurer une méridienne qui traversât l'Allemagne, depuis la mer Baltique jusqu'à la Méditerranée. M. de Maupertuis, qui tous les jours avait à combattre de nouvelles idées que M. Schmettau présentait à la Compagnie, lui fit des objections contre celle-ci. Le maréchal, l'un des meilleurs géographes de l'Europe, répondit à tout : les plus grandes difficultés s'aplanissaient devant lui. En vain on lui représentait que l'Académie manquait d'astronomes; il y suppléait en invitant, par des lettres circulaires, tous les mathématiciens des pays voisins à se rendre, avec tous leurs instruments aux lieux des opérations. M. de Maupertuis jugeait que le secours de ces volontaires était trop hasardeux, et que l'imperfection des instruments s'opposerait à l'exactitude des observations. Son estime pour le maréchal l'entraînait à tout ce qu'il proposait; son zèle pour la gloire de l'Académie l'en éloignait; mais ce seigneur revenait à la charge, et renouvelait sans cesse la peine qu'avait M. de Maupertuis de ne pouvoir être de son avis. Ces contrariétés de sentiment suspendirent entre eux les témoignages de l'amitié, jusqu'à ce

1748 que M. de Schmettau eût réduit son premier dessein à lever une nouvelle carte de l'Allemagne ; entreprise qu'il commença, mais qu'un ordre du roi l'empêcha de continuer.

L'attachement de M. de Maupertuis pour l'Académie augmentait tous les jours avec les soins qu'il prenait pour elle. Les quatre classes l'occupaient également. Il cachait la prédilection qu'il avait pour celle dont les mathématiques sont le principal objet ; il fit construire un laboratoire de chimie, et le jardin de botanique lui eut des obligation ; sa vigilance s'étendit sur les revenus. Et dès que le roi protégea l'arbre nourricier du ver qui produit la soie, il en fit planter des milliers dans un domaine de l'Académie.

Les académiciens trouvaient en lui un équitable appréciateur de leur mérite ; quelques-uns se plaignaient de sa sévérité, car il exigeait qu'on fût assidu et qu'on observât les règlements auxquels on s'était assujetti. Cette gêne paraissait, à quelques-uns d'eux, une espèce d'atteinte contre la liberté philosophique ; mais la plupart étaient ravis d'être présidés par un homme qui eût été un excellent associé de chaque classe, et d'avoir pour premier juge de leurs écrits celui qu'ils auraient préféré s'ils avaient été libres de choisir. Il eût voulu communiquer à tous ses confrères son activité. L'air austère, le ton sec qu'il prenait quelquefois pour maintenir l'ordre, rendaient ses louanges et sa gaieté plus précieuses.

Pour étouffer les murmures de ceux qui désap- 1718
prouvaient sa vigilance, il traça les *devoirs de l'académicien* dans un *Discours* prononcé à une assemblée publique (1747). Toutes les classes furent parcourues, chacune eut ses leçons et ses éloges. Il ramena toutes les sciences à l'utilité publique; il anima ses auditeurs à faire par devoir ce qu'ils faisaient par affection pour elles; il finit par répondre au reproche secret que lui faisaient les dévots, d'avoir retranché des anciens statuts le règlement qui chargeait une des classes de s'appliquer à la religion : puisqu'elles concourent toutes à l'établir et à la conserver; puisque la physique prouve l'existence de Dieu, que la géométrie la démontre, et que l'histoire nous apprend qu'il s'est manifesté aux hommes et qu'il leur a prescrit un culte[1].

Ceux qui entendirent ce *Discours* jugèrent qu'il fallait être bien chrétien pour l'être avec tant de zèle, dans un pays où ce zèle ne plaisait pas. Mais la Mettrie, chassé de France et de Hollande pour avoir écrit des impiétés, avait été appelé à Berlin, et la volonté du roi lui avait ouvert l'Académie. Il fallait donc rendre un hommage au christianisme et protester, en quelque sorte, contre la réception de son scandaleux ennemi. M. de Maupertuis exigea de la Mettrie la promesse qu'il n'écrirait plus, ni contre la religion, ni contre les

[1] Voy. *Hist. philos. de l'Acad. de Prusse*, par M. Bartholmèss, t. Ier, p. 167. (Is. A.)

1748 mœurs. Mais la Mettrie, que l'étude de la théologie avait, disait-il, conduit à l'impiété, remplissait tous les jours l'Allemagne de brochures licencieuses. Dès que les fumées du bourgogne et du champagne mettaient en mouvement les esprits de son cerveau, ou que la présence de quelque objet séduisant échauffait sa voluptueuse imagination, courant dans son antre bachique, ou, penché sur son lit, il dictait à un laquais toutes les plaisanteries, tous les délires, toutes les causticités qui se présentaient à lui sur son Dieu, sur son âme et sur ses amis. Le lendemain il était le premier étonné de voir ces ivresses imprimées, et en faisait pourtant imprimer de nouvelles. C'est ainsi que se composaient ces ouvrages, les délices des jeunes esprits forts.

M. de Maupertuis tenta de l'engager à se borner à des traductions. Il lui fit entrevoir que le roi, à qui l'étude de la langue latine avait été défendue dès l'enfance, lui saurait gré de mettre à sa portée ces immortels esprits, auxquels il ressemblait. M. de Maupertuis indiqua à la Mettrie, pour son coup d'essai, le traité de Sénèque de *la Vie heureuse*. Celui-ci promit de le traduire, et les autres successivement.

M. de Maupertuis partit pour la France, où l'appelait sa santé, altérée par de fréquents crachements de sang, dont il attribuait le retour au climat froid et sablonneux de Berlin, et la cause aux frimas de Laponie, et aux liqueurs fortes

dont il avait usé et qui avaient déchiré les fibres 1748
de ses poumons. Le régime, l'air natal, la joie de revoir sa patrie le soulagèrent, mais ne purent le rétablir. Ses principaux amis à Paris étaient M. le comte d'Argenson, M. de Montesquieu, M. le président Hénault; mesdames les duchesses d'Aiguillon et de Chaulnes, madame la princesse de Talmont, mesdames les marquises de Croissy et Du Plessis Châtillon; M. d'Aguesseau, MM. Duvelaër et Trublet, son compatriote, et M. de La Condamine : il n'était pas aisé de mieux choisir.

A son retour à Berlin[1], il trouva la traduction 1749 mai.
de la Mettrie imprimée et précédée d'un long discours intitulé : *l'Anti-Sénèque*. Le traducteur y faisait consister le bonheur, non dans la vertu comme le moraliste païen, mais dans la variété des plaisirs et dans l'étouffement des remords. Un athée décidé, mais décent, ne put lire cette pièce, sans s'écrier que si l'auteur vivait dans une république d'athées, il y serait condamné au dernier supplice. M. de Maupertuis se reprocha beaucoup d'être la cause innocente de cet écrit. La Mettrie n'osa le lui présenter; il évita même les tête-à-tête; mais M. de Maupertuis, ayant trouvé l'occasion de lui en parler, lui fit les reproches les plus forts. La Mettrie parut touché, le fut peut-être, promit de ne plus scandaliser l'univers, et recommença.

[1] Après une absence d'environ neuf mois. (M. A.)

1749 M. de Maupertuis venait de composer un *Essai de philosophie morale* sur le bonheur, d'un genre bien différent. C'était un traité fort neuf sur un sujet usé. Il ne l'avait écrit que pour lui-même et pour un petit nombre d'amis. Pendant son dernier voyage à Paris, il en avait fait part à M. le président Hénault, avec la plus sincère recommandation de ne le montrer à personne. Il prévoyait que ces réflexions, quoique utiles, pourraient être mal interprétées et lui susciter des disputes; et il aimait mieux vivre en paix que de triompher. Apparemment on abusa de la confiance de M. Hénault. M. de Maupertuis apprit, avec surprise, que le livre paraissait à Paris et lui était attribué. Il en avait donné au roi de Prusse une copie manuscrite, comme d'un *Essai* qui ne devait pas voir le jour; il eut à se justifier auprès de lui de l'indiscrétion de son ami, et la crainte de n'être pas tout à fait cru ne fut pas ce qui l'inquiéta le moins.

Dès le premier mot il entre en matière : la vérité est son objet, la philosophie est son guide. Il définit la peine et le plaisir; il établit que l'estimation des moments heureux ou malheureux est le produit de l'intensité du plaisir ou de la peine par la durée. Il fait une énumération des biens et des maux, et pose que dans la vie ordinaire la somme des maux surpasse celle des biens; il le prouve par la nature des peines et celle des plaisirs. Il recherche les moyens de rendre notre con-

dition meilleure, et pense qu'on y peut moins 1749
parvenir par l'augmentation de la somme des biens que par la diminution de la somme des maux. Il examine le système des stoïciens sur ce sujet, et dédaigne de réfuter celui d'Epicure; il compare la doctrine de Zénon avec la morale de Jésus-Christ, et démontre que celle-ci est plus philosophique, plus noble, plus douce et plus propre à faire des heureux. Ensuite, considérant le christianisme comme une religion, il en expose des preuves de sentiment : il convient qu'il n'est pas rigoureusement démontrable; mais il venge ses mystères du reproche qu'on leur fait d'être impossibles, et prétend que les principes, mis à leur place par l'incrédule, renferment des propositions plus difficiles à croire. Enfin, ce désir qu'a l'homme d'être heureux, désir encore plus universel que la lumière naturelle, le conduit à s'attacher au système de la révélation, qui doit être le seul véritable, puisqu'il remplit seul le désir que l'homme a du bonheur. Il conclut que « tout ce qui nous procure le plus grand « bonheur dans cette vie est sans doute cela « même qui doit nous mener au bonheur éternel. »

Ces réflexions, écrites d'un style triste et sec, mais souvent agréable et quelquefois étincelant, paraissaient être le fruit amer de la mélancolie; elles étaient propres à consoler les âmes fortes des malheurs de notre condition. Il semblait s'être proposé de faire haïr la vie; mais au fond il n'a-

1749 vait fait que révéler le secret de l'humanité. Ce n'était point dans l'exil, dans le chagrin; c'était dans ses plus beaux jours, au milieu d'une cour brillante, dans le palais d'un roi, son ami, qu'il avait eu pitié des heureux. Que, dans l'affliction, l'homme ordinaire dise à la joie : *Pourquoi m'as-tu trompé?* c'est dans le sein des plaisirs que le philosophe doit lui faire cette plainte. Toutefois on eut raison d'appeler cet ouvrage un *Traité sur le bonheur, par un homme malheureux*. En effet, M. de Maupertuis l'était beaucoup par son extrême sensibilité, qui d'un côté lui augmentait et multipliait les peines, et de l'autre lui gâtait tous les plaisirs.

Il retoucha cet *Essai*, et le dédia au général Still, gouverneur des princes Henri et Ferdinand, aide de camp général, qui venait de le traduire en allemand.

Quelques-uns crièrent qu'il avait fait un ouvrage d'impiété, d'autres le prirent pour un livre de dévotion; mais, sans être impie ni dévot, il avait usé de la liberté de raisonner, dont les droits sont trop rétrécis par les théologiens, et en avait usé avec une modération que les philosophes du siècle traitent de superstitieuse timidité. On lui reprocha d'avoir parlé favorablement du suicide. Il répondit que pour le chrétien le suicide était l'action la plus criminelle ou la plus insensée; mais que dans le système stoïcien c'était un remède utile contre ce qu'il appelait *le mal de*

vivre[1]. On lui fit un crime d'avoir dit que le chris- 1749
tianisme ne pouvait se démontrer à la rigueur, comme si l'évidence n'était pas l'opposé de la foi. Il répéta que s'il était démontrable, tout le monde le suivrait nécessairement. Il pensait qu'en cette matière l'esprit ne pouvait guère être persuadé sans l'aide de la volonté et de la grâce. Cette dernière proposition ne pouvait-elle pas être accusée de prêter, sous le masque de l'orthodoxie, des armes à l'incrédulité ? On peut, ce semble, le blâmer d'avoir dit qu'il était impossible que des hommes persuadés au fond du cœur de la vérité du christianisme le démentissent par leurs actions. Le chrétien ne pourra plus demander s'il y a de vrais athées ; car l'athée demanderait s'il y a des vrais chrétiens.

On réimprima vers le même temps un traité de M. de Fontenelle sur le même sujet, tel qu'on devait l'attendre d'un homme qui avait su se garantir des peines de la vie en s'aimant beaucoup, et de celles de la société en se faisant aimer de tout le monde et en n'aimant personne.

M. de Maupertuis, aspirant à s'élever chaque 1750
année au-dessus de lui-même, tenta d'expliquer le système du monde, où Newton avait encore laissé tant de choses à désirer. Il publia donc son *Essai de Cosmologie*, qu'il venait de revoir,

[1] *Le Spectateur françois* fait dire plaisamment à un ivrogne : « Buvons, mon amy, cela console de vivre. »

1750 après l'avoir laissé mûrir pendant dix ans dans son cabinet.

Il commence par établir l'existence d'un premier agent. Il n'admet pas toutes les preuves; mais il n'en exclut aucune. Il examine celle qui frappa Descartes et celle qui convainquit Newton. L'un est conduit à Dieu par des raisonnements métaphysiques, l'autre par les causes finales. Le Français, qui les proscrit, croit qu'une mécanique aveugle, une fois mise en œuvre, l'Auteur de la nature a pu former les astres, les plantes, les animaux, tout ce que nous admirons dans l'univers. L'Anglais voit surtout la suprême intelligence agir immédiatement, et la trouve jusque dans la toile d'une araignée; de sorte que Descartes et Newton auraient été athées, si les arguments particuliers qui les persuadaient leur avaient échappé. M. de Maupertuis s'arrête à la preuve que le dernier tire de la contemplation de l'univers, qui est que le mouvement uniforme des planètes prouve nécessairement un choix, vu qu'il n'était pas possible qu'un destin aveugle les fît toutes mouvoir dans un même sens et dans des orbes à peu près concentriques. Mais la zone dans laquelle tous ces orbes sont renfermés ne faisant que la dix-septième partie de la surface de la sphère, si l'on prend l'orbe de la terre pour le plan auquel on rapporte les autres et qu'on regarde leur position comme l'effet du hasard, la probabilité que les cinq autres orbes ne doivent pas être renfermés

dans la zone qui les renferme n'est que comme 1730
1,419,856 est à 1. De ce que le newtonien peut parier un million et demi contre un pour l'existence de Dieu, M. de Maupertuis conclut que sa preuve n'est pas même une démonstration pour lui. Car, pour le cartésien, le fluide dans lequel il fait mouvoir les planètes, qui les emporte et modère leur mouvement, n'est pas même une preuve. Quant à l'argument tiré de la constitution des animaux et du rapport de leurs différentes parties avec leurs besoins, il observe qu'on peut dire que dans la combinaison fortuite des productions de la nature, comme il n'y avait que celles où se trouvaient certains rapports de convenance qui pussent subsister, il n'est pas merveilleux que cette convenance se trouve parmi les espèces actuellement existantes.

De cette discussion il passe aux opinions des philosophes qui ont tenté de justifier Dieu des imperfections de ce monde, si parfait aux yeux des newtoniens; les uns, pour garantir sa sagesse, diminuent sa puissance, les autres sauvent sa puissance aux dépens de sa sagesse. Malebranche dit que, pour faire un monde plus parfait, Dieu aurait eu besoin de moyens trop compliqués, et qu'il avait plus considéré la manière dont il opérait que la perfection de l'ouvrage. Leibnitz soutient qu'entre tous les mondes possibles, celui-ci, malgré ses défauts, était encore le meilleur; Pope prétend que tout est bien, axiome

1750 insoutenable contre l'athée, par acte de foi pour le chrétien, triste consolation dans nos misères pour le philosophe.

Ensuite, M. de Maupertuis, s'élevant à de plus hautes considérations, cherche l'Être suprême, non dans les petits détails, dont nous connaissons peu les rapports, mais dans l'universalité des phénomènes que leur simplicité expose entièrement à notre vue ; aidé du flambeau des mathémathiques, il trouve Dieu dans les premières lois qu'il a données à la nature, dans ces règles universelles selon lesquelles le mouvement se conserve, se distribue, ou se détruit. Il aurait pu partir de ces lois, telles que les géomètres les donnent et que l'expérience les confirme. Mais il aime mieux les déduire des attributs d'un Être tout-puissant. Si celles qu'il découvre par cette voie sont les mêmes qui sont en effet observées dans l'univers, n'est-ce pas la preuve la plus forte que cet Être existe et qu'il est l'auteur de ces lois ? Et s'il est vrai que les lois du mouvement soient des suites indispensables de la nature des corps, l'exécution des volontés d'une Intelligence éclairée et libre par une mathématique aveugle et nécessaire, ne prouve-t-elle pas la perfection de cet Être ?

L'audacieux Descartes chercha ces lois et se trompa ; Leibnitz ne fut pas plus heureux. Mais leurs disciples les ont enfin reconnues. M. de Maupertuis n'ose dire qu'après ces grands hommes,

il a trouvé un principe véritablement universel 1750
d'où partent ces lois et d'où dépendent tous les mouvements des substances corporelles. C'est son principe favori, celui de *la moindre quantité d'action;* après avoir si souvent démontré que, dans tous les changements qui arrivent, « la somme « des produits de la masse d'un corps multipliée « par l'espace qu'il parcourt et par la vitesse « avec laquelle il le parcourt, est toujours la « plus petite possible, » il établit que ce principe répond à l'idée que nous avons de Dieu, en ce qu'il doit non-seulement toujours agir de la manière la plus sage, mais encore tenir tout sous sa dépendance. Descartes et Leibnitz semblaient soustraire le monde à l'empire de la Divinité, en attribuant l'indépendance et l'éternité à ses mouvements. M. de Maupertuis laisse l'univers dans un besoin continuel du Créateur. Son principe est une suite nécessaire de l'emploi le plus sage et le plus économique de la puissance divine.

Enfin, n'osant pénétrer plus avant dans le système du monde, il en admire le spectacle, parcourt toutes les planètes, dévoile tous les phénomènes, jette çà et là des semences d'idées fécondes, propose des conjectures brillantes et des cieux descendant sur la terre, voit dans chaque atome autant de merveilles que dans la planète de Jupiter.

Cet ouvrage ne pouvait manquer de déplaire à la plupart des philosophes; les uns, croyant que

1750 les merveilles de la nature ne prouvent point la nécessité d'un Être créateur, crièrent contre le rétablissement des causes finales ; les autres, accoutumés à voir la puissance, la sagesse et la bonté de Dieu peintes sur les ailes des papillons et les vertèbres des serpents, l'accusèrent d'enlever à la religion les meilleures armes qu'elle eût dans son arsenal pour combattre l'athéisme. La raison le défendit contre les premiers : un siècle éclairé ne permit point aux autres de l'opprimer. Les théologiens traitèrent d'impiété l'examen des preuves populaires et la hardiesse de leur en substituer une qui n'est à la portée que du petit nombre.

Il répondit que le faux ne peut être utile ; qu'on rend suspecte la vérité la plus sûre lorsqu'on n'en présente pas les preuves avec assez de justesse et de bonne foi ; qu'il vaut mieux les faire passer par un examen judicieux que de les multiplier par un zèle mal entendu ; qu'il les avait toutes évaluées, sans en détruire aucune ; qu'il y a dans l'univers assez de bon et de beau pour ne pouvoir méconnaître la main de Dieu ; mais que chaque chose, prise à part, n'était pas toujours ni assez bonne, ni assez belle pour le faire reconnaître. M. de Maupertuis n'avait point donné son principe pour une démonstration géométrique. La Providence a soumis à la démonstration les vérités indifférentes ; mais elle nous a donné les probabilités pour nous faire connaître les vérités utiles. Un nombre infini de probabilités équivaut à une démonstration complète, et il s'était contenté de choisir et d'exposer celle qui lui paraissait la plus forte. 1750

Les leibnitziens le blâmèrent de n'avoir point proscrit les corps durs, et d'avoir osé douter de la loi de continuité. En France, M. d'Arcy, de l'Académie des sciences, attaqua le principe mathématique. Mais dans la seule objection qui parut avoir quelque fondement, il confondit le changement arrivé aux vitesses, qui est réel, avec le changement de la quantité d'action, qui est nul ; de sorte que M. de Maupertuis ne lui répondit qu'en exposant sa méprise.

Cet académicien et quelques autres savants reprirent le mot *action* dont il s'était servi. M. de Maupertuis convint que celui de *force* était meilleur; mais ayant trouvé l'autre tout établi par Leibnitz et Wolff pour exprimer la même idée, il avait cru devoir le préférer.

Cependant, M. de Voltaire, aussi dégoûté de juin.
Paris qu'on paraissait l'être de lui à Versailles, projetait de s'établir à Berlin. Les liens qui le retenaient à Paris étaient rompus par la mort de madame la marquise du Châtelet[1]. Il venait d'engager le roi de Prusse à l'inviter à passer quelques mois dans sa cour, et à lui donner quatre cents écus pour les frais de son voyage. Le poëte, après

[1] Morte en couche à Lunéville, le 10 septembre 1749.

1750 avoir joué à Sceaux son *Catilina* et reconnu, à la froideur de l'assemblée, qu'il serait inférieur à Crébillon tant qu'il joûterait contre lui, partit fort brusquement, s'arrêta quinze jours à Cologne, et fut reçu à Potsdam avec les distinctions dues à ses talents. M. de Maupertuis était allé au-devant de lui. Leur amitié, un peu refroidie par une tracasserie avec la marquise du Châtelet au sujet de Kœnig, reprit des forces nouvelles; ils s'aimèrent autant qu'ils s'étaient aimés d'une zone à l'autre. Le philosophe oublia la faiblesse qu'avait eue M. de Voltaire de supprimer par complaisance l'éloge de son ami, qu'il avait d'abord placé dans son remercîment à l'Académie française à la suite de celui du roi de Prusse, où il venait fort naturellement. Il rendit à M. de Voltaire, à son arrivée à Berlin, tous les services qui dépendaient de lui. Dans l'excès de son enthousiasme il écrivait à Paris à un de ses amis : « Vous me con« naissez bien mal, si vous pensez que j'ai en« core sur le cœur l'injustice que m'a faite V... « en rayant mon nom dans son discours de ré« ception. Nous vivons assez bien ensemble; « c'est un homme qui fait des choses charmantes, « avec autant de facilité qu'un autre en ferait « de communes. »

Le poëte, à portée des bienfaits d'un prince ami des arts, manifesta le projet qu'il avait formé d'en profiter; mais le roi fut agréablement surpris, lorsque M. de Voltaire lui fit insinuer qu'il

voulait lui consacrer le reste de sa vie. Divers 1750
traits de son premier voyage en Prusse, sa déclaration d'amour à la princesse Amélie, sa hardiesse à présenter au fils la satire du père, étaient restés dans la mémoire du roi. Cependant un goût très vif pour la poésie (il faut bien pardonner une passion à un prince) vainquit sa répugnance; il accepta la proposition, donna la clef de chambellan à M. de Voltaire, le créa chevalier de l'ordre du Mérite, le laissa le maître de la pension, et faisant toujours le bien au mieux, écrivit au bas du brevet : « Je signe de grand cœur le « marché que j'avais envie de faire il y a quinze « ans. »

Cette pension était plus forte de deux mille écus que celle de M. de Maupertuis; mais le roi de Prusse ne récompense pas le mieux ceux qu'il estime le plus. Deux danseuses, assurément moins estimables que M. de Voltaire, étaient plus magnifiquement payées que lui.

La cour de Potzdam était celle des beaux esprits. Outre MM. de Maupertuis et de Voltaire, le roi y avait rassemblé le marquis d'Argens et le baron de Pollnitz, dont la conversation faisait oublier les faibles écrits. M. d'Arnaud, l'élève et l'ami de Voltaire, plein de sentiment et de cette imagination facile et brillante, qui déjà lui avait dicté une foule de jolis vers dans un âge où l'on écrit à peine en prose; la Mettrie, philosophe hardi, conteur agréable, la lumière et le fléau des

1750 médecins; le comte Algarotti, auteur du *Congrès de Cythère* et du *Newtonianisme pour les dames.*

Potzdam était le plus agréable des séjours. Le sage y était l'ami du héros, le bel esprit était admis à ces soupers où le roi disparaissait et où une familiarité noble et décente faisait oublier cinq victoires; les talents, ailleurs négligés ou avilis par la protection même, étaient encouragés et croissaient à l'ombre du trône. Ils n'avaient à craindre ni les persécutions des dévots, ni la foudre des tyrans subalternes, ni les dégoûts du maître.

Mais, quelque attentif que le roi fût à ne pas marquer de préférence qui pût causer de jalousie ouverte, la faiblesse humaine prévalut sur sa vigilance, et il y a deux choses que ce prince n'a jamais pu obtenir : l'une, que ses sujets aimassent la joie ; l'autre, que ses étrangers aimassent la paix. Tous les jours les sages faisaient des brèches à la sagesse. M. de Voltaire ne pardonnait point à M. D'Arnaud des vers où le roi avait dit, que l'un était à son couchant et l'autre à son aurore [1].

Le vieux poëte avait, dit-on, résolu de perdre le jeune poëte. Il lui dressa des piéges par son secrétaire, et chercha à lui faire subir la destinée d'Ovide, dont le roi lui avait donné le nom. M. D'Arnaud, qui ne connaissait pas l'intrigue,

[1] Ces vers se trouvent dans la petite édition des poésies du roi de Prusse.

et incapable de se défier d'un homme qu'il regar- 1753
dait comme son père dans la carrière des arts, n'eut pas la sagesse d'attendre la catastrophe qui amena le renvoi de M. de Voltaire ; il demanda son congé et l'obtint presque avant de savoir qu'il eût un ennemi. M. de Maupertuis le plaignit hautement et le servit en secret. M. D'Arnaud se retira en Saxe, où, malgré les poursuites ardentes de son persécuteur, il fut comblé de distinctions flatteuses qui le dédommagèrent des chagrins qu'une haine injuste lui avait causés. D'un autre côté, M. de Voltaire détestait la Mettrie, qui, dans son *Homme-machine*, avait remarqué que la physionomie d'un poëte célèbre réunissait l'air d'un filou avec le feu de Prométhée, et qui soutenait alors que sa remarque n'était vraie qu'à demi. Mademoiselle Barberini, aujourd'hui comtesse de Cocceï, alors danseuse, aspirait à épouser le comte Algarotti, violemment épris de ses charmes. Le roi paraissait surpris que M. de Maupertuis désapprouvât ce mariage. M. de Voltaire prétendait que le comte Algarotti ne devait point dédaigner une personne si riche et si belle. Le comte fut très piqué d'une évaluation si avilissante.

Ces tracasseries, et mille autres semblables, aliénaient les esprits, mais ne produisaient encore aucun éclat. On se voyait, on se parlait, on se louait mutuellement avec tous les dehors d'une cordiale amitié ; on se dédommageait de cette

1750 contrainte par les coups qu'on se portait secrètement. M. de Maupertuis se dérobait à toutes les intrigues, en préférant au séjour de Potzdam celui de Berlin, où l'appelait sa place de président. M. de Voltaire paraissait jaloux de la confiance que le roi avait en M. de Maupertuis, qui peut-être était blessé de la supériorité que M. de Voltaire avait prise dans les entretiens des petits soupers. Celui-ci s'emparait de la conversation; ses propos saillants, ses contes débités avec une élégance naïve, son ton décisif sur les matières les moins à sa portée, ses plaisanteries éternelles sur la religion, divertissaient le monarque, qui retenait ses bons mots, n'en écoutait pas d'autres, et donnait à ses convives le signal de l'approbation. Sa passion pour les vers lui exagérait le mérite du poëte. La Mettrie le sentait, et répondit au roi, qui lui demandait ce que Voltaire ferait s'il était roi : « Sire, il ne ferait pas des « vers. »

Cependant, ces messieurs, à la vue du vaste projet de l'*Encyclopédie*, proposèrent de travailler en commun à un dictionnaire de métaphysique. Le roi goûta cette idée, et promit de fournir quelques articles. L'ouvrage fut commencé. Mais M. de Maupertuis ne se prêta point à cette entreprise, il la découragea même; et c'est un service qu'il rendit à la religion. Il crut que la métaphysique de quelques beaux esprits, dont les uns étaient superficiels et les autres matérialistes, serait la risée des philosophes et le scandale des chrétiens. 1750

M. Kœnig, celui-là même qui, recommandé par M. de Maupertuis, avait donné des leçons de géométrie et de physique à la marquise du Châtelet, à Cirey, vint alors à Berlin. Sur sa parole, l'immortelle Emilie avait cru aux monades de son maître; il devint son plus cruel ennemi. Il était Suisse de nation, ancien disciple du célèbre Hermann, de Bâle. Il fut successivement professeur à Franecker, correspondant de l'Académie des sciences de Paris, bibliothécaire de madame la princesse d'Orange. Esprit ardent et séditieux, à Cirey il s'exerçait à réciter les *Philippiques* de Démosthène, pour s'habituer, disait-il, à déclamer devant le peuple contre les vices de ses tyrans; aussi fut-il accusé d'être complice du capitaine Henzi, décapité à Berne, pour crime de haute trahison. Fugitif de sa patrie, Kœnig ne put se dépouiller de son caractère. Il avait voulu rétablir la démocratie à Berne : il voulut en détruire jusqu'au dernier vestige en Hollande. Il fut chassé de Franecker par la populace. M. le prince d'Orange se l'attacha par une pension, comme un instrument utile entre les mains d'un nouveau souverain.

M. de Maupertuis le reçut avec cordialité. M. Kœnig l'assurait qu'il était venu pour lui seul, et qu'il conservait le plus tendre souvenir des services qu'il en avait reçus; que, sur un faux avis

1750 qu'il n'était pas à Berlin, il avait été tenté de s'en retourner. Ils se virent tous les jours; mais, à force de s'entretenir de sujets sur lesquels ils n'étaient pas d'accord, ils parvinrent au refroidissement qu'un nouvel entretien augmenta. Un jour que M. Kœnig et le comte Algarotti étaient dans le cabinet de M. de Maupertuis, on parla du fameux procès entre Leibnitz et Newton, sur la découverte des infiniment petits. M. de Maupertuis dit que Leibnitz n'avait répondu que des injures au *Commerce épistolaire*, imprimé par ordre de la Société royale de Londres; M. Kœnig soutint que Leibnitz, son idole, prévenu par la mort, n'avait pas eu le temps d'y répondre des raisons. Il cita sur-le-champ des dates de la publication du recueil et de la mort de Leibnitz : ces dates furent contredites par le livre, qu'on avait sous la main. Piqué du démenti, il s'échauffe et s'emporte; il assure qu'il a vu les découvertes de Leibnitz, apostillées par lui-même, avec leurs dates. M. de Maupertuis répond que de pareils témoignages n'ont aucune force, parce qu'on peut dire que Leibnitz avait mis les dates qu'il avait voulu. M. Kœnig lui réplique : « Vous avez beau faire, *mon pauvre ami*, vous n'ôterez rien à sa gloire. » M. de Maupertuis lui dit qu'il en vient aux insultes, et le congédie.

Malgré ce démêlé, M. Kœnig va le revoir et lui dit qu'il a fait un Mémoire sur la dynamique, où il expose des idées fort différentes des siennes.

Le lendemain, il lui envoie un rouleau de papiers 1750
détachés qui doivent être les matériaux de son ouvrage. Il ne lui parle d'aucune lettre de Leibnitz; et M. de Maupertuis, en parcourant ce brouillon informe, plein de ratures et de renvois, n'y voit rien de semblable. M. Kœnig lui offre de supprimer ce mémoire. M. de Maupertuis, qui ne veut pas avoir raison précairement, refuse cette suppression, écoute avec distraction et répugnance les arguments de son adversaire, lui rend sa dissertation et l'engage à la publier, en lui disant qu'il n'a pas eu le loisir d'en faire une lecture suivie.

M. Kœnig part de Berlin, mécontent de M. de Maupertuis, à cause du mépris avec lequel le sacrifice offert avait été rejeté; mécontent de M. Euler, à cause de son antileibnitzianisme trop dédaigneux. Il tint des propos, il écrivit des lettres qui marquent peu d'estime pour l'Académie, pour ses membres les plus distingués, et surtout pour celui qui la préside. Il envoya sa ***Dissertation*** aux journalistes de Leipsig.

Cet ennemi ne fut pas le seul que M. de Mau- 1751
pertuis eut à redouter. M. de Voltaire crut avoir à se plaindre de lui. Il avait un procès avec le Juif Abraham Herchel, qui accusait M. de Voltaire d'avoir ajouté à un billet cette fameuse ligne qui, si le fait était bien prouvé, déprécierait bien, aux yeux de ses admirateurs, l'auteur de tant de belles lignes qu'il a écrites sur la probité. Il pria M. de

1751 Maupertuis de solliciter pour lui M. Des Jariges, chef du tribunal de ses juges : cette affaire était si odieuse, que M. de Maupertuis pria M. de Voltaire de le dispenser de s'en mêler. M. de Voltaire accommoda cette affaire, et fut reçu à faire serment. Il reparut à la cour, dont il avait eu ordre de s'absenter; mais, depuis ce temps, toute intimité cessa entre M. de Maupertuis et lui.

M. de Voltaire ne différa point sa vengeance; il publia le *Micromégas,* satire qui nuisit plus à sa gloire qu'à celle de M. de Maupertuis et de ses pareils. Il décria l'Académie de Berlin. A un souper du roi, répétant ses épigrammes contre la religion et contredit par M. de Maupertuis, il tâcha de lui donner des ridicules : celui-ci se défendit, l'incrédule riposta; la présence du maître arrêta des plaisanteries qui se tournaient en personnalités. Du reste, M. de Maupertuis ne se démentit jamais sur cet article, et le roi fit de vains efforts pour le dégager de ce qu'il appelait des préjugés, comme on peut en juger par l'épître du philosophe de Sans-Souci, où l'auteur essaye de lui prouver que la Providence divine veille sur l'espèce et néglige l'individu [1].

Quelques mois après, le baron de Pollnitz *se plaignit* amèrement à M. de Maupertuis des propos très durs qu'il lui imputait d'avoir tenu sur

[1] Paradoxe qu'un professeur en théologie a osé soutenir dans des thèses publiques.

son compte. Après s'être justifié, M. de Maupertuis le pressa de lui en dire l'auteur : M. de Voltaire fut nommé. M. de Maupertuis voulut éclaircir le fait; le baron de Pollnitz le pria d'épargner cette confusion au calomniateur. Mais, depuis ce moment, M. de Maupertuis ne vit M. de Voltaire que chez le roi. 1751

Cependant la *Dissertation* de M. Kœnig paraissait dans les *Actes des Savants*, de Leipsig[1]. Les derniers mots étaient remarquables : « Pour finir, « disait-il, j'ajoute que Leibnitz eut une théorie « beaucoup plus étendue de l'action, que nous ne « le pouvons peut-être soupçonner aujourd'hui ; « car il existe une de ses lettres à Hermann où il « dit : *L'action n'est point ce que vous pensez. La « considération du temps y entre; elle est comme le « produit de la masse par le temps, ou du temps par « la force vive.* J'ai remarqué que, dans les modi« fications des mouvements, elle devient ordinai« rement un maximum ou un minimum. On en « peut déduire plusieurs propositions de grande « conséquence; elle pourrait servir à déterminer « les courbes que décrivent les corps attirés par « un ou plusieurs centres. » mars.

MM. de Maupertuis et Euler furent très surpris à la lecture de ce fragment. Tous les philosophes ne le furent pas moins. Ils savaient que Leibnitz

[1] Sous ce titre : *De universali principio æquilibrii et motus in vi viva reperto, deque nexu inter vim vivam et actionem et utriusque minimo; anno* 1751.

1751 avait constamment donné le principe de la route la plus facile comme une loi universelle, loi qu'il n'avait pourtant appliquée et ne pouvait appliquer qu'à fort peu de cas; et ils voyaient une citation qui prêtait à Leibnitz la découverte d'un principe opposé au sien, et le projet de l'appliquer à tous les phénomènes de la nature.

28 mai. M. de Maupertuis écrivit à M. Kœnig qu'il avait lu sa *Dissertation*, où il avait trouvé plusieurs beaux problèmes; qu'il cherchait uniquement la vérité; qu'il aimerait mieux la trouver lui-même que de la voir trouvée par un autre; mais qu'il aimait mieux la voir trouvée par un autre que si elle ne l'était point du tout. Il ajouta qu'il ne connaissait point cette lettre de Leibnitz, qu'il ne l'avait vue nulle part, ni rencontrée parmi ses lettres imprimées; que voulant aussi en faire usage, il le priait de lui dire en quelle année elle avait été écrite et où elle se trouvait.

Après un mois de silence, M. Kœnig lui répondit que cette lettre de Leibnitz était manuscrite, et le renvoya pour l'original à un homme à qui l'on avait coupé la tête : c'était le capitaine Henzi, chef de la conjuration de Berne, grand faiseur de vers, littérateur, et trop curieux pour ne pas recueillir et garder avec soin des lettres de Leibnitz. En même temps, M. Kœnig envoyait à M. de Maupertuis, copie de la lettre entière de Leibnitz à Hermann; mais, dans cette copie, il corrigea une faute qui se trouvait dans les *Actes des Savants*, de Leipsig, où il y avait : *Elle est comme le produit de la masse par le temps, ou du temps par la force vive*[1]. 1751

M. de Maupertuis remarqua ces corrections, et ne soupçonna point la bonne foi de M. Kœnig; mais, assuré que les papiers d'un criminel d'Etat se conservent avec soin dans une république, il pria M. le marquis de Paulmy, alors ambassadeur de France en Suisse, de lui procurer une copie du recueil de Henzi. Le roi de Prusse voulut bien écrire lui-même à messieurs de Berne, et leur demander un examen juridique des papiers du criminel.

Tandis qu'on faisait ces recherches, M. de Maupertuis entretenait le roi de tout ce que les sciences avaient de plus utile et de plus sublime; le public vit, dans sa *Lettre* sur leurs *progrès*, combien il s'attachait à présenter à ce prince des objets dignes de lui. Il propose la découverte des terres australes, qu'il eut toujours si fort à cœur, que dans les dernières années de sa vie il l'aurait entreprise si la Compagnie des Indes lui avait donné un vaisseau. Il veut qu'on fasse des observations sur les changements de variation de l'aiguille aimantée; qu'on pénètre dans l'intérieur

[1] Voici, d'après l'*Exposé* d'Euler sur toute cette affaire, la correction attribuée à Kœnig : « *Elle est comme le produit de la masse* « *par celui de l'espace et de la vitesse, ou, du temps par la force* « *vive.* » (*Mémoires de l'Académie de Berlin*, t. VI, pour 1750, imprimé en 1752, p. 57.) (Is. A.)

1751 de l'Afrique, dont on ne connaît que les bords; qu'on bouleverse les pyramides d'Egypte, qu'il ne croit pas uniquement destinées à renfermer un cadavre; qu'on cherche dans les entrailles de la terre les matières et les phénomènes que nous ignorons; qu'on établisse un collége de sciences étrangères et une ville toute latine; qu'on perfectionne les télescopes; qu'on distribue les maladies aux médecins et le ciel aux astronomes, aujourd'hui bornés à répéter les anciennes observations. Il expose divers moyens de rendre le supplice des criminels utile à la société; il propose de nouvelles expériences sur les animaux. Il voudrait qu'on perfectionnât, à l'exemple de M. de Buffon, les miroirs brûlants, et qu'on bâtit des tours ou des amphithéâtres chargés de miroirs, qui produiraient des effets dont nous n'avons point d'idée. Enfin il souhaiterait qu'on défendît la recherche de la pierre philosophale comme ruineuse, et qu'on avertît les jeunes géomètres que la solution de la quadrature du cercle serait inutile, et que le mouvement perpétuel est impossible.

Quelques lecteurs comparèrent cette pièce à l'ouvrage de Bacon sur l'accroissement des sciences. Quelques autres n'y trouvèrent rien de nouveau; mais elle était ce qu'elle devait être, un tableau intéressant de projets dignes d'un souverain. Il y avait des choses neuves, et celles qui ne l'étaient pas paraissaient l'être.

A l'article de la parallaxe de la lune il remarquait, qu'après toutes les opérations faites au Pérou, en France et en Laponie, il pourrait se faire que la corde de l'arc compris entre Quito et Paris, et celle de l'arc entre Paris et Pello, eussent un rapport si différent de celui qu'on a supposé d'après les courbures, que la figure de la terre fût fort différente de celle qu'on lui attribue. Il ajoutait qu'aucune mesure n'ayant été prise sur l'hémisphère austral, on pouvait douter si cet hémisphère était semblable au nôtre, et si la terre n'était point formée de deux demi-sphéroïdes inégaux appuyés sur une même base; aussi avait-il proposé, au ministère de France, les observations de la parallaxe de la lune au cap de Bonne-Espérance et en Islande, comme les seuls moyens de lever tous ces doutes, en déterminant les rapports des cordes des différents arcs du méridien. 1751

L'Académie des sciences de Paris eut ordre d'examiner ce projet. Elle l'approuva, et désigna M. l'abbé de la Caille, un de ses membres dont elle a depuis déploré la perte, et M. de Lalande, jeune astronome, comme les plus propres à l'exécuter; l'un aux extrémités méridionales de l'Afrique, l'autre au nord de l'Europe. Le roi envoya le premier au cap de Bonne-Espérance, et le second à Berlin. Il eût sans doute mieux valu placer ce dernier observateur dans la Laponie danoise; mais on jugea que l'observation, faite avec toutes les commodités à Berlin, gagnerait par sa préci-

1751 sion ce qu'elle perdait du côté du prolongement de l'arc.

octobre. M. de Lalande reçut à Berlin tout l'accueil que méritait un homme capable d'enseigner la vérité à l'univers, dans l'âge où l'on commence à l'étudier soi-même. M. de Maupertuis lui donna tous les secours que l'Académie et l'Observatoire pouvaient fournir. Cette opération appartenait, en quelque sorte, à l'Allemagne. M. de Krosigk, conseiller privé du premier roi de Prusse, avait envoyé à ses dépens, en 1705, un astronome au cap de Bonne-Espérance pendant qu'il faisait lui-même à Berlin les observations correspondantes. Différents obstacles et l'imperfection des instruments avaient rendu ce travail inutile[1].

M. de Maupertuis souhaitait qu'on ne manquât point cette occasion de lier ensemble les solutions des deux grands problèmes de la figure de la terre et de la parallaxe de la lune, qui en effet ont entre eux un rapport très immédiat. Il eût voulu un troisième observateur intermédiaire en Afrique, vers Tripoli ou plus au sud.

1er nov. Vers le même temps, la Mettrie tomba dangereusement malade chez le lord Tyrconnell, envoyé de France à Berlin. M. de Maupertuis tâcha d'engager le malade à désavouer ses impiétés. Il

[1] Voy l'*Hist. phil. de l'Acad. de Prusse*, par M. Bartholmèss, t. Ier, p. 70, et la *Réponse* de Maupertuis au discours de réception de de Lalande à l'Académie de Berlin, le 19 janv. 1752. (*Œuvres de Maupertuis*, nouv. édit., t. III, p. 333.) (Is. A.)

répondit : « Que dirait-on de moi, si je recouvrais 1751
« la santé ? » En vain on lui représenta qu'il convenait de mourir chrétien dans la maison du roi très chrétien. La Mettrie répondit toujours : « Je ne suis « pas encore assez mal. » Il plaisanta sur la religion avec ses amis, et sur les saignées qu'il avait opposées à son indigestion avec Liberkühn, son ennemi. Il mourut comme il l'avait prédit, regrettant cette vie, mais n'en craignant point une autre.

A peine eut-il les yeux fermés, que M. de Mau- 12 nov.
pertuis reçut une lettre du baron de Haller contre le défunt. La Mettrie lui avait dédié son *Homme-machine*, comme à son compatriote, à son maître et à son ami. M. de Haller, qui travaillait alors à un ouvrage destiné à défendre la religion, attaquée par ce livre, avait désavoué dans tous les journaux les principes et l'amitié de la Mettrie. Celui-ci s'était écrié qu'autrefois le disciple reniait son maître, mais qu'aujourd'hui le maître reniait son disciple. Il avait fait une brochure intitulée *le Petit Homme*, où il accusait M. de Haller d'hypocrisie, et ses poésies de matérialisme. Il y soutenait qu'il l'avait vu et connu, qu'il avait entendu ses leçons à Gœttingue, en 1735, et soutenu sous lui, en 1736, une thèse sur les hémorroïdes ; enfin, qu'ils avaient souvent fait ensemble, en 1751, plusieurs soupers de filles, où M. de Haller était charmant. Le grave professeur en médecine, le vieux baron du Saint-Empire, transformé en jeune libertin, se plaignit amèrement à M. de Mauper-

1751 tuis de cette bouffonnerie; il le pria d'engager cet auteur *badin* et *léger* à désavouer des calomnies dont il savait mieux que personne la fausseté.

25 nov. M. de Maupertuis lui répondit que la Mettrie n'était plus; que ses railleries ne lui faisaient pas plus de tort qu'elles n'en faisaient aux vérités qu'il avait attaquées; qu'il composait ses livres sans dessein, et sans savoir ce qu'ils contenaient; qu'il avait écrit contre tout le monde, et qu'il aurait servi les plus cruels ennemis; qu'il n'avait jamais vu M. de Haller, qu'il le lui avait dit cent fois, et qu'il ne l'avait mis dans son ouvrage qu'à cause de sa célébrité, ou de la rencontre fortuite que les esprits qui coulaient dans son cerveau avaient faite des syllabes de ce nom.

Cette lettre, quelque flatteuse qu'elle fût, déplut à M. de Haller, qui fut peut-être piqué de cette espèce d'apologie de la Mettrie, dont le roi faisait alors l'éloge funèbre : de sorte que M. de Maupertuis eut un ennemi de plus.

Cependant M. le marquis de Paulmy, après avoir fait les perquisitions dans les sources indiquées par M. Kœnig, envoya un certificat qui en constatait l'inutilité. L'avoyer de Berne envoya un pareil certificat au roi. Ni au greffe criminel, ni dans les papiers de la famille de Henzi, il ne se trouva point une lettre de Leibnitz, pas même de vestige qu'il y en eût jamais eu.

L'Académie s'assemble le 7 octobre; M. de Maupertuis y fait le rapport de tout ce qui s'est

passé. Le surlendemain, sur un arrêté de la 1751
compagnie, M. Kœnig fut prié par le secrétaire (M. Formey) d'indiquer ou de produire, dans un mois, l'original de la lettre citée par lui comme existante.

Deux mois après (11 décembre), l'Académie, n'ayant encore reçu aucune réponse, pria une seconde fois M. Kœnig de produire l'original de la lettre de Leibnitz. Au lieu de répondre à l'Académie, il avait écrit (10 décembre) à M. de Maupertuis, du ton le plus humble, que, loin de le croire plagiaire de Leibnitz, il le croyait opposé à cet illustre auteur; il ajoutait naïvement que « M. de Maupertuis ne pouvait avoir eu connais-« sance de choses que personne ne peut dire avoir « vues. » Il le priait d'entrer en dispute sur le principe de la *minimité* d'action. Il déclinait par avance la juridiction du corps académique, dont il était membre. De la lettre à Hermann, pas un mot!

M. de Maupertuis lui répondit que l'Académie était intéressée à revendiquer les découvertes des académiciens; que, l'éclaircissement de la question dépendant de la lettre citée, elle avait le même droit qu'a tout particulier de le prier d'en produire l'original; que, sur sa première indication, un roi et un ambassadeur avaient ordonné les recherches les plus exactes et les plus infructueuses; du reste, que cette affaire n'était plus la sienne, mais celle de la compagnie. En effet,

1751 que la *minimité* d'action eût été connue de Leibnitz et communiquée à Hermann, M. de Maupertuis y gagnait peut-être : du moins il avait la gloire de s'être servi plus heureusement qu'eux d'un instrument qu'ils avaient entre les mains; car il fallait qu'on avouât que, malgré cette connaissance, aucun d'eux n'avait déduit les lois universelles du mouvement, d'un principe qui portât l'empreinte de la sagesse et de la puissance du Créateur.

M. de Maupertuis communiqua à l'Académie la lettre de M. Kœnig, et lui soumit sa réponse, dans sa séance du 23 décembre. L'Académie l'approuva et pria, pour la troisième fois, M. Kœnig de produire cette lettre importante, jusqu'alors inconnue, citée sans date, sans note sur son authenticité, sans aucune de ces précautions nécessaires quand on cite un écrit qui intéresse un tiers.

1752 M. Kœnig, au lieu de répondre à ces instances,
se déchaîna contre M. de Maupertuis, et fit grand bruit de l'injustice qu'on lui préparait. M. de Maupertuis, instruit de ces plaintes par M. de Hellen,
9 fév. reprit la plume pour rappeler les faits à M. Kœnig,
et pour lui témoigner combien l'Académie était surprise qu'au bout de quatre mois il ne l'eût pas encore satisfaite.

13 fév. Enfin M. Kœnig répondit à l'Académie qu'il
n'avait point l'original de Leibnitz, qu'il n'était point responsable s'il s'était perdu, « qu'il l'avait

« cité sans mauvaise intention, et que si l'Aca- 1752
« démie était intéressée à n'en pas reconnaître
« l'authenticité, il consentait de grand cœur
« qu'elle prononçât à cet égard comme il lui
« plairait; qu'il avait cité le passage comme il
« l'avait trouvé, qu'il croyait que la lettre était
« de Leibnitz, et que si quelqu'un était d'un au-
« tre sentiment il ne s'en inquiétait guère, mais
« qu'il demandait que l'Académie ne se portât
« point pour juge du fond de la question qui n'é-
« tait point encore assez discutée et sur laquelle
« il offrait d'entrer en lice. »

A la lecture de cette lettre, « pourquoi, » disaient les académiciens, « pourquoi veut-il tou« jours qu'on parle du principe? Est-ce pour faire « oublier la lettre? Infatué de Leibnitz, son idole, « il croit plus aisé d'en établir les rêves que d'en « constater les citations; il se flatte qu'après avoir « étouffé la théorie de M. de Maupertuis sous « des tas d'infolio, il sera ridicule d'agiter si cette « théorie appartient au fondateur, ou bien au res« taurateur de l'Académie. »

Par le même courrier M. Kœnig écrivit à M. de Maupertuis. « Vous m'informez, lui disait-il, que « vous seriez satisfait, mais que l'Académie ne « l'est pas. Je vous avoue que je me serais ima« giné que vous voudriez être plus naturel avec « moi qui ai toujours tâché de vous donner des « marques de franchise. Si jamais on parvient, « ajoutait-il, à trouver de quoi justifier les asser-

1732 « tions contenues dans le passage cité, tout ce
« qu'on aura dit contre sera un coup d'épée dans
« l'air. Si l'on ne trouve rien, il est indifférent de
« quel œil on le regarde. Quant à moi, j'ai de
« quoi justifier ma bonne foi et l'innocence de
« mon intention. Il n'entre point encore dans ma
« tête qu'on puisse trouver dans ce passage ma-
« tière à une sorte de procès. Vous dites qu'il fe-
« rait voir que Leibnitz aurait découvert des
« choses que des membres de l'Académie ont
« données comme d'eux-mêmes. Mais, de grâce,
« n'ont-ils pas eu le droit de les donner d'eux-
« mêmes, n'ayant rien su ni emprunté de Leib-
« nitz, ce dont personne ne les accuse. »

L'Académie crut entrevoir dans ces lettres les tergiversations de la mauvaise foi. MM. de Maupertuis et Euler ne se laissèrent point prendre au sophisme qui leur assurait la propriété de leurs découvertes, car si l'existence de la lettre à Hermann, de Bâle, était prouvée, ces deux savants qui avaient fait quelque séjour à Bâle seraient fort suspects de plagiat; quelque heureux hasard pouvait avoir fait tomber cette lettre entre leurs mains.

2 mars. M. Kœnig récrivit à M. de Maupertuis qu'il n'était point surpris de l'inutilité des recherches faites à Berne, informé comme il était du sort qu'avait eu l'héritage de l'infortuné Henzi, et doutant qu'on eût été à portée de s'emparer de ses papiers, puisqu'on n'avait pas trouvé une

seule lettre de Leibnitz, et qu'il prouverait qu'il 1752
en avait reçu plusieurs copies de sa main. Il joignit à sa dépêche un certificat du sieur Hermann qui disait qu'il n'y avait point de lettres de Leibnitz dans les manuscrits de son frère le professeur.

Le roi, qui avait prié le magistrat de Bâle de 18 mars.
faire des recherches sur cet objet, reçut en même temps une lettre des bourgmestres et conseil de la ville, avec un certificat de Hermann, qui jurait d'avoir représenté à son souverain tous les papiers de feu son frère, et un autre de M. Jean Bernoulli, qui jurait de n'y avoir trouvé que trois lettres de Leibnitz qu'on envoyait légalisées dans la meilleure forme.

L'Académie crut qu'il était important d'assurer à l'inventeur sa découverte. La gloire est le seul fruit du travail et le principal ressort de l'émulation. Il paraissait vraisemblable que M. Kœnig avait tenté deux choses : la première, d'anéantir le principe de M. de Maupertuis qu'il n'aimait plus ; la seconde, d'en attribuer, du moins moyennant quelques changements, tout l'honneur à feu Leibnitz qu'il avait toujours idolâtré. Aussi M. Bouguer, l'avocat et l'ami de M. Kœnig, avança-t-il dans le *Journal des savants*[1], que le fragment de Leibnitz « pouvait jeter quelques nuages sur le droit de propriété de M. de Maupertuis. »

[1] Mois de décembre 1752.

1752 La gloire de M. Euler ne sollicitait pas moins les académiciens de prononcer sur une allégation qui la ternissait. Les *mémoires de Berlin* étaient remplis de ses ouvrages, où l'on admirait également la profondeur des recherches, la multiplicité des vues et la rapidité du travail. Ses complaisances pour tous les gens de lettres, son zèle pour les sciences, exigeaient qu'on eût du moins pour lui les égards qu'on devait au moindre des associés.

13 avril. Dans une assemblée extraordinaire de l'Académie, M. Euler fit le *Rapport* en qualité de Directeur. La première partie de son discours fut consacrée à réfuter le principe de *nullité d'action* que M. Kœnig avait donné comme plus fréquent que celui de *minimité*. Dans la seconde, il fait l'examen de la prétendue lettre de Leibnitz. Il observe que le fragment contient des principes opposés à ceux de ce grand homme; qu'il serait fort étonnant que Leibnitz ne s'en fût ouvert qu'au seul Hermann et qu'il en eût fait un mystère à Bernoulli, qu'il entretint si longtemps de ces matières. Il ajoute que la méthode de *maximis* et *minimis* n'était pas alors assez développée pour le mettre en état d'en déduire la nature des courbes centrales, quand même cette quantité d'action qu'il faut rendre la plus petite aurait été connue. Ensuite il raconte les recherches faites pour découvrir l'original de la lettre citée. Enfin, il conclut en ces termes : « Le fragment étant sus-

« pect, et, d'un autre côté, M. Kœnig n'ayant 1752
« point produit l'original, ni pu ou osé assigner le « lieu où il est conservé, il est assurément manifeste qu'il s'est embarrassé dans une très « mauvaise cause, et que ce fragment a été forgé, « ou pour faire tort à M. de Maupertuis, ou pour « exagérer comme par une fraude pieuse les « louanges du grand Leibnitz, qui, sans contre-« dit, n'ont pas besoin de ce secours.[1] »

Les esprits furent fort animés par ce discours, et quelques opinants auraient volontiers prononcé contre M. Kœnig la peine d'exclusion de l'Académie. M. le maréchal Keith, curateur en fonction, reçut une lettre de M. de Maupertuis, à qui sa santé n'avait pas permis de se rendre à l'Académie : elle fut lue sur le champ. Le président y disait que ne désirant de M. Kœnig aucune réparation, il priait la compagnie de s'en tenir uniquement à la vérification du fait, c'est-à-dire à juger sur l'authenticité du fragment de Leibnitz.

Ce ton de modération attiédit les plus échauffés. Le maréchal Keith recueillit les voix, et le jugement unanime de vingt-deux académiciens présents[2], fut que le fragment cité ne méritait aucune

[1] Voy. l'*Exposé* d'Euler dans les *Mémoires de l'Académie de Berlin*, t. VI, pour 1750, imprimé en 1752, p. 52-62. (Is. A.)

[2] Le protocole de la séance en nomme pourtant vingt-quatre, savoir : MM. de Keith, de Redern, curateurs; de Marschall, de Cagnony, honoraires; Eller, Heinius, Euler, directeurs; Formey, secrétaire perpétuel; Pelloutier, Sprægel, M. M. Ludolff, Gleditsch, de Beausobre, Meckel, Sulzer, Pott, Küster, Becmann, C. L. Ludolff,

1752 créance, et que les conclusions de M. Euler devaient être censées justes et valables dans toute la force des termes.

Jusque-là tout était mesuré. Le jugement ne portant que sur le défaut d'authenticité du fragment, ne tombait point sur la personne de M. Kœnig. Quoique les conclusions fussent adoptées, M. Kœnig ne pouvait se plaindre, car on déclarait simplement que le fragment avait des caractères de fausseté : le soupçon de falsification n'était pas jeté sur lui, il retombait plutôt sur Henzi ou sur quelque autre; car la prétendue lettre pouvait avoir passé par trente mains avant d'arriver en celles de M. Kœnig. Mais l'Académie alla plus loin; elle ajouta qu'en considération de M. de Maupertuis « elle ne voulait pas étendre sa délibération « jusqu'au procédé de M. Kœnig, et à la manière « dont elle serait autorisée à agir relativement à « ce procédé[1]. » C'était un cruel acte de clémence : M. Kœnig y était presque déclaré faussaire et auteur de la fraude pieuse présumée.

Cette imputation d'un zèle semblable à celui des premiers chrétiens, n'était guère propre à inspirer à l'accusé la douceur et la patience dont ils faisaient profession. Cependant, dès qu'il eut
18 juin. reçu le jugement de l'Académie, il lui écrivit une

Kies, Mérian, académiciens ordinaires; de Lalande, associé extraordinaire; Hesse et Hirzel, étrangers. (*Mém. de l'Acad. de Berlin*, t. VI, p. 62.) (Is. A.)

[1] *Mém. de l'Acad. de Berlin*, t. VI, p. 64. (Is. A.)

lettre très modérée en lui renvoyant son diplôme 1752
d'académicien.

Mais la secte germanique, dont il était l'appui, juillet.
ne l'imita point. Les gazettes littéraires de Hambourg et de Leipsig se remplirent de plaintes, d'injures et de calomnies. On accusait les académiciens d'avoir signé un jugement qu'ils désapprouvaient; on soutenait à M. Euler que le rapport avait été dressé par lui malgré lui-même; on lui apprenait que sa *Dissertation* sur le mouvement des projectiles déduit de la *minimité d'action*, était à Lausanne, entre les mains du libraire, dès l'année 1743; et par là on accusait de nouveau M. de Maupertuis de plagiat; on prétendait que ce procès appartenait à la justice ordinaire.

M. Euler daigna réfuter les gazetiers[1]. Il fit voir, avec l'évidence qui lui est propre, la compétence de l'Académie. En effet, ces questions qui naissent du fragment : « Le fragment contient-il des « choses inconnues en 1707 ? Y a-t-il quelque « soupçon de faux dans les termes même ? Sa « teneur est-elle conforme aux principes consi« gnés dans les lettres imprimées de Leibnitz ? « Y a-t-il dans les écrits de ce grand homme, le « moindre vestige des découvertes qu'on lui at« tribue dans celui-ci ? Leibnitz n'aurait-il écrit « sur cette matière qu'à M. Hermann ? » Toutes

[1] *Lettre de M. Euler à M. Merian*, 3 sept. 1752, insérée dans les *Mém. de l'Acad. de Berlin*, t. VI, pour 1750, imprimé en 1752; p. 520. (Is. A.)

1752 ces questions ne pouvaient être décidées que par un tribunal académique.

Quant au droit de propriété qu'on donnait à M. Euler sur le principe de l'*épargne*, sa candeur ne lui permit pas de l'accepter. Il déclara que son *Traité des isopérimètres* était sous presse dès l'an 1743; mais que le supplément sur la *minimité d'action* ne fut composé que peu avant la publication de l'ouvrage, qui parut à la fin de 1744; au lieu que M. de Maupertuis avait lu, dès le mois d'avril de la même année, son mémoire sur la loi universelle de l'*épargne*. Il ajouta qu'en employant la méthode de *maximis* et de *minimis* il n'avait point été au delà de M. Bernoulli, qui avait déterminé avec le même secours la courbure de la chaînette, celle d'un linge rempli de liqueur et d'autres courbes du même genre; qu'il n'avait connu que *a posteriori* le principe dont il s'était servi pour déterminer les trajectoires; et il avouait ingénûment qu'il n'était pas alors en état d'en établir la vérité d'une autre manière.

août. M. Kœnig, animé par le zèle de ses amis, ramasse tous les raisonnements et toutes les invectives répandues par lui et ses émissaires dans diverses gazettes, en compose un plaidoyer véhément, et le fait imprimer sous le titre d'*Appel au public*. Il s'y plaint que M. Euler, partie lésée, ait été son juge, et il a raison; il décline la juridiction de l'Académie comme incompétente, et il a tort. On peut être jugé par la communauté

dont on est membre, surtout dans les choses dont 1752
cette communauté seule peut bien juger : c'est être jugé par ses pairs. Quand Newton et Leibnitz se disputèrent la découverte des infiniment petits, la Société royale de Londres ne consulta point par des lettres circulaires ses membres épars en Europe; elle ne s'adressa ni aux autres académies, ni aux tribunaux; elle établit une commission pour l'examen du fait. La commission décida pour le géomètre anglais; la Société royale publia la décision avec les pièces justificatives : c'est ce que fit l'Académie de Berlin.

M. Kœnig veut qu'un académicien soit cru sur sa parole; mais outre l'absurdité de cette prétention, M. Kœnig n'avait jamais affirmé que ni lui, ni même Henzi eussent vu l'original du fragment. Il avait même avoué qu'il ne méritait pas de créance jusqu'à ce que l'existence en fût constatée.

Il accuse M. de Maupertuis de vouloir emporter le fond de la cause par un tour d'adresse dans les formalités. Mais il s'agissait de la découverte et non de la vérité du principe.

Il soutenait que M. de Maupertuis, par une méprise de l'amour-propre, a vu sa pensée dans un passage qui en contient la réfutation. Mais il est évident que M. de Maupertuis et l'auteur du fragment tel qu'il est dans le corps de la précédente lettre de Leibnitz, envoyée par M. Kœnig, évaluent l'action, comme le produit de la masse, par

1753 l'espace et la vitesse : le premier dit qu'elle est toujours un *minimum;* le second, qu'elle est un *minimum* ou un *maximum*; cette différence dans l'expression n'en est point une réelle pour les analystes qui savent que le calcul qui découvre le *minimum* est la clef de celui du *maximum*. M. Euler, qui revendiquait la détermination de ses courbes si nettement énoncée dans le fragment, était-il donc un don Quichotte qui rompait des lances contre un fantôme ?

M. Kœnig prétend qu'aucun des vingt-deux académiciens, dont il analyse le mérite avec une étrange vanité, ne pouvait juger d'un principe de métaphysique ; il oublie qu'il ne s'agissait pas de décider de la valeur d'un principe, mais d'une question de fait ; et quant à la valeur du principe, qui pouvait mieux en juger que M. Euler ? Il attaque la réputation de M. de Maupertuis et le *renvoie à l'école*. Il aurait dû se rappeler les louanges qu'il lui avait prodiguées dans la préface de sa traduction de la *Figure de la Terre*. Il y encensait comme le dieu du génie le même homme qu'il dépeint dans son *Appel* comme un ignorant, tant l'amour-propre blessé change nos sentiments et nos opinions !

Il attaque vigoureusement le principe de l'*épargne*; et lorsqu'il croit en apercevoir le germe dans Malebranche, dans 'S Gravesande, dans Wolff, dans les cahiers d'un Engelhard, professeur hollandais, il est sur le point de se réconcilier avec

le principe. Mais lorsqu'après mille efforts, il voit 1752
que la découverte ne peut être enlevée à M. de Maupertuis, le principe est faux et pitoyable : variation de la haine ou de l'envie; partout où il a vu le mot de *minimum* il a cru voir la *minimité d'action*.

Cet *Appel* fut suivi d'une *Défense* du même *Ap-* septemb.
pel, où M. Kœnig paraissait déchirer ses blessures pour avoir droit d'en être plus aigri; ces écrits cependant lui firent quelques partisans. On se demandait comment M. de Maupertuis avait fait tant d'éclat, pour se conserver la propriété d'une découverte plus heureuse que profonde.

L'impartialité répondait que les découvertes des savants étaient leur patrimoine le plus précieux. Plusieurs philosophes avaient soupçonné l'existence du principe de l'*épargne :* aucun n'avait déterminé en quoi il consistait. M. de Maupertuis devait donc être fort jaloux d'une invention, seule capable de l'immortaliser, échappée à Descartes, qui admit la conservation de la quantité absolue de mouvement; à Leibnitz, qui imagina la force vive; à Newton, qui eut recours à de nouvelles forces imprimées à la machine du monde; à Fermat, qui en approcha le plus; à tous les philosophes qui pourtant y étaient conduits par la fausseté ou l'insuffisance des autres théories et par ce vieux axiome, que « la nature ne « fait rien en vain et agit toujours par les voies « les plus simples. »

1752 Le public en fut convaincu lorsqu'on lut l'article de l'*Encyclopédie* au mot *quantité d'action*[1]. M. d'Alembert, que ses talents mettent également au-dessus de l'envie et de l'adulation, y disait que le principe de M. de Maupertuis était une des plus belles découvertes de ce siècle.

Quoi qu'il en soit, M. Kœnig, au lieu de déclamer ou de s'égayer sur ce sujet, aurait dû s'attacher à se laver du soupçon d'avoir altéré le fragment cité; car il l'avait cité de trois manières différentes; ce ne pouvait être une faute d'imprimeur; et M. Merian a prouvé que ce n'en pouvait être une de copiste[2]. Il avance qu'il existe une lettre de Leibnitz à Hermann, et il dit ensuite qu'il ne sait où elle existe, qu'il ignore même si elle a été écrite à Hermann ou à quelque autre[3]. Il écrit à M. de Maupertuis que M. Henzi avait des copies de lettres de Leibnitz, qu'il aurait publiées si la mort ne l'avait prévenu; et dans son *Appel* il dit que M. Henzi ne les possédait plus depuis qu'il les lui avait envoyées. La prétendue lettre semble faite exprès pour combattre M. de Maupertuis par Leibnitz et faire honneur en même temps à Leibnitz des spéculations de Maupertuis; c'est une suspension frappante de la loi de *continuité*. De plus, est-il concevable que dans le temps que

[1] Voy. l'*Encyclopédie*, à l'article *Action*, t. 1er, p. 119. (Is. A.)
[2] *Mémoires pour servir à l'histoire du jugement de l'Académie*, in-4°, p. 99.
[3] *Appel au public*, p. 41.

cette dispute a retenti dans toute l'Europe, il ne 1752
se soit trouvé personne ni à Neuchâtel, ni à Berne qui ait dit : « C'est moi qui copiai la lettre sur l'o-« riginal, par ordre de Henzi, il y a trois ou « quatre ans ; » ou bien : « C'est moi qui suis au-« jourd'hui dépositaire de l'original ? » Cette lettre s'égare bien mal à propos pour la cause de M. Kœnig. Le silence de tous les savants, de tous les curieux, semble dire que le possesseur qui se tait est, ou un ami de M. Kœnig, ou M. Kœnig lui-même, qui n'ose produire un original fort différent de la copie. En 1753, on trouva 28 lettres de Leibnitz dans les papiers de Hermann qui avaient échappé aux premières recherches. La lettre citée n'y est pas ; et elle ne paraissait pas pouvoir subsister conjointement avec les autres ; car elle était écrite dans une langue dont Leibnitz ne se servit jamais avec Hermann ; et elle lui enseignait en 1707 les plus profonds mystères d'une théorie dont il est prouvé, par le recueil, que Hermann n'entendait pas les premiers éléments en 1713.

Ce qui achève de rendre suspect M. Kœnig, ce sont plusieurs actes qu'on a pu lui reprocher dans cette dispute même. Dans sa *Dissertation* publiée à Leipsig il avait emprunté divers corollaires de M. Euler, une formule de M. Daniel Bernoulli, et il avait cité de travers un problème de M. de Maupertuis.

M. Kœnig, voyant qu'il ne pouvait engager

1752 M. de Maupertuis à lui répondre, ne cessa de le harceler et joignit à sa critique des invectives et des personnalités. M. de Maupertuis s'en plaignit à la cour de La Haye. Il courut alors un bruit fort désavantageux. On l'accusait d'avoir supplié madame la princesse d'Orange et M. le prince de Brunswick-Wolfenbuttel d'imposer un éternel silence à son ennemi. C'était attenter à la liberté philosophique, c'était ériger une dispute de métaphysique en affaire d'Etat.

M. de Maupertuis se justifia pleinement, en faisant imprimer ses deux lettres à la princesse. On y voyait que le silence qu'il avait sollicité regardait uniquement sa personne, et non ses écrits : il s'était plaint de la diffamation, et non de la critique. Il y parlait de l'*Appel*, ainsi que de tout le démêlé, avec le sang-froid d'un homme supérieur aux outrages. Il aurait pu se venger aisément; il avait en main des lettres originales de M. Kœnig à madame la marquise du Châtelet, dont la publication lui aurait causé le plus grand tort en prouvant à quels excès le mécontentement pouvait porter un homme de ce caractère : aussi M. Kœnig ne se déchaîna-t-il contre M. de Maupertuis que par degrés, et, pour ainsi dire, après avoir tâté sa modération.

Mais M. Euler, également avide de gloire et de vengeance, repoussa ses attaques. Il rechercha tout ce que les philosophes avaient su du principe

de l'*épargne*, et prouva que ce principe était vrai; 1752
que la dynamique n'en avait pas de plus lumineux; qu'avec une addition légère il s'étendait à toute la science du mouvement, et qu'il appartenait à M. de Maupertuis seul[1]. Peu content de ces premiers coups, il força M. Kœnig dans ses derniers retranchements, et le fit rougir de ses présomptueux défis, en écrasant des foudres de l'évidence les prétendues démonstrations de sa ***Dissertation*** contre le principe octobre.
de *minimité*[2], et le champ de bataille resta à M. Euler, puisque la réponse dont M. Kœnig le menaça longtemps est demeurée ensevelie avec lui.

Cependant M. de Maupertuis, toujours malade, quelquefois mourant, désormais incapable d'aucun ouvrage suivi, parcourait les objets les plus intéressants des connaissances humaines, et jetait sur le papier le peu d'idées certaines ou neuves qui se présentaient à lui : c'était comme le journal de ses pensées. Il le fit imprimer en forme de *Lettres*. Il y règne un grand goût de philosophie, une certaine rêverie savante qui entraîne, une

[1] Voy. la Dissertation *sur le principe de la moindre action*, par M. Euler. (*Mém. de l'Acad. de Berlin*, t. VII, pour 1752, impr. en 1753, p. 199.) (Is. A.)

[2] Voy. l'*Examen de la dissertation de M. le prof. Kœnig, insérée dans les Actes de Leipsig pour le mois de mars* 1751, par M. Euler, et l'*Addition* à cet *Examen*. (*Mém. de l'Acad. de Berlin*, t. VII, p. 219 et 240.) — L'*Addition* est une réponse à la *Défense* de l'*Appel* de Kœnig. (Is. A.)

1752 envie un peu singulière de se rapprocher des opinions communes. Les bêtes, les âmes, les systèmes, les mondes, l'homme, l'attraction, les lois du mouvement, la religion, les arts, les chimères, passent successivement devant lui. Il ne prend que la fleur des sujets, et semble pourtant dire sur chacun tout ce qui mérite d'être su.

La lettre sur la génération parut la plus curieuse ; celle qui roule sur la divination parut la plus bizarre. En général, cet ouvrage pouvait plaire, par sa netteté, aux esprits superficiels, et par sa singularité, aux esprits profonds. Quoique fait au milieu des infirmités et des contradictions, on y voyait une âme qui n'était ni aigrie, ni souffrante. En effet, tout fortifiait le stoïcisme qu'il opposait à la sensibilité. Il avait pour lui MM. Euler, Bernoulli et d'Alembert, tandis que les partisans les plus distingués de M. Kœnig étaient les gazetiers de Hambourg et M. de Voltaire : ce poëte fameux, en qui tout le monde reconnaît un talent supérieur pour faire bien des vers, et à qui l'on dispute celui de raisonner conséquemment, voulut entrer dans cette querelle. Il oublia combien une question de haute géométrie était au-dessus de ses connaissances ; il oublia que M. de Maupertuis avait été son maître et son ami ; il se flatta qu'en prenant secrètement la défense de M. Kœnig, pour qui il avait toujours témoigné un souverain mépris, on attribuerait à ce savant les traits enve-

nimés qu'il aiguisait déjà contre leur ennemi 1752
commun[1].

Il ne pouvait pardonner à M. de Maupertuis l'estime du roi, et l'on prétend qu'il enviait encore plus sa place de président de l'Académie. On jugea qu'il y aspirait secrètement depuis son établissement à Berlin; il avait même paru tenté de s'y acheminer par le projet de former une nouvelle académie, une académie des arts dans un pays où ils sont encore peu cultivés, de la présider et de les embrasser tous, quoiqu'il n'en entende qu'un. Le plan en avait été dressé; M. le comte de Rottembourg devait le présenter au roi; mais ce démembrement de l'Académie des sciences n'eut pas lieu, parce que ce seigneur n'osa se brouiller avec M. de Maupertuis. Il ne restait à M. de Voltaire que d'attendre l'occasion d'envahir la place entière. Elle se présentait. M. de Maupertuis, épuisé par de continuels crachements de sang, avait quitté Potzdam et s'était renfermé dans sa maison de Berlin, en attendant que le printemps et un rayon de convalescence lui permissent le voyage de Saint-Malo. S'il mourait, il fallait lui succéder; s'il partait, il fallait lui succéder encore, en l'empêchant de revenir : et pour cela, il suffisait de le couvrir de ridicule et d'opprobre,

[1] Il s'était brouillé avec Maupertuis parce que celui-ci ne voulait pas mettre l'abbé Raynal dans l'Académie de Berlin. (Note de de Lalande.)

1752 afin de dégoûter le roi de Prusse de lui, ou lui de la Prusse.

novemb. D'après ces vues, que nous n'oserions prêter à M. de Voltaire si le roi lui-même ne les eût pénétrées, il lit, écrit, travaille, se hâte de s'instruire, offre ses services à M. Kœnig, combat le principe qu'il n'entend point, avec les mêmes armes qu'il pourrait employer contre l'évidence. Il s'écrie, comme la mouche d'Esope, placée sur l'essieu du chariot : « Ah ! que j'élève de poussière ! »

Il fait des extraits infidèles et variés des ouvrages de son ennemi, les fait traduire, et les envoie secrètement à ces flibustiers littéraires qui se sentant incapables d'ouvrages médiocres, se rendent juges des ouvrages supérieurs et trompent une partie du public. Il voulait que l'unanimité des journalistes de Londres, de Paris, de Gœttingue, de Hollande persuadât au roi de Prusse que le sentiment d'un particulier sur le mérite littéraire de M. de Maupertuis, était l'avis de toute l'Europe.

L'infatigable champion de M. Kœnig ne se borna point à ces sourdes attaques. Il écrit cinq ou six brochures qui paraissent à la fois, et semblent partir de différentes mains. La *Querelle*, la *Séance mémorable*, la *Berlue*, la *Lettre d'un marquis à une marquise*, l'*Extrait d'une lettre d'un académicien de Berlin*[1], viennent fondre de tous côtés, non sur

[1] L'Académie française, indignée du ton d'un extrait des lettres

le principe de M. de Maupertuis, mais sur sa réputation. En même temps il écrit à Paris qu'il n'entre pour rien dans les querelles que son ennemi se fait, ni dans les critiques qu'il essuie. 1752

Les premiers libelles arrivaient de Hollande trop lentement; de sorte que M. de Voltaire fut obligé de répandre des copies manuscrites de la *Lettre d'un académicien de Berlin,* et avec si peu de ménagement qu'on voyait bien qu'il ne craignait plus d'offenser. Déjà il rassemblait chez lui les académiciens mécontents, et promettait aux uns des pensions, aux autres sa protection auprès du roi.

Les journaux arrivèrent. Berlin et Potzdam furent inondés de satires. M. de Maupertuis ignorait tout. Ses amis, touchés de sa triste situation, le lui cachaient. M. de Voltaire triomphait ouvertement. Il fallut tout dire à M. de Maupertuis, qui soumit au jugement du roi l'ouvrage dont on faisait de si étranges analyses. Le roi lui écrivit :

« Envoyez-moi toujours vos œuvres posthumes « et ne mourez jamais. J'ai lu vos lettres, qui « malgré vos critiques sont bien faites et pro- « fondes; je vous répète ce que je vous ai dit : « mettez votre esprit en repos, mon cher Mau-

de M. de Maupertuis dans un ouvrage périodique qui paraissait alors à Paris, extrait où l'on démêlait la touche de M. de Voltaire à travers le barbouillage du copiste, en porta des plaintes au magistrat alors chargé de la police de la librairie, qui supprima ces feuilles de l'A. d. l. P. (l'Abbé de La Porte).

1752 « pertuis, et ne vous souciez point du bourdonnement des insectes de l'air. Votre réputation « est trop bien établie pour être renversée au « premier vent; vous n'avez à appréhender que « la mauvaise santé. La partie du caractère et du « génie est saine et robuste, à l'abri des envieux, « des libelles et du temps. Je fais mille vœux « pour vous. Veuille la nature qu'ils ne soient « pas inutiles! Adieu. »

Le roi, voyant que M. de Maupertuis ne pouvais se défendre, voulut du moins qu'on le laissât mourir en paix. Il écrivit pour lui sous le nom d'un académicien de Berlin. M. de Maupertuis reçut un paquet d'exemplaires d'un ouvrage qui lui était si glorieux, avec ce billet :

« J'ai fait dire au libraire d'en envoyer partout, afin qu'on ne croie pas que les gens vertueux attaqués demeurent parmi nous sans défenseur. On pourra censurer cette pièce du côté « du style et de l'ordre; mais quant aux faits, « personne n'y pourra répondre. FÉDÉRIC.

M. de Voltaire était désigné, dans cet écrit véhément, d'une manière qui ne permettait plus de le méconnaître. M. de Maupertuis était plaint du ton le plus pathétique : « Quoi! disait l'auteur-« roi, un homme de lettres illustre, dont les pa-« roles n'ont jamais blessé personne, dont la plume « a même respecté ses ennemis, prêt à rendre « les derniers soupirs, serait conduit au tombeau « avec la douleur et le désespoir d'être specta-

« teur de sa flétrissure? On voudrait lui entendre 1752
« dire : A quoi m'a servi cette vie pure et sans
« tache; à quoi m'ont servi ces veilles que je dé-
« vouais au public, ces services que j'ai rendus
« aux sciences, ces ouvrages qui devaient me
« mener à l'immortalité; si mes cendres devien-
« nent l'objet du mépris, et si je ne laisse en hé-
« ritage à ma famille que ma honte et mon dés-
« honneur? etc., etc.

Les savants furent touchés de cette marque d'estime accordée aux lettres. Les désœuvrés prétendirent que ces bagatelles étaient au-dessous de la majesté d'un roi, comme si la défense de la vérité était une bagatelle, comme s'il n'était pas plus beau de repousser les satires que d'en écrire contre les habitants d'Antioche, à l'exemple du premier Julien. Les désintéressés observaient que bien différent de ce prince, qui se piquait d'écrire en latin et négligeait toutes les affaires de l'empire, Frédéric faisait d'excellents écrits en une langue étrangère et ne négligeait pas une dépêche. En effet, dans le temps même qu'il vengeait de l'envie d'un bel esprit la gloire d'un philosophe, il vengeait de l'avidité des Anglais les droits de ses négociants, en écrivant cette *Exposition des faits* qui fit l'admiration de tous les politiques.

M. de Voltaire, foudroyé, voit ses espérances décemb.
anéanties, son ennemi défendu par le roi même,
et le public de l'avis du roi; il n'ose attaquer ou-

1752 vertement le monarque. De là redoublement d'injures contre le protégé. Cependant la maison de M. de Maupertuis, toujours malade, ne désemplissait pas de priuces : le roi venait à Berlin et lui faisait dire qu'il partait avec le regret de n'avoir pas eu le temps de le voir.

L'irritation de M. de Voltaire s'accrut en apprenant ce qui se passait. Il écrivit un nouveau libelle intitulé : *Diatribe du docteur Akakia;* il le fit imprimer au milieu de Potzdam, par l'imprimeur du roi, à l'ombre d'une ancienne permission qui avait déjà eu son effet. L'édition était achevée, lorsque le roi en fut informé. Il ordonne qu'on saisisse tous les exemplaires. L'imprimeur les avait déjà remis au poëte. Frederesdorff, premier valet de chambre, est chargé d'approfondir cette affaire. L'imprimeur déclare par écrit que M. de Francheville, ami de M. de Voltaire, lui a commandé l'impression de cette brochure. Muni de cette pièce, Frederesdorff va chez M. de Voltaire, lui demande l'édition du libelle et lui représente ses torts. M. de Voltaire nie tout; son agent est interrogé, signe sous serment tout ce que l'imprimeur a déclaré, et convient d'avoir été le porteur des ordres de M. de Voltaire. Le roi indigné lui écrit ce billet :

« Votre effronterie m'étonne. Après ce que vous « venez de faire et qui est clair comme le jour, « vous persistez à nier au lieu de vous avouer « coupable. Ne vous imaginez pas que vous ferez

« croire que le blanc est noir; quand on ne voit 1752
« pas, c'est qu'on ne peut pas tout voir. Mais si
« vous poussez l'affaire à bout, je ferai tout im-
« primer, et l'on verra que si vos ouvrages mé-
« ritent qu'on vous érige des statues, votre con-
« duite vous mériterait des chaînes. »

L'éditeur est interrogé; il a tout déclaré. Frederesdorff retourne chez le poëte, qui nie encore;
mais qui, voyant la déposition de M. de Francheville, tourne la chose en plaisanterie. Il est
menacé du fiscal et d'une grosse amende pour
avoir abusé des ordres du roi; à ce mot M. de
Voltaire pâlit, avoue tout et bégaye des excuses.
L'édition est saisie à Berlin, dans la maison in-
diquée par le coupable, et brûlée dans la chambre
du roi. M. de Voltaire est mandé. Le roi lui prononce des paroles atterrantes. Le lendemain, il 14 déc.
envoie Frederesdorff à M. de Maupertuis pour
l'instruire de tout, avec une lettre pleine de justice
et d'amitié. Ce prince fit écrire, en sa présence,
M. de Voltaire à son libraire de Hollande de supprimer l'édition qu'il lui avait commandée.

Quelques jours après, le roi vint à Berlin, ho-
nora M. de Maupertuis d'une visite, et lui raconta
tout ce qui s'était passé. Cette insigne bonté le
rappela des portes de la mort. Le roi lui apprit la
circonstance la plus humiliante pour M. de Voltaire : c'est qu'il lui avait fait signer une promesse
de ne jamais écrire contre la France, ni contre ses
ministres, ni contre M. de Maupertuis. Celui-ci

1752 recevait toutes ces marques d'estime et de confiance avec l'embarras d'un homme fâché d'être opprimé, charmé qu'on lui rendît justice, mais affligé que de pareilles divisions occupassent l'attention du prince et celle du public.

Le roi crut avoir étouffé l'*Akakia* dans sa naissance pour avoir dit que M. de Voltaire avait promis de retirer la copie qu'il avait envoyée en Hollande. Au lieu de tenir sa parole, il en envoya vingt copies en France; de sorte que Paris et Berlin furent inondés à la fois d'exemplaires de l'*Akakia*, imprimé de tous les côtés.

21 déc. Le roi fit brûler ce libelle par la main du bourreau sous le gibet et dans toutes les places publiques. Ailleurs ce châtiment n'est souvent qu'un droit qu'un livre acquiert sur la curiosité : à Berlin, où la liberté d'écrire est extrême, où l'on n'avait jamais vu ce spectacle, c'est une vraie flétrissure. Cette satire n'est qu'un tissu de passages tronqués des œuvres de M. de Maupertuis, mêlé de mauvaises plaisanteries sur ses démêlés avec M. Kœnig, et d'injures grossières adressées à un écolier qu'on feint avoir pris le nom du président de l'Académie de Berlin.

1753 janvier. Outré de douleur, M. de Voltaire renvoie au roi son cordon de l'ordre du Mérite et la clef de chambellan, avec une lettre qui demande avec humilité ce qu'il rend avec répugnance. Le roi, touché de son repentir, lui refuse le congé, le rappelle à Potzdam, le traite en père qui punit et

qui pardonne. Mais il en exige un désaveu de 1753
tout ce qu'il avait écrit de satirique. Cette pièce fut imprimée dans la *Gazette de Berlin*[1]. On y lisait que M. de Voltaire n'avait eu aucune part aux libelles publiés contre M. de Maupertuis, et qu'il était résolu d'employer le peu de jours qui lui restaient à des ouvrages utiles à sa patrie. Trois semaines après on vit dans les gazettes d'Amsterdam et d'Utrecht un autre désaveu, où il disait qu'il croyait que les rois ne devaient pas se mêler des contestations qui survenaient entre les savants sur la physique.

Le roi trouva fort étrange que, peu content d'être pardonné, M. de Voltaire lui donnât publiquement des leçons critiques sur son devoir de roi.

Le *Tombeau de la Sorbonne* parut. C'était une nouvelle satire contre la Sorbonne, l'ancien évêque de Mirepoix, le procureur général et M. de Maupertuis. Les circonstances portaient à croire que l'ouvrage appartenait à M. l'abbé de Prades dont la thèse venait d'être flétrie. Mais on retrouvait partout dans cette pièce le style et la fièvre de M. de Voltaire. Le roi sut de *son petit excommunié* (c'est le nom qu'il donnait à l'abbé), que l'ouvrage n'était pas de lui. Il en témoigna tant d'indignation, que M. de Voltaire alarmé mit au feu un autre écrit encore plus mordant, intitulé :

[1] X· VIII.

1753 *Fleurs jetées sur le tombeau de la Sorbonne.* M. l'abbé de Prades offrit toutes sortes de désaveux à M. de Maupertuis, qui n'en voulut point.

Cependant M. de Voltaire écrivait à ses amis de Paris des lettres amères et plaintives. Tantôt il y justifiait ses excès en accusant son ennemi d'avoir suscité contre lui un jeune auteur[1], dont les critiques étaient antérieures à l'*Akakia.* Tantôt il leur donnait avis qu'il persistait à demander son congé. Et, forcé de renoncer à l'estime, il aspirait du moins à la compassion. « Je suis, disait-il, « tombé malade à la mort, et j'attends dans cet « état ce que la nature et le roi voudront ordon- « ner de ma destinée. Au reste, vous savez que « tous les philosophes de l'Europe et M. Wolff à « la tête ont pris hautement le parti de M. Kœ- « nig. Je n'ai combattu pour lui qu'en dernière « ligne : et je suis un de ses soldats obscurs, « blessé à mort pour son service dans une cause « bien juste. »

Il ne suivit point le roi à Potzdam ; il se mit au lit, écrivant beaucoup, mêlant les épigrammes aux lamentations et jouant très mal le malade.

M. de Maupertuis, qui commençait à se mieux porter, retouchait son *Essai sur la formation des*
février. *corps organisés.* Il le fit imprimer en forme de thèse latine soutenue en 1750, à Erlangen, par un prétendu Baumann, pour le grade de docteur. Il

[1] M. de La Beaumelle

crut que le nom d'un étranger inconnu ferait lire 1753
l'ouvrage avec plus d'impartialité ou du moins le dispenserait de répondre aux objections ; car il haïssait autant la dispute que s'il n'eût pas aimé passionnément la vérité. Il envoya d'Erlangen même un exemplaire à M. de Mairan, qui, pour cette fois, loin de s'y méprendre, décida que le docteur Baumann était M. de Maupertuis. L'auteur reconnu fit réimprimer depuis la thèse sous le titre de *Système universel de la nature*, avec une traduction française à côté qui était le véritable original.

Toutes les hypothèses sur la formation des corps organisés se réduisaient à deux. Dans la première, les éléments bruts et sans intelligence formaient l'univers par le concours fortuit des atomes. Dans la seconde, l'Etre suprême ou des êtres subordonnés à lui, distincts de la matière, employaient les éléments comme l'architecte emploie les pierres dans la construction des édifices. M. de Maupertuis en inventa une troisième, et prétendit que les éléments eux-mêmes doués d'intelligence s'arrangeaient et s'unissaient pour remplir les vues du Créateur. Cette intelligence était selon lui quelque chose de semblable à ce que nous appelons désir, aversion, mémoire ; à l'instinct que nous accordons aux bêtes, à la plus légère et la plus simple de nos perceptions. Cette intelligence des éléments, n'ayant pour objet que la figure et le mouvement des parties de la ma-

1753 tière, ne ressemble en rien à l'âme humaine. Elle s'exerce sur les propriétés physiques, et peut s'étendre jusqu'aux spéculations de l'arithmétique et de la géométrie. Mais elle ne saurait s'élever à des connaissances d'un tout autre ordre dont la source n'existe point dans les perceptions élémentaires.

Cela posé, M. de Maupertuis rassure d'abord les théologiens qu'une idée si nouvelle pourrait effaroucher. Il leur dit qu'il n'est pas plus dangereux d'attribuer quelque degré d'intelligence aux plus petites parties de la matière, qu'il ne l'est d'en admettre dans de gros amas, tels que sont les corps des animaux. Il combat ensuite les philosophes qui veulent qu'il soit impossible que la pensée appartienne à la matière. Il leur dit que si la pensée et l'étendue ne sont que des propriétés, elles peuvent appartenir toutes deux à un sujet dont l'essence nous est inconnue. Enfin il prouve qu'on n'expliquera jamais la formation de l'univers, si l'on ne suppose dans la matière d'autre qualité que l'étendue, l'impénétrabilité, la mobilité, l'inertie, l'attraction. En lui prêtant la pensée, toutes les difficultés disparaissent. Dans la génération, par exemple, chaque particule organique extraite de la partie semblable à celle qu'elle doit former, conservera le souvenir de sa situation originelle et l'ira reprendre toutes les fois qu'elle le pourra, pour former dans le fœtus la même partie. De là, la conservation des espèces,

la ressemblance aux parents, etc. De toutes ces 1753
petites perceptions réunies et combinées résultera une perception unique, beaucoup plus forte et plus parfaite, dans laquelle chaque élément aura perdu le sentiment particulier du *soi* pour former la conscience du tout. Le règne végétal, le règne minéral, la reproduction des polypes par eux-mêmes, la stérilité des métis, la multiplication des espèces les plus dissemblables par deux seuls individus, la formation des sphères célestes, en un mot toute la nature est expliquée par ce système[1].

On admira dans cet ouvrage le pouvoir du génie, la fécondité des principes, une merveilleuse adresse d'expressions et l'accord si rare du philosophisme le plus hardi avec le plus profond respect pour la religion. C'était la meilleure réponse que M. de Maupertuis pût opposer aux libelles de M. de Voltaire.

Celui-ci, incertain s'il était libre ou prisonnier en Brandebourg, voulut s'en éclaircir et sonder les dispositions du roi. Prétextant cette maladie qu'il a depuis quarante ans à ses ordres, il pro-

[1] On comprend que nous n'avons pas à réfuter des spéculations ingénieuses certainement pour l'époque où elles parurent, mais qui n'ont rien de commun avec la science de nos jours. Expliquer *tout* était une des aspirations et la grande prétention du dix-huitième siècle, digne héritier, en cela des philosophes de l'antiquité. Aujourd'hui pas un savant n'hésite à reconnaître qu'il est des points que l'on n'explique pas, et ce n'est pas un des signes les moins certains de ce qu'il y a de positif et de vrai dans le savoir de notre époque. (A. de Quatrefages.)

1753 duisit une consultation de médecins qui lui conseillaient les eaux de Plombières. Il écrivit au roi, demanda de nouveau son congé et donna sa démission. Le roi lui accorda tout et lui fit la réponse suivante :

16 mars. « Il n'était pas nécessaire que vous prissiez le « prétexte du besoin que vous dites avoir des « eaux de Plombières pour me demander votre « congé. Vous pouvez quitter mon service quand « vous voudrez. Mais, avant de partir, faites-moi « remettre le contrat de votre engagement, la « clef, la croix et le volume de poésies que je vous « ai confié. Je souhaiterais que mes ouvrages « eussent seuls été exposés à vos traits et à ceux « de Kœnig. Je les sacrifie de bon cœur à ceux « qui croient augmenter leur réputation en dimi-« nuant celle des autres. Je n'ai ni la folie, ni la « vanité des auteurs. Les cabales des gens de « lettres me paraissent l'opprobre de la littéra-« ture. Je n'en estime pas moins les honnêtes « gens qui les cultivent. Les chefs de cabale sont « seuls avilis à mes yeux. Sur ce, je prie Dieu « qu'il vous ait en sa sainte garde. FÉDÉRIC. »

Consterné de cette lettre inattendue, le mourant vole à Potzdam, se jette aux pieds du roi, prodigue les prières, les promesses, les pleurs, et le conjure de lui laisser tout ce qu'il venait de lui rendre. Le roi, dont la bonté paraîtra peut-être inépuisable, fut fléchi par ces humiliations. M. de Voltaire fit courir un mauvais madrigal où il di-

sait qu'il en était aux rigueurs avec le roi de 1753
Prusse. Il écrivit à madame Denis, sa nièce, de se rendre à Plombières, qu'il retournerait avec elle à Berlin, et *que peut-être elle adoucirait la férocité de Maupertuis*.

En partant de Potzdam, il assura le roi que Sa 26 mars.
Majesté Très-Chrétienne avait déjà envoyé son premier chirurgien à Plombières, pour prendre soin de sa santé. Le roi lui fit donner parole qu'il n'imprimerait plus de mensonges. Le jour même de son départ, il parut à Berlin une brochure dont l'épigraphe était quatre vers du roi, parodiés contre lui-même; et à Potzdam une épigramme où, à l'occasion des *Lettres de la république de Saint-Marin au public*, on disait au roi lui-même :

« Cesse donc d'écrire au public,
« Ou bien crains qu'il ne te réponde. »

Cependant les circonstances humiliantes du pardon allaient se répandre; il fallait prévenir les bruits publics. Arrivé à Leipsig, M. de Voltaire envoya de tous les côtés, hormis à Berlin, des vers où il chantait les faveurs dont le plus grand des rois embellissait ses derniers jours[1]. Il tâcha de se donner de la considération auprès de la cour de Dresde, en montrant quelques lettres que le roi avait écrites à son esprit dans des temps

[1] La fille de la mort, la vieillesse pesante,
A, de son bras d'airain, courbé son triste corps.
Etc., etc.

1753 plus heureux, en supprimant avec soin les dernières, qui avaient été écrites à son cœur, pour me servir des expressions de ce prince. Il fit mettre dans la gazette d'Utrecht, du 3 avril, que sa démission n'avait pas été acceptée [1]. Le roi permit qu'on imprimât dans les papiers publics sa lettre à Voltaire du 16 mars.

Il apprit que M. de Voltaire, infidèle à toutes ses promesses, préparait de nouveaux libelles : il daigna le lui défendre encore par une lettre expresse. M. de Voltaire répondit qu'il travaillait à le défendre contre un auteur qui avait médit de lui et de son pays. C'était M. de la Beaumelle, qui, loin d'avoir écrit contre un prince si cher à tous les gens de lettres, l'avait célébré à chaque page de ses *Pensées*, et lui avait même donné des louanges exclusives qu'on ne pouvait pardonner qu'à son admiration. M. de Voltaire, mécontent d'un trait de cet ouvrage qui ne pouvait blesser qu'un amour-propre injuste, écrivait alors une brochure contre ce jeune homme, et se rendait en même temps son délateur auprès du roi de Prusse, qu'il osait, par un zèle calomnieux, associer à cette querelle.

M. de Maupertuis, qui venait d'obtenir un congé pour la France, écrivit à M. de Voltaire que sa maladie, la justice que le roi lui avait rendue, son peu d'estime pour ses propres ouvrages, l'a-

1 Nr XXVII.

vaient empêché de répondre aux premiers libelles. 1753
« Mais, ajoutait-il, si vous continuez à m'attaquer
« par des personnalités, je vous déclare qu'au lieu
« de vous répondre par des écrits, ma santé est
« assez bonne pour vous trouver partout où vous
« serez, et pour tirer de vous la vengeance la plus
« complète. Rendez grâce au respect et à l'obéis-
« sance qui ont jusqu'ici retenu mon bras, et qui
« vous ont sauvé de la plus malheureuse aven-
« ture qui vous soit encore arrivée. »

M. de Voltaire ne vit dans cette lettre que des menaces d'assassinat. Il courut la déposer au greffe de Leipsig, et se mit sous la sauvegarde du magistrat. Dès que ses frayeurs furent dissipées, il fit imprimer la lettre avec des additions, des retranchements et une réponse plus burlesque que comique. Il se plaignit au roi, et cria qu'on voulait l'assassiner, tandis qu'il employait sa vie à venger son héros des insultes de divers écrivains. Le roi fit imprimer la lettre de M. de Maupertuis telle qu'elle était, en signa l'approbation, et lui donna copie de sa réponse suivante à M. de Voltaire[1].

« J'étais informé, comme vous arrivâtes à Potz- 19 avril.
« dam, que votre dessein était d'aller à Leipsig
« pour faire imprimer de nouvelles injures contre
« le genre humain. Mais je suis un grand admira-

[1] Cette lettre est déposée à la Bibliothèque du roi de France avec cette note de M. de Maupertuis : « La copie est de la main de l'abbé de Prades, avec permission du roi de Prusse d'en faire l'usage que je voudrais. »

1753 « teur de votre adresse, et je voulus me donner le « spectacle de vos artifices. Je m'amusai de vous « voir débiter avec gravité la nécessité de votre « voyage fabuleux aux eaux de Plombières. En « vérité, nos médecins de Berlin connaissent bien « peu la vertu de ces eaux; ils se sont avisés bien « tard de les recommander à leur malade. Je « plains le chirurgien du roi de France et votre « nièce, qui vous attendent vainement à ces bains « fameux. Je ne doute pas que vous ne vous « soyez rétabli à Leipsig; il y a apparence que « les imprimeurs de cette ville vous ont purgé « d'une surabondance de fiel. Puisse la Beau- « melle être le seul qui souffre de votre colère! « Je n'ai point fait alliance avec vous pour que « vous me défendiez, et je ne me soucie guère « de ce que la Beaumelle s'est avisé de dire de « moi et de mon pays. Vous devez savoir mieux « que personne que je ne sais point venger les « offenses qu'on me fait. Je vois le mal, et je « plains ceux qui sont assez méchants pour le « faire. Je sais qu'on a vendu à Berlin la *Défense* « *de Maupertuis*, l'*Eloge de Jordan* et celui de « *la Mettrie*, en y ajoutant un quatrain de mes vers « parodiés. Je sais, à n'en pas douter, que le trait « part de vous; mais je ris de votre colère impuis- « sante, et je vous assure que l'ouvrage n'a point « été brûlé ici. Je ne sais si vous regrettez Potz- « dam, ou si vous ne le regrettez pas; à en juger « par l'impatience que vous avez marquée d'en

« partir, je dois croire que vous aviez de bonnes 1753
« raisons pour vous en éloigner. Je ne veux point
« les examiner ; j'en appelle à votre conscience,
« si vous en avez une. J'ai vu la lettre que Mau-
« pertuis vous a écrite, et je vous avoue que votre
« réponse m'a fait admirer la sublimité de votre
« esprit. Oh ! l'homme éloquent ! Maupertuis dit
« qu'il saura vous trouver, si vous continuez à
« publier des libelles contre lui ; et vous, le Cicé-
« ron de notre siècle, quoique vous ne soyez ni
« consul, ni père de la patrie, vous vous plaignez
« à tout le monde que Maupertuis veut vous as-
« sassiner ! Avouez que vous étiez né pour être
« le premier ministre de César Borgia. Vous faites
« déposer sa lettre à Leipsig, tronquée apparem-
« ment, devant les magistrats de cette ville. Que
« Machiavel aurait applaudi à ce stratagème !
« Y avez-vous aussi déposé les libelles que vous
« avez faits contre lui ? Jusqu'à présent, vous
« avez été brouillé avec la justice ; mais, par une
« adresse singulière, vous trouvez le moyen de
« vous la rendre utile. C'est ce qui s'appelle faire
« servir son ennemi à l'exécution de ses desseins.
« Pour moi, qui ne suis qu'un bon Allemand et
« qui ne rougis point de porter le caractère de
« candeur attaché à cette nation, je ne vous écris
« point moi-même, parce que je n'ai pas assez de
« finesse pour composer une lettre dont on ne
« puisse pas faire un mauvais usage. Vous vous
« ressouviendrez de celle que je vous écrivis sur

1733 « le *Catilina* de Crébillon, dont la moitié faisait « l'éloge de la pièce, et l'autre moitié contenait « la critique de quelques endroits qui ne m'avaient « pas plu. En homme habile, vous fîtes courir « dans Paris la partie de la lettre qui contenait la « critique, et vous supprimâtes les éloges. Vous « avez l'art de corriger les dates et de trans- « poser les événements comme il vous plaît. Vous « avez, de plus, l'adresse de prendre une phrase « d'un endroit et une phrase d'un autre, et de « les joindre ensemble pour en faire l'usage que « vous jugez le plus convenable à vos desseins. « Tous ces grands talents, qui me sont si connus « dans votre personne, m'obligent à quelque cir- « conspection; et vous ne devez pas vous étonner « si, par la main de mon secrétaire, je vous re- « commande à la sainte garde de Dieu, quand « vous êtes abandonné des hommes.

« *P. S.* Vous pouvez faire imprimer cette lettre « à côté de celles du pape, des cardinaux de « Fleury et Alberoni; mais ne soyez pas assez « maladroit pour y changer quelque chose, parce « que nous en avons un *vidimus* devant la justice.[1] »

M. de Voltaire se consola en écrivant le *Projet de paix*, l'*Art de bien argumenter, par un capitaine de cavalerie*, la *Lettre au secrétaire éternel* et autres libelles sur le même sujet, que les étudiants de

[1] Nous croyons que cette lettre est restée inédite jusqu'à ce jour. (Is. A.)

Leipsig trouvèrent fort plaisants. C'était le thème 1753
du docteur Akakia en plusieurs façons : M. de Voltaire y paraissait épuisé d'injures. Ce fut alors que le roi résolut de ne le plus voir. Il devait être indigné de la hardiesse de Voltaire à condamner son choix, de l'envie qui l'acharnait contre le ministre de son Académie, et surtout de tant de rechutes dans une faute si souvent pardonnée. Aussi écrivit-il à M. D'Arget, secrétaire de ses commandements, qui était venu à Paris pour sa santé :

« Je ne crois pas qu'il y ait un fou plus mé- 25 avril.
« chant que Voltaire. Vous ne sauriez croire les « infamies et duplicités qu'il a faites ici. Je vois, « avec bien du regret, que tant d'esprit et tant « de connaissances ne rendent pas les hommes « meilleurs. J'ai pris contre lui le parti de Mau- « pertuis, parce que c'est un fort honnête homme « qu'on avait résolu de perdre. Mais je n'ai pas « voulu me prêter à sa passion autant qu'il l'aurait « souhaité. Un peu trop d'amour-propre l'a rendu « trop sensible à la morsure d'un singe qu'il de- « vait mépriser après l'avoir fouetté. »

M. de Maupertuis partit pour la France. L'accueil qu'il y reçut, les empressements des gens de qualité, l'estime inaltérable des gens de lettres lui prouvèrent qu'une grande réputation se défend par elle-même contre l'art cruel et facile de travestir tout en ridicule. D'un côté, l'auteur[1] du *Pa-*

[1] M. le chevalier d'Arcq. (M. A.)

1753 *lais du silence* ne lui apprenait que par ses excuses, qu'il l'avait insulté ; de l'autre, de beaux esprits et des savants distingués lui dédiaient leurs ouvrages.

juin. Il parut un nouveau libelle à Paris, d'abord manuscrit, ensuite imprimé. M. de Maupertuis n'en était pas l'objet, et se donna pourtant des mouvements infinis auprès de M. le comte d'Argenson pour le faire supprimer, et auprès des libraires pour en étouffer des éditions nouvelles. C'était la plus violente des satires contre la personne auguste qui les avait punies avec trop d'indulgence. Cet écrit portait le titre de *Vie privée du roi de Prusse*. Cette pièce, toute fausse qu'elle était, supposait de grandes connaissances de l'intérieur de Potzdam ; le style en était brillant, quoique naïf; l'élégance perçait à travers la négligence qu'on avait affectée : une extrême malice l'avait faite, une extrême folie l'avait publiée. C'était visiblement l'ouvrage d'un homme qui savait prendre tous les tons. L'auteur en était inconnu. Les soupçons se répandirent sur plusieurs personnes. Le roi de Prusse le lut et n'ordonna nulle recherche sur l'auteur; mais le hasard le lui découvrit. C'est ce qu'il écrivit à M. de Maupertuis :

« Je viens d'apprendre, par hasard, une chose « qui ne m'étonne point : c'est que Voltaire est « l'auteur des satires qu'on a imprimées en der- « nier lieu contre moi. Après les avoir faites en « français, il les a fait traduire en allemand ; et « d'allemand il les a fait traduire, par une autre

« personne, en français, pour mieux cacher son 1753
« style. Rions du faux, mon cher Maupertuis, et,
« s'il y a quelque chose de vrai, corrigeons-nous.»

M. de Maupertuis communiqua cette lettre à M. d'Argenson, ministre, pour dissiper jusqu'aux derniers nuages que la prévention pouvait avoir formés contre un de ses amis qu'on avait soupçonné [1]. Ainsi, l'imputation s'arrêta sur M. de Voltaire, qui l'a fortifiée depuis par de nouveaux traits lancés contre le roi de Prusse, dans cette édition de ses œuvres, faite à Genève, et qu'il n'a pas encore désavouée [2].

Quoi qu'il en soit, le roi, las de pardonner, donna des ordres à M. de Freytag, son résident à Francfort, d'y faire arrêter M. de Voltaire, de lui ôter la clef de chambellan, de lui arracher la croix de l'Ordre du Mérite, de lui redemander l'exemplaire des *OEuvres du philosophe de Sans-souci* qu'il avait emporté, et l'acte pour lequel il s'était engagé à son service. M. de Voltaire fit quelque résistance, aidé de son secrétaire Collini. Il promit de tout rendre et prétexta des délais. Il s'évada. On l'atteignit hors de Francfort; il fut plus étroitement resserré. Le résident passa les ordres du roi, fit arrêter madame Denis, complice

[1] M. de la Beaumelle. (M. A.)

[2] *Epître à M. de Cideville*, t. VI, p. 264. *Discours sur la modération*, t. VI, p. 28.

(Depuis, la vie privée du R. de P. a été imprimée en deux façons, dans l'édition des *Œuvres de Voltaire*, par Beaumarchais.) Note de La Beaumelle fils.)

1753 de l'évasion, et ne la traita pas avec respect. M. de Voltaire remplit l'Europe de ses plaintes, accusa d'ingratitude son bienfaiteur, cria qu'il était inouï qu'un roi fît demander ses *OEuvres* par des soldats, etc. Cependant le livre de poésies[1] arriva (c'était l'objet du roi de Prusse)[2], et M. de Voltaire fut élargi.

Ce qui le piquait le plus vivement, c'étaient quelques lettres du roi, dont on avait répandu des copies. Il y était tourné en ridicule, réprimandé, menacé, démasqué. Quelques-uns prétendaient que les railleries dont elles étaient pleines appartenaient plutôt à l'auteur qu'au roi; mais tous les autres applaudissaient à la bonté d'un prince, qui plaisantait sur des fautes contre lesquelles tout autre souverain aurait sévi.

juillet. Madame Denis lui porta ses plaintes de l'affront qu'elle avait reçu. Le roi écrivit au lord Marshall, son ministre à Paris : « Il est arrivé, à Francfort, « une aventure qui m'a fait de la peine. J'avais « écrit à mon résident de redemander à Voltaire « la croix, la clef, et un livre de poésies qu'il avait « à moi. Il l'a fait; mais il s'en est acquitté avec « une exactitude brutale, qui n'est pas de mon

[1] C'était un recueil de différents ouvrages, dont il n'y avait que très peu d'exemplaires, et que le roi ne voulait pas laisser sortir de ses Etats; un de ses favoris étant à la mort, il y avait un homme, de la part du roi, pour redemander l'exemplaire, aussitôt que le favori serait mort. (Note de de Lalande.)

[2] Ces mots entre parenthèses sont de de Lalande (M. A.).

« goût; et j'écris à présent pour redresser le 1753
« passé, etc. »

Tandis que M. de Voltaire demandait en vain août.
un asile à Berne, à Vienne, à Hanovre, le cherchait à Colmar, le désirait à Lunéville, fatiguait ses amis de ses lamentations, M. de Maupertuis, tranquille et vengé, dissertait *sur les différents moyens dont les hommes se sont servis pour exprimer leurs idées*. C'est proprement l'histoire de toutes les langues; l'esprit humain est suivi dans ses marches diverses; l'auteur paraît avoir été le contemporain de l'espèce humaine dans tous ses âges. Il discute le fameux problème d'une langue universelle; il réfute ceux qui crurent le résoudre en établissant des caractères dont les rapports fussent correspondants aux rapports des idées. Car, dit-il, si sur ce principe du rang et de la valeur des idées, Malebranche ou Descartes, eussent formé une écriture universelle, jamais Newton ni Locke n'auraient su lire. Enfin, il propose une langue dans laquelle, avec une heure d'étude et un bon dictionnaire, on pourrait entendre parfaitement les autres et en être parfaitement entendu.

Cet écrit, quoique peut-être le plus fini qu'il eût fait, fut peut-être aussi le moins lu. Il était d'une brièveté effrayante pour la paresse de ces hommes curieux et frivoles, auxquels il faut des volumes qu'on lit rapidement, qu'on entend sans attention, et qui dispensent surtout de penser.

La vie qu'il menait à Paris était fort agréable.

1753 Des liaisons illustres, une société choisie, des soupers fort gais partageaient ses journées. Il lisait peu, il parlait encore moins : il trouvait si peu de choses dignes d'être lues et si peu dignes d'être dites ! Il reprochait à l'Encyclopédie son excessive longueur ; il souhaitait que cet utile recueil des connaissances humaines fût continué, et ne doutait point qu'une seconde édition ne le perfectionnât. Quant aux chicanes qu'éprouvaient les éditeurs de la part des théologiens, il trouvait étrange que des hommes si sujets à faire ou à méconnaître des hérésies dans des thèses d'une page, déclamassent si vivement contre quelques erreurs délayées dans un amas immense de vérités.

Un des philosophes qu'il estimait le plus était M. l'abbé de Condillac ; il vantait, avec complaisance, sa manière de voir et sa manière d'exprimer ce qu'il avait vu. Dès qu'il eut parcouru l'histoire d'*Ema*, il désira d'en connaître l'auteur [1]. Il tenta aussi dès lors de procurer, en Prusse, un établissement à M. Toussaint, qui s'y est fixé depuis.

L'opinion d'autrui n'entrait pour rien dans le jugement qu'il portait des auteurs : il ne pensait que d'après lui ; et si Virgile ne l'avait pas charmé, vingt siècles d'admiration ne l'auraient pas entraîné. Il savait Catulle par cœur et lui préférait Martial. Cicéron l'ennuyait souvent. Sénèque lui

[1] M. le comte de Bissy (M. A.)

paraissait non pas meilleur écrivain, mais un 1733
plus beau génie. Quand on lui rappelait le style antithétique du précepteur de Néron, il répondait que c'était le défaut de son siècle et défaut nécessaire; qu'après un siècle de bon sens, Sénèque n'avait plus que la ressource de l'esprit; que tout étant dit par ses prédécesseurs, il ne lui restait que l'art de paraître le dire mieux. Ce qui l'affectionnait à Sénèque, c'est qu'il le trouvait triste, épigrammatique, physicien, moraliste, ennuyé de la vie et des cours, idolâtre de la gloire. Il reconnaissait dans Sénèque ses goûts et ses idées. Il souffrait impatiemment la contradiction et s'y dérobait par un silence subit. Il contredisait rarement les autres et ne disputait jamais. Il voyait d'un coup d'œil si on le comprenait ou si on était hors d'état de le comprendre. Il parlait volontiers de ses peines et rarement de ses plaisirs. Il saisissait les ridicules avec facilité et peignait un homme en rapportant un trait dans lequel tout son caractère était concentré. Ce qui lui déplaisait, il le réfutait avec un rire moqueur qui n'était pas sans bonhomie. Dans la société, on eût dit que toutes les sciences lui étaient étrangères. Il ne dissertait jamais : il eût préféré l'entretien d'une femme à celui de Newton. Les figures qui plaisent difficilement lui plaisaient d'abord. Descartes aimait, dit-on, les yeux louches; M. de Maupertuis avait une prédilection pour les yeux verts.

1754 Il alla passer à Saint-Malo une partie de l'hiver et du printemps de 1754. Il eut bien de la peine à s'en arracher : il y laissait une sœur, qui craignait toujours de lui dire un éternel adieu.

juin. De retour à Paris, il reçut une lettre du roi de Prusse, qui le rappelait à Berlin avec toutes les instances de l'estime et toute l'impatience de l'amitié : « Venez vite, disait-il, planter un être pen« sant dans le jardin de madame de Maupertuis. » Il se hâtait d'obéir, lorsqu'il apprit de tous côtés que M. D'Arget[1] avait reçu une lettre du même prince, et de même date, qui ne marquait point assurément le même empressement et qui en marquait pour M. de Voltaire. Le respect rejetait ce rapport, mais la modestie penchait à le croire. Ses amis allèrent à la source, et lui persuadèrent que cette prétendue lettre était un de ces contes sans vraisemblance qui courent tous les jours dans Paris. Il fut mieux informé du contenu de cette lettre ou d'une autre récemment écrite au même M. D'Arget par le même roi; on y lisait :

« Croiriez-vous bien que Voltaire, après tous « les tours qu'il a faits ici, a fait des démarches « pour revenir? Mais je m'en garderai bien, il « n'est bon qu'à lire. »

juillet. M. de Maupertuis n'hésita plus. Il partit de Paris avec M. de La Condamine, qui allait aux

[1] M. D'Arget, ancien secrétaire du cabinet du roi de Prusse, et, depuis, garde des archives de l'Ecole royale militaire de Berlin.

eaux de Plombières. Ils séjournèrent à Nancy ou 1754
plutôt à la Malegrange, maison de plaisance du feu roi de Pologne Stanislas. M. de Maupertuis vit un prince qui, par ses vertus, faisait oublier à son peuple qu'il avait chéri d'autres maîtres; il y vit un peuple qui, par son amour, faisait oublier à son prince sa grandeur et ses infortunes passées. Il fut agrégé à la Société royale de Nancy par son fondateur même, qui ne cessait de l'éclairer par ses écrits. Il passa quelques jours avec le comte de Tressan, fidèle à ses amis au delà du tombeau. Pendant le séjour de M. de Maupertuis en Lorraine, il fut fort tenté d'aller à Plombières, où M. de Voltaire était attendu. M. de La Condamine combattit fortement ce projet et finit par déclarer à son ami qu'il renoncerait lui-même au voyage des eaux que les médecins lui avaient ordonné, si M. de Maupertuis persistait dans sa résolution. Celui-ci se rendit enfin et continua sa route. Le chevalier de Cogollin, ancien officier de marine et poëte assez facile, l'accompagna jusqu'à Berlin. M. de Voltaire, pendant tout ce temps, était demeuré renfermé dans l'abbaye de Senones, où il édifiait le P. Calmet par sa régularité aux offices. Il n'en partit pour Plombières qu'après que les gazettes eurent annoncé le passage de M. de Maupertuis à Francfort.

La fin de cette année et le commencement de
la suivante n'eurent rien de remarquable. M. de 1755
Maupertuis fut fort occupé de sa santé, de ses

1755 amis, de son Académie, et le fut très peu du pu-
10 fév. blic. Mais la mort ayant ravi le président de Montesquieu aux sciences et au genre humain, il s'empressa d'honorer sa cendre. L'Académie de Berlin laisse à chaque nation le soin de louer les académiciens étrangers qui lui appartiennent; mais son président s'écarta pour cette fois de l'usage et crut que les hommes de l'espèce de Montesquieu appartenaient à l'univers. Il le considère sous toutes ses faces, magistrat, voyageur, écrivain, législateur, citoyen. Il suit et montre les progrès de son esprit. En faisant l'analyse de *l'Esprit des lois*, il établit un principe de législation différent de celui de Montesquieu, qui était parti d'un certain rapport d'équité plus facile à sentir qu'à définir, au lieu que M. de Maupertuis, partant de l'inclination qu'a l'homme pour le bonheur, pense que le bonheur réel de la société était la somme qui restait après la déduction faite de tous les malheurs particuliers. Il entre dans quelques détails pour faire connaître l'homme. Il croyait que la vie des philosophes ne devait être que l'histoire de leurs travaux; mais il en exceptait ceux qui nous ont donné des exemples de vertu aussi précieux que leurs ouvrages : et, sans y penser, il s'en excepta lui-même et dispensa celui qui devait écrire sa vie de rappeler que M. le chevalier de Jaucourt et le lord Orreri ont écrit au long, l'un la vie de Leibnitz, l'autre celle du docteur Swift.

Les louanges données à Montesquieu étaient 1755
sincères et indépendantes de l'opinion publique. M. de Maupertuis jugeait que M. Hume était le seul qui pût disputer à Montesquieu la palme du génie. « Tout ce qu'écrivent ces deux hommes, « disait-il, est de l'or à vingt-quatre carats. » Le Français lui paraissait rempli de plus grands traits, plus étonnant ; l'Anglais lui paraissait plus profond et peut-être plus admirable.

Cet éloge funèbre, lu à l'assemblée publique de 5 juin.
l'Académie de Berlin, fut bientôt comparé à celui que M. d'Alembert composa sur le même sujet. Le premier, plus simple et plus lié, sèchement écrit, fortement pensé, plut davantage aux esprits qui étaient moins frappés du brillant, de la dignité philosophique, et de la vigueur qu'on voyait dans le second. Peut-être l'auteur des *Lettres persanes* eût préféré celui-ci, et l'auteur de *l'Esprit des lois* eût préféré l'autre.

M. de Maupertuis n'avait pas oublié dans cet éloge le service que M. de Montesquieu avait rendu à M. Piron, en lui procurant une pension pour le dédommager d'une place de l'Académie française, dont les scrupules de M. Boyer lui avaient fait fermer l'entrée. M. Piron se sentit blessé de ce récit. Il se plaignit *qu'on eût*, disait-il, *crié sa sentence*. Son ressentiment ne s'en tint pas à l'épigramme. Il s'exhala en critiques amères, que M. de Maupertuis ne lut point.

Des critiques d'un autre ordre attirèrent son 1756

1756 attention. M. Diderot avait attaqué l'*Essai sur la formation des corps organisés*. Dans ses *Pensées sur l'interprétation de la nature*, il avait fait un admirable extrait de la thèse d'Erlangen, bien plus désolant pour les journalistes que les reproches dont il les avait foudroyés. Mais il avait observé que le nouveau système était sujet à d'effrayantes conséquences contre la religion. Ces conséquences, il les avait tirées avec adresse et présentées avec force comme renversant l'hypothèse de M. de Maupertuis. C'était l'auteur des *Pensées philosophiques* qui prenait la défense du christianisme.

M. de Maupertuis, qui s'était promis de ne point défendre sa thèse, craignit de manquer à la philosophie en laissant croire qu'elle conduisait à l'impiété, et de se manquer à soi-même en laissant penser qu'elle l'y avait conduit. Cependant il balança, retenu par son estime pour l'homme illustre qui l'avait combattu; mais le soin de sa réputation l'emporta. D'ailleurs il avait l'avantage, disait-il, de réfuter un adversaire qui faisait disparaître tous les autres.

Il commença par mettre entre M. Diderot et lui les plus respectables auteurs de systèmes, en observant que Descartes et Malebranche n'étaient point garants des conséquences contre la Bible qu'on pourrait tirer de leurs hypothèses. Ensuite il repoussa l'accusation de spinosisme. Il finit par se justifier de matérialisme en prouvant qu'une de ces propositions contenait précisément ce que

M. Diderot exigeait pour y échapper. Cette controverse ne paraissait point sérieuse. L'interprète de la nature ne voulait pas que la perception pût appartenir à la matière, et croyait que la sensation pouvait jouir de ce privilége, comme si la perception et la sensation étaient d'un genre différent. 1756

M. de Maupertuis fit imprimer cette *Réponse* dans l'édition de ses *OEuvres*, qu'on achevait alors à Lyon. Cette édition, supérieure à celle de Dresde, et plus complète, fut dirigée par M. l'abbé Trublet, et forme quatre volumes in-8° : l'exécution en est assez belle. L'ouvrage est dédié aux quatre plus anciens amis de l'auteur, dont trois étaient ses compatriotes. Le premier tome est dédié à M. Duvelaër, directeur de la Compagnie des Indes, ami solide, négociant, philosophe ; le second, à M. du Rouvre, capitaine général garde-côte, en Bretagne, chevalier de Saint-Louis, homme qui, capable de parvenir à tout, avait tout vu de l'œil du sage ; le troisième, à M. l'abbé Trublet, auteur des *Essais de littérature et de morale;* le quatrième, à M. de La Condamine. C'est le cœur qui parle dans toutes ces lettres ; c'est un hommage que l'amitié rend à la vertu. La dernière est la plus belle. M. de Maupertuis l'écrivait à l'âme la plus vertueuse et la plus sensible, au citoyen que, ni le savant, ni le bel esprit, n'avaient pu faire disparaître d'aucun de ses ouvrages. avril.

Vers le même temps, le *Mémoire théologique et*

1756 *politique sur les mariages des Protestants* ayant paru, et ayant réveillé l'intéressante question de la tolérance, M. de Maupertuis l'examina rapidement, dans une lettre à M. l'abbé Trublet. Il lui permit de la montrer, et lui défendit d'en donner des copies. De nouvelles réflexions sur le même objet justifièrent la défiance qu'il avait eue de ses premières idées.

Son estime pour l'Académie des sciences de Paris ne lui permettait pas de voir d'un œil indif-
mai. férent l'injustice qu'il en avait reçue. Elle fut réparée sans qu'il en eût fait aucune plainte. M. le comte d'Argenson, devenu ministre des académies, le rétablit sur le tableau de cette compagnie en qualité de vétéran. On lui avait déjà offert une place d'associé étranger; mais il avait répondu qu'il ne consentirait jamais à passer pour étranger dans sa patrie.

Cet amour pour son pays le rendait languissant à Berlin, et augmentait ses infirmités. En France, il n'était travaillé que du *mal de vivre*; en Brandebourg, de fréquentes et vives douleurs mettaient ce mal au-dessus de sa patience. Il demanda un congé pour une année; le roi de Prusse le lui accorda comme tous les précédents, avec des témoignages d'estime et de regret.

7 juin. M. de Maupertuis partit de Berlin, passa deux mois à Paris (du 5 juillet au 16 septembre) et neuf
août. mois à Saint-Malo. Dans cet intervalle, la guerre s'alluma entre l'Autriche et la Prusse. La France,

sous le titre d'alliée, fit contre Frédéric tous les 1756.
efforts d'une ennemie. Dès ce moment, M. de Maupertuis n'eut plus de beaux jours. Tremblant à la fois pour Saint-Malo menacé par les Anglais, et pour Berlin toujours près d'être envahi; ayant deux patries, deux familles, deux maîtres; obligé de se réjouir de tous les revers, et de s'affliger de tous les succès; trouvant dans chaque événement des motifs de tristesse ou de crainte, et pas un de consolation; ne pouvant faire de vœux légitimes qui ne fussent légitimement désavoués par des vœux contraires, il était en proie au double malheur d'être Français et d'être Prussien. S'il eût prévu la guerre qui divisa deux rois naturellement amis, ou il n'aurait pas quitté la Prusse, ou il l'aurait entièrement quittée.

Parmi ces agitations, il vaquait encore à l'étude. Mais la méditation, autrefois ses délices, n'était plus qu'un remède dont l'inutilité prouvait le besoin que son âme avait d'autres plaisirs. Cependant il composa un *Parallèle de Montaigne, de Bacon et de Lamotte le Vayer.*

Nos côtes étant inquiétées par les flottes de la 1757
Grande-Bretagne, il partit de Saint-Malo. Son 12 juin.
congé allait expirer; il n'en recevait pas la prolongation. Il se rendit donc à Bordeaux pour s'em- 26 juin.
barquer sur un vaisseau qui faisait voile pour Hambourg, d'où il aurait passé plus promptement à Berlin. Ses amis lui représentèrent les dangers d'un pareil voyage : le pavillon neutre n'était pas

1737 plus respecté que le français; tout ce qui sortait des ports du royaume était pris par les Anglais. Ces réflexions le firent hésiter sur son départ : une lettre qu'il reçut du roi de Prusse leur donna du poids. Ce prince lui permettait de faire le voyage d'Italie. M. de Maupertuis souhaitait depuis longtemps de voir ce pays où, comme dit Cicéron, on ne peut faire un pas sans marcher sur une histoire. Il passa trois mois à Bordeaux, fort retiré, vivant avec lui-même ou avec les négociants des Chartrons, et avec ses chiens, seule société qui ne l'ennuyât jamais. Il y composa une *Dissertation sur les lois du mouvement*, qu'il envoya à l'Académie de Berlin, où il voulait être présent, du moins, par ses écrits.

Dans la vue de se rapprocher à la fois de l'Al-
4 oct. lemagne et de l'Italie, il partit pour Toulouse, où
il arriva le 8 octobre. Il y fut arrêté par ses infirmités et retenu par les agréments de la ville. Il y vit souvent M. Lavaysse, une des lumières du barreau, et M. Garipuy, secrétaire d'une académie des sciences; M. d'Orbessan, magistrat également cher aux beaux-arts, à la philosophie et à la justice, et M. le marquis de Beauteville, sans cesse plongé dans les abîmes de la plus profonde métaphysique. M. de Maupertuis fuyait le grand monde autant qu'il l'avait fréquenté. Il lui fallait une société particulière, sûre, vertueuse et paisible.

Mais à peine sa santé commençait à se rétablir qu'elle était dérangée par des chagrins amers.

Chaque courrier lui portait de fâcheuses nouvelles. 1758
Tantôt il apprenait les morts tragiques de ses meilleurs amis; tantôt on lui marquait les cruelles extrémités où Berlin allait être réduit, le payement des pensions et des gages en papier discrédité et l'indigence qui menaçait le plus cher objet de sa tendresse. Il n'ouvrait ses lettres qu'en frémissant, et pâlissait après les avoir lues. Mais rien ne déchira plus son âme que la fin prématurée de M. le prince de Prusse[1]. « La mort, m'écrivait-il,[2] « s'attache depuis trois ans à moissonner tout ce « que j'aimais le plus[3]. Elle devait finir par ce « cher prince. »

L'Académie de Berlin ne fut point exempte des calamités de la guerre. M. de Maupertuis apprit que les pensionnaires de son Académie touchaient à ce moment où la pauvreté rend insupportable le fardeau de la vie. Sur-le-champ il pria madame de Maupertuis de vendre sa bibliothèque pour subvenir à leurs besoins.

De loin, il conduisait cette compagnie comme s'il l'avait eue sous les yeux; et les membres qu'il lui donna durant ses voyages n'en sont pas les moindres ornements. Dans le temps qu'il était à Toulouse, un moine et un prince ayant brigué

[1] Auguste Guillaume, frère du roi, mort le 12 juin 1758.

[2] Maupertuis dut écrire cette lettre pendant son séjour à Lyon (M. A.).

[3] M. de Montesquieu, le général Still, la reine mère de Prusse, M. Duvelaër, Mademoiselle de Bridow.

1758 une place à l'Académie, embarrassé du choix, il en laissa la décision au roi de Prusse. Le roi la lui renvoya, suivant sa coutume, en ajoutant que, pour lui, il ne voudrait dans aucune société ni moine ni prince. M. de Maupertuis proposa dès lors à la société un sujet qui n'était que savant.

Il s'était flatté de trouver en province moins de déchaînement contre le roi de Prusse qu'à Paris. Il se trompa. Tous les jours il entendait des propos, des nouvelles si extraordinaires, qu'on pouvait à peine les pardonner à l'amour de la patrie. Il tâchait de réprimer son indignation. Mais la justesse de son esprit se révoltait souvent et s'armait pour le roi de Prusse de quelques traits qui faisait finir la conversation. Un jour qu'on soutenait devant lui que ce prince, bientôt écrasé par ce monde d'ennemis qu'il faisait alors trembler, rendrait les armes faute d'hommes et d'argent, excédé de ce discours : « Le roi de Prusse, dit-il, « fera la guerre tant qu'il lui restera un écu et « un soldat. »

Etonné des succès de Frédéric et surtout de cette campagne d'hiver où les heureuses négociations, les victoires complètes, les conquêtes de provinces, se succédèrent si rapidement, il disait que la tête du roi de Prusse était la plus forte de l'univers, puisqu'elle tenait contre l'ivresse de tant de gloire. Mademoiselle de Mondran[1] lui de-

[1] Célèbre par sa beauté et ses talents, depuis Madame de la Poplinière.

mandait au concert si l'on chantait des motets à ceux de Berlin : « En Prusse, lui répondit-il, on ne chante que des *Te Deum.* » 1758

Dès le commencement de la guerre il avait prévu comment elle se ferait; et sur ce qu'on lui représentait que certains actes de violence étaient opposés aux usages de toutes les nations, il avait dit qu'il n'y avait point de droit des gens. Il répétait souvent que rien n'était plus dangereux qu'un homme supérieur aux préjugés et surtout à celui qui met nos actions dans la dépendance des opinions de nos semblables. Cependant il n'approuvait point le livre *de l'Esprit*, par M. Helvétius, dont il estimait le désintéressement et condamnait les erreurs en disant : « Que met-il à la place « des vérités, ou, si l'on veut, des chimères qu'il « ravit au genre humain? »

Sa santé reprit assez de vigueur à Toulouse pour le mettre en état d'entreprendre de retourner à Berlin. Mais il n'était pas sans inquiétude. Depuis longtemps il n'avait point reçu de lettres du roi de Prusse; et M. de Voltaire en montrait et les faisait imprimer dans le *Mercure*. Il craignait un accueil froid à Berlin; il sentait qu'un Français ne pouvait être agréable dans une cour ou dans une armée prussienne. Il se rappelait les dégoûts qu'il avait essuyés durant la guerre précédente, et qu'en sa présence on s'était plu à exagérer nos pertes et à rabaisser nos victoires. Il prévoyait qu'à Berlin, dans la chaleur des contradictions, il

1758 ne serait pas toujours le maître de ses sentiments patriotiques; il savait que ce n'est pas en France qu'on est le plus Français.

Il dit adieu à tous ses amis jusqu'à la paix, et n'en excepta pas un seul de la loi qu'il se fit de rompre tout commerce avec sa patrie. Après de telles précautions, il n'était pas possible qu'il la quittât sans un vif regret. Quand on lui demandait comment il avait pu se résoudre à changer de maître, il répondait : « Ah ! vous n'avez point « vu le roi de Prusse ; il n'est point d'homme « qu'il ne s'attache quand il voudra se l'attacher ! »

mai. A Narbonne, il donna un jour à M. Marcorelle, son ami, qui s'était empressé de lui rendre agréable le séjour de Toulouse (où il avait passé plus de sept mois). Il donna un autre jour à M. Pitot, son confrère[1], en passant à Montpellier. Le spectacle d'une ville encore romaine au milieu de la France le retint quelques jours de plus à Nîmes. L'amphithéâtre lui donnait une plus haute idée du peuple roi que toutes les histoires que nous en avons. Mais quand il vit cette fameuse fontaine où le moderne est enté sur l'antique, sans goût et sans magnificence, où, au lieu de respecter des ruines précieuses qui auraient montré le plan de l'ancien édifice, on a bâti une promenade fortifiée, il dit que ceux qui avaient fait cette fontaine n'étaient pas dignes de laver les

[1] De l'Académie des sciences, directeur du canal du Languedoc.

pieds à ceux qui avaient bâti l'amphithéâtre. Son 1758
admiration pour ce magnifique monument ne pouvait se rassasier. Il était surpris que M. le maréchal de Richelieu ne l'eût pas rétabli et nettoyé de ces chaumières qui en déshonorent l'intérieur. Il trouva dans cette ville quelque chose de plus étonnant encore, un homme heureux : c'était M. Séguier, l'élève et l'ami du marquis Maffey de Vérone. M. de Maupertuis était moins frappé du savoir de cet homme universel que de l'inaltérable sérénité de son visage, où se peignait une âme exempte d'ambition, de désirs et de soucis.

Il abandonna son projet de voyage d'Italie et reprit le chemin de l'Allemagne. Il fit un séjour
de deux mois à Lyon, où il vomit des caillots de 28 mai-24 juil.
sang. Il se communiqua peu et n'eut guère de société que celle de la famille de M. Bruyzet, son libraire et son hôte. Cependant l'académie des sciences de Lyon lui rendit avec empressement des hommages que celle de Toulouse se reprochait de n'avoir pas prévenus.

Dès que ses forces le lui permirent, il partit de 24 juill.
Lyon pour Neuchâtel, où il ne jouit pas longtemps 25 juill.
du plaisir de se retrouver dans les Etats du roi de Prusse, et auprès de milord Marshall, son ancien ami, gouverneur de cette principauté. Sa poitrine, tous les jours affaiblie par de violentes secousses, lui causait des douleurs qu'une mort volontaire aurait terminées, si la religion ne lui avait ordonné de vivre. Cependant il tenait encore à la

1738 gloire; en apprenant la mort de Kœnig, il dit : « C'est un fripon de moins dans le monde; mais « qu'est-ce qu'un de moins ? »

Il profita des premiers moments de convalescence pour se traîner à Bâle, où MM. Bernoulli
16 oct. l'attendaient. Le cadet de ces illustres frères lui offrit sa maison. La santé de M. de Maupertuis y reprit d'abord des forces dans le sein de la philosophie et de l'amitié. Mais bientôt il écrivit à un
1759 2 fév. ami : « Je sors des portes de la mort et n'en suis pas « encore sorti. J'ai déjà une rechute. Je vois que je « n'irai pas loin. Mais il n'est pas difficile de mourir. »

Aux premiers soleils de la belle saison, il ramassa tout ce qu'il lui restait de forces pour porter aux pieds du roi de Prusse les derniers moments d'une vie qu'il lui avait consacrée. Le jour de son
17 avril. départ pour Leipsig était fixé. Mais à peine fut-il monté dans sa chaise qu'il fut saisi de si cruelles douleurs d'entrailles qu'il tomba sans connaissance. Le mal, siégeant jusqu'alors dans la poitrine, avait formé un abcès, dont l'évacuation l'avait souvent soulagé. Il passa dans les intestins et lui causa des douleurs qu'il souffrit avec plus de fermeté qu'il ne supportait les chagrins. « Je « ne suis point fâché, écrivait-il au même ami, « de mourir dans une terre étrangère. M. Bernoulli a un coin de son jardin à me donner. »

L'aspect de la mort ne l'effraya point. Il l'envisagea en philosophe et ne s'occupa que des consolantes vérités du christianisme. M. Bernoulli lui procura des prêtres catholiques. Le malade choisit les plus propres à le conduire simplement à Dieu : deux capucins d'un couvent voisin de Bâle vinrent régulièrement l'édifier et s'édifier avec lui. Cependant il dit un jour à madame Bernoulli que la religion chrétienne était bien effrayante. Il se faisait lire l'Ecriture sainte de la version de Genève par son domestique qui était protestant, et il disait que si son capucin le savait il lui en ferait un crime. 1759

Il comptait fort sur la miséricorde de Dieu, avec laquelle la bonté de son cœur ne pouvait concilier l'éternité des peines. M. Bernoulli lui représenta que le souverain degré de la foi était de croire tout ensemble que Dieu était infiniment bon et infiniment sévère, et que l'éternité des récompenses garantissait du reproche d'injustice l'éternité des peines. Je ne sais si M. de Maupertuis fut convaincu ; mais il est certain que son confesseur, content de ses dispositions, lui administra les sacrements que l'Eglise romaine réserve à la consolation des mourants. Peut-être crut-il inutile de soumettre à un capucin des doutes que la foi seule peut résoudre. Du reste, il parlait d'une autre vie avec espérance, de ses fautes avec repentir, du monde et de la gloire avec indifférence. Il brûla tous ses papiers, hors ceux que M. Bernoulli sauva des flammes. Il eût voulu anéantir jusqu'à ses ouvrages. Il chargea M. Bernoulli de demander aux différentes académies dont il était membre qu'on n'honorât sa mémoire d'aucun

1759 éloge. On lui fit révoquer un ordre qui, probablement, n'eût pas été suivi, et qu'on eût pu regarder comme un trait d'orgueilleuse humilité.

On ne remarquait plus en lui la moindre inégalité d'humeur. Toutes ses pensées étaient tournées vers le grand passage qu'il allait franchir. Il aimait à penser que les maux de cette vie étaient le gage des biens dont on jouirait dans l'autre. Et comme il croyait avoir toujours été malheureux, M. Bernoulli saisit plusieurs fois l'occasion de l'affermir dans l'idée qu'il convenait à la bonté de Dieu de nous tenir quelque compte des souffrances qu'il nous envoyait, et de notre résignation à les supporter.

Quelque attachement qu'il eût pour le roi de Prusse, il se reprochait et se confessait, pour ainsi dire, à son ami, comme d'une chose dont il demandait pardon à Dieu, d'avoir sacrifié sa patrie, sa famille et surtout son vieux père à l'ambition, et peut-être au dépit.

Malgré son mépris constant pour la médecine, il consulta sur sa maladie M. Tronchin et M. Bourdelin, son ancien ami, qui ne pouvaient être compris dans ce mépris ; il souffrit même que des médecins le vissent régulièrement, non pour mourir dans les bras de l'espérance, mais pour finir comme le reste des humains.

Il mit ordre à ses affaires. Il donna les biens qu'il avait en Prusse, et quelques actions de la Compagnie des Indes, à madame de Maupertuis,

et ceux qu'il avait en France à madame du Bos, 1759
sa sœur, qu'il chargea de tous les legs. Il laissa une petite pension à M. l'abbé de Courte de la Blanchardière, son compatriote et son ami, et sa bibliothèque de Saint-Malo à M. de la Primerais, son cousin germain et son exécuteur testamentaire. Il légua par le même testament, à M. de La Condamine, une belle pierre d'aimant qui levait plus de soixante livres : legs semblable à celui que fit le chevalier Newton à M. de Maclaurin. Il avait d'abord, et par un premier testament, disposé de sa bibliothèque de Berlin en faveur de M. de La Condamine ; mais il se rappela que, par son contrat de mariage, elle devait revenir à sa femme, comme faisant partie de ce qu'il avait porté en Allemagne. M. Bernoulli, son hôte, reçut des marques d'amitié, malgré ses refus. Madame Bernoulli lui parut digne de cette montre de Graham qu'il tenait de l'empereur. Il finit par prier ses héritiers de faire prier Dieu pour lui. Il n'y parla point de Philippe Moreau, son fils naturel, qu'il avait envoyé fort jeune à la Chine ; il se contenta de le recommander par lettres à M. Magon, son neveu, gouverneur des îles de France et de Bourbon, qui s'était déjà chargé de son éducation. Il écrivit au roi de Prusse et à quelques-uns de ses amis dont le souvenir lui était encore cher.

Après l'affaire de son salut, ce qui l'occupait le plus, c'était sa chère Eléonor. Il craignait qu'elle ne fût en chemin, qu'elle ne sût son état,

1759 qu'elle ne fût exposée aux dangers d'un si long voyage. Il en était dans les plus vives inquiétudes. Il ne parlait que d'elle, sûr qu'elle ne pensait qu'à lui. Il relisait ses lettres, se les faisait relire, et ne se lassait point d'en *savourer* les tendres sentiments. Loin de souhaiter de mourir sous ses yeux, c'était ce qu'il appréhendait le plus. Elle lui demanda la permission de venir à Bâle : il ne voulut pas y consentir, parce qu'alors il n'avait aucune espérance d'échapper à la mort; mais dès que l'abcès se fut ouvert, la plaie, parfaitement belle, promettant une guérison entière quoique lente, il la pria de se rendre auprès de lui. Cette lettre fut à peine partie, que les intestins s'ouvrirent, et la gangrène se manifesta. Aussitôt il fit écrire à madame la baronne de Wolden d'empêcher sa sœur de partir, si elle était encore à Berlin. Elle en était partie sur une précédente lettre de M. de La Condamine. On lui dépêcha une estafette, qui la joignit à Magdebourg et la ramena à Berlin. Là, elle apprend le danger qui menace les jours de son mari. Soudain elle repart; elle espère que sa présence prolongera sa vie, ou du moins adoucira ses douleurs.

Cependant M. de Maupertuis touchait à l'agonie. Affaibli par une diarrhée continuelle, il consumait sa propre substance. Immobile dans son lit, la langue desséchée, la voix éteinte, ne prenant que de l'eau sucrée, à peine donnait-il quelques signes de vie. Les plus jeunes enfants de

M. Bernoulli étaient sans cesse occupés à chasser 1759
les mouches de son visage; M. et madame Bernoulli tenaient presque toujours une de ses mains dans les leurs. Mais, tandis qu'ils remplissaient les plus tendres devoirs d'une pieuse amitié, ils remarquaient avec douleur qu'il souffrait de les voir souffrir, et qu'*une mort si tardive lui paraissait bien embarrassante.*

Il n'était déjà plus qu'une ombre, et M. de Voltaire menaçait de la poursuivre. Il écrivait de tous côtés des lettres noircies du venin de la haine la plus récente. Le mourant en fut instruit, ainsi que d'un bruit scandaleux que son ennemi venait de répandre contre lui. Il parut affligé de ce dernier trait. M. Bernoulli lui rappela que le Dieu de charité mourant pour nous avait prié pour ses bourreaux. M. de Maupertuis se recueillit un moment. Honteux qu'un si léger ressentiment eût paru avoir besoin d'un si grand exemple, il dit qu'il pardonnait de bon cœur à M. de Voltaire.

Cependant M. Mérian, qui accompagnait madame de Maupertuis, prit les devants en la laissant à Strasbourg, et arriva le premier à Bâle. Il trouva M. de Maupertuis dans le délire, prêt à rendre les derniers soupirs, parlant sans cesse de son Eléonor, demandant de l'encre et du papier pour lui écrire, et n'ayant plus de son âme que le sentiment. M. Mérian reprit la route de Strasbourg, pour épargner ce spectacle à madame de Maupertuis; mais, impatiente de tant de délais,

1759 elle s'était avancée; déjà elle n'était qu'à une lieue de Bâle. Elle trouva sur ses pas un convoi funèbre : c'étaient les tristes restes de son mari qu'on portait au bourg de Dornach [1], pour y être enterrés dans une église catholique [2].

Elle ne resta que trois jours à Bâle, d'où elle se rendit à Wetzlaer, auprès de M. de Borck, son frère. Le roi de Prusse la rappela, et lui donna la charge de grande-maîtresse de la maison de madame la princesse Amélie.

Telles furent la vie et la mort d'un homme qui ne péut être indifférent à la postérité, puisqu'il recula les bornes des connaissances utiles.

M. de Maupertuis avait un extérieur qui ne déplaisait qu'au premier coup d'œil. Sa taille était ramassée; son corps, toujours en mouvement. Son visage était plein, carré, ses yeux ronds mais remplis de feu. Il était d'une humeur inégale, d'une conversation vive et sèche, d'une probité scrupuleuse. Bon parent, tendre époux, académicien assidu, ennemi généreux, il eut quelques défauts et beaucoup de vertus. L'univers connaît son esprit. Ses amis, qui lui connaissaient un cœur encore plus excellent, ne sont point surpris que cette partie de lui-même ait disparu la dernière.

[1] Canton de Soleure.
[2] Il mourut le 27 juillet 1759 (M. A.).

Nous avons pensé que les deux lettres suivantes, écrites peu de jours après la mort de Maupertuis, pourraient offrir quelque intérêt à nos lecteurs, et nous les plaçons ici comme un complément de l'histoire de sa vie. (M. A.)

LETTRE DE M. J. BERNOULLI A M. DE LA BEAUMELLE.

(*Timbre de Bâle.*) A Monsieur

Monsieur de la Beaumelle,

chez M. Catala,

Croix Baragnon.

à Toulouse.

Bâle, ce 3 aoust 1759.

Monsieur,

Votre lettre n'a plus trouvé M. de Maupertuis en vie; il était mort dès le 27, et elle n'est arrivée que le 30. Madame de Maupertuis m'a dit qu'elle aurait l'honneur de vous répondre de Wetzlar, où elle est allée passer quelques mois chez madame sa sœur.

Vous me demandez, Monsieur, des particularités de la fin de ce cher et illustre ami; j'aurai bien de la peine à vous satisfaire, et pour bien des raisons : premièrement, parce que je voudrais pouvoir oublier pour quelque temps jusqu'à son existence, tant le souvenir de ses souffrances et de sa mort me déchire le cœur; une seconde raison, c'est que ce que vous me demandez a l'air d'un morceau d'éloge historique, et serait, par conséquent, au-dessus de mes forces; enfin, pour n'ajouter que cette troisième raison, j'étais si accablé, si anéanti pendant la cruelle maladie de notre ami, tant par mes propres affaires que par les siennes que je conduisais et par l'excès de mon affliction, que j'étais hors d'état de faire assez attention à ce qui se passait, quoique je fusse témoin de tout, pour m'en souvenir aujourd'hui distinctement et en détail. Cependant, si vous vouliez analyser votre demande et la résoudre en une douzaine de questions assez simples pour que je pusse répondre à chacune en trois mots, je tâcherais d'y répondre de mon mieux. M. de La Condamine, avec qui j'ai entretenu une correspondance assez vive sur ce qui regardait M. de Maupertuis, depuis que celui-ci n'a plus été en état de lui écrire, pourra peut-être vous faire part de quelques-unes de ces particularités que vous souhaitez de savoir; je dis *peut-être*, car, en vérité, je ne me souviens plus de ce que je lui ai écrit.

Au reste, Monsieur, vous avez bien raison d'être inconsolable de la perte que nous avons faite. Vous êtes un de ceux qui perdent le plus; et j'ai eu lieu de me convaincre, en plus d'une conversation, que M. de Maupertuis vous était bien tendrement attaché; mais jamais cela n'a paru davantage que lorsqu'il me parlait des derniers conseils qu'il vous a donnés. Il paraissait si persuadé de leur bonté, et tellement désirer que vous les suivissiez, que, quand vous ne voudriez pas les suivre pour l'amour de vous-même, vous devriez le faire pour l'amour de sa mémoire, que vous vous proposez à si juste titre de chérir et de vénérer toute votre vie. Il a eu tout le temps, pendant sa longue maladie, de trier ses amis comme il a trié ses papiers; je vous assure, Monsieur, qu'il a fait un grand rebut et des uns et des autres; mais le billet qu'il vous a écrit si près de la mort est une preuve bien convaincante que vous êtes demeuré sur le volet jusqu'au bout. Quant à ses ennemis, il est mort à leur égard dans les dispositions les plus chrétiennes; il lui est revenu peu avant sa mort que M. de Voltaire répandait certain bruit désobligeant sur son compte : je remarquai que cela lui faisait de la peine, et lui dis à cette occasion que, plus M. de Voltaire lui offrait une ample matière de pardonner, plus le mérite du pardon serait grand; il m'assura là-dessus qu'il lui avait parfaitement pardonné.

J'ai l'honneur d'être avec un parfait dévouement,

Monsieur,

Votre très humble et très obéissant serviteur,

J. Bernoulli.

LETTRE DE MADAME DE MAUPERTUIS A M. DE LA BEAUMELLE.

(*Timbre d'Allemagne.*) A Monsieur

Monsieur de la Beaumelle,

chez M. Catala, à Toulouse, Croix

Baragnon.

à Toulouse.

A Wetzlar, le 4 d'août 1759.

Monsieur,

Votre lettre m'est parvenue à Bâle deux jours après la mort de mon mari ; j'ai été sensible comme je devais l'être, et à votre affliction et à la part que vous prenez à ma juste douleur. Oui, Monsieur, vous avez raison de dire que vous perdez un véritable ami ; je sais combien de cas faisait M. de Maupertuis et de vos talents et de votre caractère ; je vous suis obligée d'avance de ce que vous allez faire pour sa mémoire ; je ne doute point que vous n'en soyez récompensé par l'applaudissement général dont jouissent à si juste titre tous vos écrits ; mais la récompense la plus douce, vous la trouverez au fond de votre cœur. Je fais des vœux pour votre conservation, et j'ai l'honneur d'être avec une estime distinguée,

Monsieur,

Votre très humble et très obéissante servante,

La veuve de MAUPERTUIS,
née DE BORCK.

LETTRES ET BILLETS

INÉDITS

DU ROI DE PRUSSE ET DE M. DE MAUPERTUIS

LETTRES ET BILLETS

INÉDITS

DU ROI DE PRUSSE ET DE M. DE MAUPERTUIS

I

DU ROI A MAUPERTUIS [1].

Remusberg, 20 juin 1738.

Monsieur de Maupertuis, j'attends avec impatience le beau livre que vous m'envoyez. C'est le fruit de vos recherches philosophiques [2]; ce sera

[1] Cette lettre a déjà paru en partie dans le t. XVIIe des *Œuvres de Frédéric le Grand,* Berlin, 1851, in-8°. — Elle est la première des sept lettres qui forment dans ce vol. pages 333 et suivantes la Correspondance de Frédéric avec Maupertuis. (M. A.)

[2] *La figure de la terre, déterminée par les observations de MM. de Maupertuis, Clairault, Camus, Le Monnier, Outhier, Celsius, etc., au cercle polaire.* Paris, imprimerie royale, 1738; in-8°, figures. (M. A.)

ma lecture favorite dans ma retraite. La nature ne peut que se dévoiler à des personnes qui l'étudient avec tant de soin et de sagacité. Quoique le sujet traité dans cet ouvrage demande des connaissances profondes de mathématiques et d'astronomie spéculative, je ne le lirai pas avec moins de plaisir, parce que j'en aurai occasion de vous demander l'explication de ce que je n'entendrai pas et que vous aurez celle de m'instruire. Le roi, mon père, m'a élevé dans l'ignorance. Si vous daignez être mon maître, je n'envierai point à Alexandre d'avoir été le disciple d'Aristote.

Je suis, Monsieur de Maupertuis, votre affectionné,

FÉDÉRIC.

II

DU ROI A MAUPERTUIS[1].

(Juin 1740.)

Mon cœur et mon inclination excitèrent en moi, dès le moment que je montai sur le trône,

[1] Cette lettre est la seconde des sept qui composent la Correspondance de Frédéric avec Maupertuis, dans le XVIIe vol. in-8° des *Œuvres de Frédéric le Grand.* — Nous avons été autorisé à la joindre à notre recueil. (M. A.)

le désir de vous avoir ici pour que vous donnassiez à l'Académie de Berlin la forme que vous seul pouvez lui donner. Venez donc, venez enter sur ce sauvageon la greffe des sciences afin qu'il fleurisse. Vous avez montré la figure de la terre au monde, montrez aussi à un roi combien il est doux de posséder un homme tel que vous, etc.

III

DU ROI A MAUPERTUIS.

A Kœnigsberg, 14 juillet 1740.

Monsieur de Maupertuis, vous ne sauriez me prévenir, et il est juste que le besoin aille au devant de ce qui peut le satisfaire. Ma voix et mon cœur vous ont appelé, dès le moment que je suis arrivé au trône, avant même que vous m'eussiez écrit. Je travaille à inoculer les arts sur une tige étrangère et sauvage. Votre secours m'est nécessaire. C'est à vous de voir si l'emploi d'établir et d'étendre les sciences dans ce climat, ne vous sera pas aussi glorieux que d'avoir appris au genre humain de quelle figure est le continent qu'il cultive. Je me flatte que la profession d'apôtre de la vérité ne vous sera pas désagréable, et que vous

vous déciderez en faveur de Berlin par amour pour elle, si ce n'est par amitié pour moi. Vous ne sauriez croire combien je désire de vous avoir. Donnez-vous à moi, je vous en prie, je vous en conjure, je vous en supplie; il est temps que les princes rampent auprès des philosophes : les philosophes n'ont que trop rampé auprès des souverains. Avec quel plaisir je recevrai vos instructions, et je jouirai de vos lumières!

Votre très affectionné,

FÉDÉRIC.

IV

DE MAUPERTUIS AU ROI.

7 novembre 1740.

Sire,

J'ai dressé suivant vos ordres le plan d'une Académie. Dès que Votre Majesté le souhaitera, je suis prêt à lui rendre compte de tout ce que j'ai mis en ordre sur cette matière, d'après les conversations que j'eus l'honneur d'avoir avec elle à Berlin.

Quant à la magnifique pension que V. M. me destine, permettez-moi, Sire, de lui faire mes très respectueux remercîments, et de ne point recevoir une récompense si supérieure à mon travail. Permettez-moi de prouver à V. M., par des services désintéressés, mon attachement pour elle et mon zèle pour le progrès des sciences.

L'honneur que m'a fait V. M. de m'approcher de sa personne et de me croire capable de servir à sa gloire, est pour moi d'un si grand prix, que je n'ai plus qu'à lui demander de n'y pas joindre d'autre récompense, et de me permettre de le goûter dans toute sa pureté.

D'ailleurs, si je recevais une si forte pension pour de si légers services, je craindrais d'en être moins propre aux vues de V. M. Vos sujets pourraient croire que je profite de votre goût pour les sciences, pour en retirer des avantages personnels. Cette idée me nuirait dans l'esprit d'une nation, dont il m'importe d'être estimé. Je reçois déjà de la France des pensions considérables. Je serais accusé d'avidité, si j'en recevais de la Prusse pour des services qui ne sont pas encore rendus. Enfin une si forte pension donnée à un étranger, et à un étranger qui n'a pas plus de mérite que plusieurs membres de l'Académie, causerait de mauvais effets dans cette Société naissante. Et si V. M. m'honore de sa confiance pour la direction de cette Académie, il m'est de la plus grande importance d'être aimé et estimé de tous ceux qui la composeront, et que le ver rongeur de l'envie ne la dévore pas dès ses commencements.

Je suis avec le plus profond respect et la plus vive reconnaissance,

Sire, etc.

V

DU ROI A MAUPERTUIS.

8 novembre 1740.

J'admire autant votre désintéressement que je le désapprouve, et je garderai votre lettre comme un monument de votre vertu; mais à votre tour vous garderez la pension que je vous ai assignée comme un faible témoignage de mon estime. Que dirait Horace, de vous voir refuser les marques d'amitié d'un souverain, lui qui accepta les bienfaits d'un sujet? La philosophie est une maîtresse qu'il faut servir pour elle-même. Mais les sages doivent-ils n'avoir aucune part aux biens de ce monde, parce qu'ils l'éclairent? J'aime la gloire comme un autre. Mais je ne crois pas cette gloire ternie par la magnifique pension que je reçois de mon peuple; il est juste que ce peuple, au bonheur duquel je contribue par mes travaux, contribue à son tour à mes plaisirs. Croyez-moi, tous les hommes, depuis le plus petit jusqu'au plus grand, sont aux gages les uns des autres. J'espère donc, mon cher Maupertuis, que tout bien pesé vous me permettrez de commencer à acquitter ma patrie envers vous[1].

FÉDÉRIC.

VI

DE MAUPERTUIS AU ROI.

A Berlin, 24 décembre 1740.

Sire,

Je me donnerais bien de garde de parler à tout autre roi, d'Académie, pendant que je le verrais occupé à conquérir des provinces. Mais Votre Majesté peut faire à la tête de ses armées ce que les autres rois ne feraient que dans le plus grand repos.

Messieurs Bernoulli, géomètres de Bâle, sont deux provinces qu'il ne tiendra qu'à V. M. de conquérir. Il ne vous en coûtera pour l'un que deux mille écus d'Allemagne et quinze cents écus pour l'autre. Plus charmés encore du bonheur de servir V. M. que flattés des récompenses qui y seront attachées, ils sont très disposés à s'établir à

[1] M. de Maupertuis persista dans son refus jusqu'en l'année 1745. (Note de La Beaumelle.)

Berlin. Avec ces Messieurs, que nous aurons bientôt; M. Euler, que nous tenons déjà; M. le Monnier, que j'ai en vue pour l'astronomie; et moi, que mon zèle pour votre service, plutôt que mon talent, met à côté de ces hommes illustres, je vois déjà l'Académie de V. M. plus forte qu'aucune Académie qui soit en Europe.

J'attends les ordres de V. M., et je suis avec le plus profond respect, etc.

VII

DU ROI A MAUPERTUIS.

A Breslau, 5 janvier 1741 [1].

Mon cher Maupertuis, je suis bien fâché de n'avoir pas répondu plutôt à votre lettre. Mais les rois et les guerriers font si rarement ce qu'ils veulent ! J'ai ici une autre espèce de problème à résoudre, qui me donne bien du fil à retordre. Notre géométrie va, grâce à vos bonnes influences, parfaitement bien. Dès que j'aurai achevé de régler la figure de la Silésie, je retournerai à Ber-

[1] Frédéric était entré en vainqueur dans Breslau le 3 janvier, après avoir envahi la Silésie, à la fin de 1740. — Cette guerre fut terminée par la paix de Breslau, en juillet 1742. (Is. A.)

lin, et nous songerons à notre Académie. Adieu, cher Maupertuis, un peu de patience, et vous serez contenté sur tout ce que vous souhaitez. Je ne vous ai point sollicité de venir chez moi pour vous y faire jouer le personnage de solliciteur. Mais vous savez qu'on ne peut être à tout, et qu'une province est bonne à prendre. Vous aurez la Silésie de plus à instruire. Ne m'oubliez pas, et soyez persuadé de la parfaite estime avec laquelle je suis votre bien bon ami.

FÉDÉRIC.

VIII

DU ROI A MAUPERTUIS.

(Sans date).

Monsieur de Maupertuis, j'ai reçu votre lettre, comme je reçois tout ce qui me vient de vous, avec cette joie qu'inspire l'amitié. Vous me félicitez sur le mariage de la princesse Ulrique[1]. Je

[1] La princesse Louise Ulrique épousa le 17 juillet 1744 Adolphe Frédéric de Holstein-Eutein, qui venait d'être élu prince royal de Suède le 3 juillet. — Ce fut au moment des fêtes de ce mariage que Frédéric quitta Berlin, le 13 août, pour attaquer les Autrichiens, contre lesquels il venait de se déclarer en accédant à l'union de Francfort, conclue le 22 mai entre l'empereur Charles VII, le roi de France, l'électeur palatin, Charles-Philippe et le landgrave de Hesse-Cassel, Frédéric, roi de Suède. (Voy. l'*Hist. de Frédéric le Grand*, par Camille Paganel, 1830, 2 v. in-8°, t. Ier, page 272.) (Is. A.)

suis fort sensible à votre attention et aux vœux que vous faites à cet égard, parce que je suis persuadé de leur sincérité. On m'a remis de votre part votre *Astronomie nautique.* Ce sont des matières que je n'entends point. Mais je suis bien aise d'avoir tout ce qui vient de vous. Ce sont des oracles que je ne pénètre point ; mais je révère le dieu qui les prononce. Soyez longtemps utile à votre patrie et au monde savant ; comptez sur l'estime que j'ai pour votre personne et pour vos talents. Je suis, Monsieur de Maupertuis, votre bien affectionné.

FÉDÉRIC.

IX

DE MAUPERTUIS AU ROI.

(1744).

Sire,

Permettez-moi de vous proposer un problème que V. M. seule peut résoudre.

Si un philosophe était amoureux, si un simple gentilhomme aspirait à la main d'une fille de la première qualité, si cent difficultés le décourageaient dans ses prétentions, comment devrait-il s'y prendre pour engager son prince à les aplanir?

X

DU ROI A MAUPERTUIS.

(1744).

Comme vous vous y êtes pris. L'amant doit toujours s'ouvrir à son ami. Je vous remercie de votre confidence. Je demanderai pour vous mademoiselle de Borck à la reine, ma mère, qui, à son tour, en fera la demande à ses parents. Je suis si charmé d'un établissement qui vous fixe auprès de moi, que je ne vous ferai point la guerre sur votre passion. Il est pourtant bien consolant, pour les âmes vulgaires, de voir cette sublime philosophie démontée par deux choses aussi frivoles que l'amour et la beauté. Je suis votre bien affectionné.

FÉDÉRIC.

XI

DU ROI A MAUPERTUIS.

1745.

Mon cher Maupertuis, la Renommée, qui ne se tait jamais, est venue de Paris ici, à Camens, pour m'apprendre de quelle façon vous vous y êtes pris pour obtenir de votre souverain la permission de transporter votre domicile à Berlin. Le roi de France a tant d'avantages sur moi! Mais j'aurai donc sur lui celui de vous posséder. Je vous assure que votre procédé me touche infiniment. Je vous en aime et vous en estime davantage. Ou je mourrai bientôt, ou je vous en témoignerai ma reconnaissance. Adieu.

FÉDÉRIC.

XII

DU ROI A MAUPERTUIS [1].

Au camp de Rusec, ce 10 juillet 1745.

Mon cher Maupertuis, j'ai reçu votre lettre qui m'annonce votre départ prochain de Paris. Vous

[1] Le 8 janvier 1745 l'Autriche avait conclu une quadruple alliance

croyez bien que cette nouvelle m'a fait grand plaisir. C'était une consolation dont j'avais besoin, après la perte que je viens de faire de mon pauvre ami Jordan. Il a rendu le dernier soupir le 25 de mai, après avoir beaucoup souffert. C'est pour le public une perte, et pour moi un grand sujet d'affliction, à laquelle je suis persuadé que vous prenez part. Le sacrifice que vous me faites est grand : et je ne sais si un souverain est en état de vous en dédommager. Vous connaissez mes sentiments pour vous. Mais qu'est-ce qu'un nouvel ami, en comparaison de vos anciens amis, de votre patrie, de vos parents? Je continue à guerroyer depuis que vous m'avez vu partir de Berlin. Je voudrais bien que cet esprit de vertige qui règne à présent dans l'Europe entière fît enfin place au bon sens, et que ces intelligences ambitieuses et atrabilaires, qui président à la politique, fussent une fois assouvies du sang humain

avec l'électeur de Saxe, Frédéric-Auguste III, le roi d'Angleterre et la Hollande, contre Frédéric. — Après la mort de l'empereur Charles VII, arrivée le 20 janvier, elle avait signé, le 22 avril, la paix de Fuessen avec son fils, Maximilien-Joseph, électeur de Bavière, et enfin elle avait réussi à faire entrer dans la quadruple alliance la Russie et la Pologne. Pour résister à une aussi formidable coalition Frédéric n'avait d'autre allié que la France. Tandis que les Français battaient les Anglais à Fontenoy, le 11 mai—Frédéric marchait contre les Autrichiens et les Saxons, commandés par le prince Charles de Lorraine et le duc de Saxe-Weissenfels; il venait de gagner sur eux, le 4 juin, la bataille de Hohen-Friedberg—et d'acquitter, selon ses propres termes, la lettre de change tirée sur lui par Louis XV à Fontenoy — lorsqu'il écrivit cette lettre. (Voy. l'*Hist. de Frédéric le Grand*, par Camille Paganel, t. Ier, pag. 284-302.) (Is. A.)

qu'elles font verser. Alors, mon cher Maupertuis, alors nous pourrions philosopher à notre aise. J'emploierais tantôt à la spéculation, tantôt au plaisir, ces moments que je n'emploie malheureusement aujourd'hui qu'à la destruction de l'espèce humaine. Je me contente à présent de dire avec Horace :

Cher vaisseau, qui portes Virgile
Sur le rivage athénien,
Viens aborder un port tranquille,
Où, pour lui, je ne craigne rien.
Ainsi, sur la liquide plaine,
Te conduise la main des dieux,
Et des zéphirs la douce haleine
Loin de toi les vents furieux.

XIII

DU ROI A MAUPERTUIS.

Au camp de Sémonitz, 4 septembre 1745.

Mon cher Maupertuis, j'avais prévu en quelque façon la perte de Jordan. Cependant sa mort m'a accablé. Je ne prévoyais pas du tout la perte de Keyserlingk[1]. J'ai vécu onze ans avec le premier, et dix-sept avec le second. L'un avait formé mon

[1] Mort le 13 août 1745. (Is. A.)

esprit et mes mœurs; l'autre était le dépositaire de mes plus secrètes pensées, et l'homme de toutes les heures. Jugez de mon étourdissement à la première nouvelle, et du désespoir qui l'a suivi. Certainement il ne me reste plus guère à perdre. La vie! qu'est-elle sans l'amitié? Si, en coupant les racines d'un arbre, on en facilite la chute, le ciel, en me privant d'amis qui m'attachaient au monde, rend ma situation, ma manière d'être, bien indifférente; le départ du monde me devient bien facile. J'avoue que la philosophie que je cultive, ne m'a pas été fort utile dans ces moments : je ne parle pas de cette philosophie sublime où vous excellez; mais de celle pratique et morale qui nous promet de fortifier notre âme contre l'adversité. J'avais compté sur elle, et je vois son inutilité, ou du moins son insuffisance. Elle ne m'empêche point d'aimer à toucher mes blessures, et je ne les touche point sans les envenimer. J'ai lu avec attention les *Tusculanes* de Cicéron; mais quelle différence, entre raisonner et sentir! On peut spéculer, quand les afflictions sont dans le silence; mais, de ces spéculations, qu'il y a loin à la force qu'il faut pour vaincre une faiblesse, que la vertu même semble autoriser! Ne trouvez pas mauvais que je ne vous parle que de moi-même, dans une lettre où je devrais vous témoigner ma satisfaction sur votre arrivée dans mes Etats. Vous êtes trop philosophe pour y trouver à redire. Quel est l'homme qui ne conserve pas le triste droit de se plaindre, quand on lui arrache le cœur et les entrailles?

Je suis votre parfait ami,

FÉDÉRIC.

XIV

DE MAUPERTUIS AU ROI.

21 septembre 1745.

Sire,

Un bien que j'estimais déjà beaucoup, devient encore plus précieux pour moi lorsque je le regarde comme une grâce que V. M. m'accorde. J'étais déjà l'homme le plus heureux de vous appartenir. Mon bonheur s'accroît par chaque nouveau lien qui me rend votre sujet. Mais, dans le temps, Sire, où j'éprouve votre bonté, j'en vois avec douleur de trop grands effets. Des villes prises, des batailles gagnées, des victoires qui vous suivent partout, des actions dont chacune occuperait un héros tout entier, ne sauraient faire de diversion aux regrets dont V. M. honore les cendres de ses amis. Ah! Sire, un courage qui affronte les plus grands périls, un esprit qui mesure toutes choses, ne pourront-ils supporter cette perte? Je sais quels sont les droits de l'amitié sur un cœur tendre et généreux; je sais quel était le mérite de ceux que vous pleurez, combien surtout leur attachement pour V. M. les rendait respectables. Mais la plus juste douleur a des bornes; et, sans doute, l'étendue de votre esprit les connaîtra. Si je me croyais capable de réparer une petite partie des pertes que V. M. a faites, si je croyais pouvoir lui porter quelque consolation, ou diminuer un peu sa douleur, je n'attends qu'un mot pour m'aller mettre à vos pieds.

Dans le temps que V. M. est si occupée des plus tristes comme des plus grands objets, dans le temps qu'elle me comble de ses grâces, je vois avec la plus vive reconnaissance et la plus grande admiration que ses soins s'étendent à tout, et qu'elle a des bienfaits d'un autre genre, qui ne me seront précieux qu'autant qu'ils seront des marques de la bienveillance de V. M., et qu'ils me mettront à portée de la servir avec honneur dans la place qu'elle me destine.

Je suis, avec le plus profond respect, etc.

XV

DU ROI A MAUPERTUIS.

Ce 26 septembre 1745.

Mon cher Maupertuis, vous qui êtes amoureux et qui connaissez, par conséquent, l'empire des passions, pouvez-vous prétendre que je bannisse de mon cœur la sensibilité? Croyez-moi, on peut aussi peu vaincre l'affliction que l'amour. La nature ne nous a donné pour armes que des arguments; et ces armes sont aussi faibles, quand il faut combattre contre les sens ou contre le cœur, que l'étaient ces fabuleuses trompettes de Jéricho dans un autre cas. Pensez que Cicéron, malgré tous les secours de la philosophie, fut plus d'une année à vaincre la douleur qu'il avait de la mort de sa chère Tullie. Pour moi, qui n'ai pas l'honneur d'être Cicéron ni d'en approcher, j'ai perdu deux parents, deux amis, que je ne retrouverai plus. Soyez persuadé que je ne nourris point ma douleur. Il n'y a nul plaisir à s'affliger; et je passerais volontiers l'éponge sur le temps passé. Il faut de la force d'esprit, et malheureusement je n'en ai plus. J'ai usé les lieux communs à force de me les répéter; je ne puis rien espérer que du temps. J'ai lu quelque part qu'un philosophe stoïcien dit froidement à ceux qui le consolaient de la perte de son fils unique : « Je savais bien qu'il n'était pas immortel. » Ce mot ne prouve autre chose, sinon que ce Grec avait l'esprit féroce et le corps léthargique. Le meilleur est donc, mon cher Maupertuis, que vous conserviez votre amour et moi ma douleur, jusqu'à ce que le temps nous guérisse, puisque l'un et l'autre sont dans l'ordre de la nature. Je vous souhaite beaucoup de bonheur avec votre Christine réalisée. Réussissez autant dans votre amour de Berlin que vous avez réussi dans vos découvertes en Laponie. Adieu.

FÉDÉRIC.

XVI

DE MAUPERTUIS AU ROI.

5 octobre 1745.

Sire,

Dans le temps que je crois V. M. occupée à lire les *Tusculanes*, elle donne des batailles et remporte des victoires ; elle fait éclater les sentiments les plus tendres pour ceux qu'elle a aimés, et fait périr des milliers d'Autrichiens. Aussi redoutable ennemi qu'ami fidèle, aussi grand roi qu'aimable homme, philosophe, législateur, conquérant, vous êtes tout ce que vous voulez être. Je ne vous dis point, Sire, quelle joie je ressens de vos victoires; l'honneur que j'ai d'être votre sujet, et plus encore mon penchant naturel, m'y fait prendre le plus grand intérêt. Mais je ne cacherai point mes craintes à V. M. Je crains pour elle des périls qu'elle répète trop souvent. Je crains que de si grands succès ne lui inspirent trop de goût pour un métier qu'elle aime déjà trop, et qui n'est pas celui qui rend les hommes heureux. Quel moment, Sire, je prends pour vous parler des biens de la paix! Le moment où rien ne résiste à vos armes, et où la terre est couverte des cadavres de vos ennemis!

XVII

DU ROI A MAUPERTUIS.

Au camp de Trautenau, 10 octobre 1745.

En effet, mon cher Maupertuis, je lisais les *Tusculanes*, lorsqu'on vint m'avertir que le prince Charles de Lorraine avait deux mots à me dire[1].

[1] Frédéric fait allusion à la bataille de Sohr qu'il avait gagnée le 30 septembre contre les Autrichiens, commandés par le prince Charles de Lorraine. (Is. A.)

Il fallut bien y aller, et ce n'est pas ma faute si nous nous sommes battus. Soyez persuadé que le sang humain m'est trop précieux pour que je veuille le répandre sans une grande nécessité. L'amour de la réputation ne me fera jamais commettre de crimes. Je suis plus philosophe que je ne vous le parais à la tête d'une armée, et vous me verrez cultiver les vertus civiles avec autant d'empressement et de goût que je me suis appliqué, pendant la guerre, aux parties de cet art auxquelles mon devoir m'obligeait de me livrer. J'espère d'être à Berlin le 3 de novembre, et de voir les myrtes de Cypris ombrager la tête d'un philosophe que l'Europe admire. Mon amour-propre applaudit aux faiblesses des grands génies. Je vois avec complaisance la métamorphose d'un enfant d'Uranie en Céladon. Peu de personnes entendent le langage de l'algèbre; mais il ne faut point de maître pour entendre celui de l'amour. Adieu, mon cher Maupertuis; je me fais un vrai plaisir de vous assurer bientôt de vive voix de l'estime que j'ai pour vous.

Fédéric.

XVIII

DU ROI A MAUPERTUIS.

Ce 11 octobre 1745.

Mon cher Maupertuis, je vous félicite sur votre mariage. Vous avez bien choisi : vous serez heureux, si l'on peut l'être sur la terre. Mais tandis que je prends tant de part à ce qui vous fait plaisir, ne serez-vous point compatissant à ce qui me fait une douleur mortelle? Nous donnons des batailles et prenons des villes ; mais nous ne ressusciterons ni les Jordans, ni les Keyserlingks, et sans eux la vie m'est une vallée de douleur. J'ai pensé à vos finances, autant que me l'a permis la multitude d'affaires qui m'accablent et le chagrin qui ronge mon cœur. Adieu. Que votre âme ne soit jamais navrée d'une douleur pareille à la mienne ! et que la personne que vous unissez à votre destinée vous donne toutes les douceurs, tous les agréments, tous les plaisirs que vous en attendez ! Que ne vous doit-elle pas, puisque vous avez cessé d'être philosophe pour elle ?

FÉDÉRIC.

XIX

DE MAUPERTUIS AU ROI.

17 octobre 1745.

Sire,

Puisque c'est vous, je ne m'en étonne point. Mais je m'étonnerais beaucoup si l'on me disait de tout autre, qu'immédiatement après avoir gagné une bataille, il s'entretient avec son philosophe et l'honore d'une lettre que les plus oisifs et les plus beaux esprits des Académies ne feraient pas. C'est là, Sire, ce qui caractérise le plus V. M. C'est cette étendue d'esprit, et d'un esprit universel. Il y a eu des Alexandres et des Charles XII qui vous ressemblaient dans la partie du conquérant; mais il n'y a que Fédéric qui porte la philosophie et les grâces dans son camp, et l'enjouement et la sérénité dans les plus grands périls.

Quant à la passion dont V. M. me parle, j'ose dire que je regarde mon établissement plutôt comme le remède que comme l'effet des passions. Un tel lien fixe le cœur, tranquillise l'esprit, et rend plus attaché à ses devoirs. J'espère en convaincre V. M., et je ne regarderai jamais l'épouse la plus chérie que comme une ressource pour les moments où il ne me sera pas permis d'être à vos pieds.

Vos bontés pour moi, Sire, ne se bornent pas à des lettres charmantes. J'apprends par M. le comte de Podewils que V. M. m'a assigné 1300 écus de pension sur l'abbaye de Saint-Mathieu de Breslau. Il m'a dit aussi que V. M. avait pris d'autres arrangements pour la pension qu'elle me destine; et, quoiqu'il ne m'ait rien dit de précis sur ce point, je n'en rends pas moins de grâces à V. M., et j'admire que, chargé du destin de l'Europe, elle puisse encore s'occuper du mien.

Je suis, etc.

XX

DU ROI A MAUPERTUIS.

Au camp de Schatzlar, 18 octobre 1745.

Me louer comme vous faites, mon cher Maupertuis, c'est vous moquer très peu philosophiquement de moi. Simplifions les choses. Un homme se bat avec ses ennemis. Le lendemain il écrit une lettre à son ami, où il le félicite sur son mariage. Voilà bien de quoi crier au miracle. Pensez-vous, vous autres philosophes, que quand nous autres guerriers nous nous sommes battus, nous perdions la faculté de lire et d'écrire? Ne vous en déplaise, nous restons hommes comme vous. Soyez persuadé qu'il n'y a de différence de la veille et du lendemain d'une bataille que pour les tués et les blessés. Il n'en est pas de même des philosophes quand ils sont amoureux. Ils deviennent incapables de toute autre chose, et cependant ils ont de la peine à confesser leur flamme; ils travestissent leur passion; ils lui donnent des couleurs, on dirait que leur divinité rougit des faiblesses humaines. Soyez, je vous prie, un peu faible avec nous; vous en serez plus aimable, et mademoiselle de Borck plus glorieuse. J'ose croire même qu'elle en pâlira tout exprès pour mettre le comble à sa victoire. Je suis très flatté de la façon dont vous vous exprimez sur mon sujet. Mais je doute qu'aucun roi puisse tenir devant une maîtresse. Je garde votre lettre. Bayle dit qu'il faut être sur ses gardes avec ces gens dangereux qui conservent toutes les lettres qu'on leur écrit. Souvenez-vous donc que je puis produire l'original de la vôtre toutes les fois que vous trouverez mauvais que je vous demande la préférence sur mademoiselle de Borck; car je prétends, non pas user de vos offres, mais en abuser jusqu'à l'indiscrétion.

Je ne comprends pas d'où vient que vous n'avez pas encore touché votre pension. Je puis vous assurer que tous les ordres ont été donnés pour cela dès que j'ai appris que vous étiez débarqué à Hambourg. A mon arrivée à Berlin j'aurai grand soin de redresser toutes les négligences qui se sont faites ; et celle qui vous regarde sera la première. Adieu, mon cher Maupertuis, j'espère vous revoir bientôt. Soyez, en attendant, persuadé de mon estime et de mon amitié.

FÉDÉRIC.

XXI

DE MAUPERTUIS AU ROI.

23 octobre (1745).

Sire,

Puisque V. M. trouve que des batailles gagnées ne sont que des choses ordinaires, et qu'en effet ce sont des choses ordinaires pour elle, je ne lui en parlerai plus. Quant aux philosophes, je crois que leur science leur apprend à raisonner sur les faiblesses ; mais elle ne les en garantit pas plus que des raisonnements anatomiques ne guérissent une blessure. S'il fallait même opter entre les passions et la philosophie, je ne sais lequel il faudrait prendre. La philosophie peut-être console des biens que l'on ne peut avoir ; les passions font croire qu'il y a des biens et qu'on peut les posséder ; ce qui n'est pas un petit avantage, car rien ne serait si dangereux et si désolant que de voir les choses comme elles sont. La nature y a pourvu en nous donnant des sens qui ne nous disent pas un mot de vrai. Pour ce malheureux sage qui serait exempt de toute illusion, les richesses ne seraient qu'un vil métal, les plus superbes palais des amas de pierres dont toute l'utilité se réduit à garantir de la pluie et du vent. La femme la plus belle ne serait que de la chair et du sang; les honneurs et les dignités seraient encore moins que tout cela. Ces réflexions feraient habiter le tonneau de Diogène et mener sa vie. Mais, grâce à l'indulgente nature, nos sens nous représentent tout cela comme des biens, et peuvent même en faire des biens réels. Le monde, qui, s'il n'était peuplé que de philosophes, tomberait bientôt dans l'inertie et dans une destruction totale, ce monde va son train et subsiste d'erreurs. La sagesse consiste à faire un choix d'illusions qui puissent nous rendre heureux. Mais, Sire, je me laisse entraîner; je ne pense pas à qui je parle. Puisque V. M. veut que j'oublie le monarque et le conquérant, je dois au moins me ressouvenir que celui à qui je parle a le choix de la sagesse la plus éclairée et des illusions les plus séduisantes. Si mes réflexions sont fausses, il les a déjà condamnées; si elles sont justes, il les avait faites avant moi.

Je suis, etc.

XXII

DU ROI A MAUPERTUIS.

A Sohr, ce 26 octobre 1745.

Je vous suis obligé, mon cher Maupertuis, de votre agréable lettre. Si vos louanges sont d'un courtisan, votre morale est d'un philosophe. Mais ce n'est pas de la morale qu'il me faut ; il me faut de la dissipation. Je sais tous les préceptes ; mais je suis bien neuf pour la pratique, et j'en reviens toujours à mon affliction. Keyserlingk et moi nous n'avions qu'une âme. Il me semblait que nous devions mourir ensemble. Tout d'un coup j'apprends qu'il n'est plus. L'affliction est tombée sur mon cœur de la manière qui pouvait le plus l'ébranler. Mais quittons un sujet sur lequel il ne m'est pas possible de ne pas m'attendrir jusqu'aux larmes. Parlons des hymnes qu'Uranie et Newton vont entonner du haut de l'empyrée pour célébrer votre hymen. Quoique vous vouliez bannir la sensibilité de mon cœur et l'amour du vôtre, je vois à votre éloquence que vous êtes amoureux, et très amoureux. Vous êtes si ingénieux à trouver des raisons pour justifier votre passion ! A cela ne tienne ; vous n'en vaudrez pas moins. Mon amour-propre trouve son compte dans vos folies, et les faiblesses que l'on voit dans des mortels sublimes sont comme un tribut que la nature les oblige de payer à la vanité de leurs inférieurs.

Adieu, mon cher Maupertuis, peut-être vous reverrai-je au commencement du mois prochain. Mais, vainqueur ou vaincu, sûrement je serai bien reçu de vous. Je suis votre fidèle ami.

FÉDÉRIC.

XXIII

DE MAUPERTUIS AU ROI.

(Octobre 1745).

Sire,

Pour prouver que Maupertuis n'est pas courtisan, je commence par dire à V. M. qu'il la croit encore bien éloignée d'être philosophe. Les philosophes regrettent leurs amis, lorsqu'ils les perdent; mais ils modèrent leur douleur, et vous, Sire, vous vous abandonnez à la vôtre. Homère ne permet de pleurer qu'un jour. Le terme est trop court, sans doute; mais j'ose dire que V. M. le prolonge trop. Un philosophe français dit : « Puisque, quelque douleur qu'on res- « sente de la perte d'un ami, le temps en vient

« sûrement à bout, il faut que la raison nous serve « à gagner du temps. » Enfin, Sire, le grand, le dernier argument contre ces sortes d'afflictions, celui auquel les rois sont soumis comme les autres hommes, c'est la nécessité de la chose, l'inutilité des regrets. V. M. peut prendre des villes, gagner des batailles; mais elle ne saurait retarder d'une minute une mort que la Providence a ordonnée, et vos regrets et les monuments qu'érige votre douleur, fussent-ils aussi beaux que les Pyramides d'Egypte, ne feront pas que celui qui est mort ne soit mort. Pour moi, Sire, s'il m'est permis de parler de moi après avoir parlé de V. M., il est vrai que la perte que j'ai faite de mes amis est fort différente de la vôtre; mais ce n'est pas une maîtresse qui la répare. Je ne les ai quittés, eux et la France, que pour m'attacher à vous et reconnaître vos bontés par mes services. J'avais conçu beaucoup d'estime pour mademoiselle de Borck; mais, lorsque je me donnai à vous, je n'avais pas besoin de ce nouveau lien, et j'étais bien éloigné de savoir si jamais c'en serait un. Etant ici, l'ayant revue, en ayant reçu les mêmes impressions, j'ai pensé qu'une personne si estimable, ornée de tant de vertus, si chère à la reine votre mère, et dont les parents approchent de si près V. M., me ferait ici un établissement heureux, et qui me semblait nécessaire dans un pays où j'étais étranger. Voilà quel fut mon premier objet. Si, ensuite, la passion s'y est jointe, c'est ce que je ne veux point nier, et c'est ce qu'approuvent sans doute tous ceux qui connaissent ce que j'aime. Mais c'est vous seul, Sire, qui réparez les pertes que j'ai faites. On pourrait trouver des femmes partout; mais un roi tel que vous ne se trouve que dans cette partie du monde où je suis venu le chercher.

XXIV

DU ROI A MAUPERTUIS.

A Ronstoc, 27 octobre 1745.

Une petite aventure arrivée à mes équipages m'avait privé de livres, comme de bien d'autres besoins de la vie. Je supportais la faim, mais je ne supportais pas l'ennui, lorsque, dans cette disette extrême, voilà le marquis d'Argens qui m'envoie son nouvel ouvrage. Il fallait le faire durer. Je m'avisai de faire quelques remarques en le lisant. Je vous envoie le livre et les fautes que j'y ai notées. Je vous connais assez pour être assuré que ce que j'ai fait pour m'amuser ne servira point à faire de la peine à d'Argens. Mes remarques ne seront donc que pour vous; vous pouvez même tout brûler après l'avoir lu.

Si le règlement de l'Académie était l'affaire la plus difficile à terminer, je vous réponds, mon cher Maupertuis, qu'en moins de huit jours tout serait achevé. Mais j'ai un royaume dans la tête, des ennemis sur les bras; je suis roi et général; et, qui pis est, le ministre et l'aide de camp de ces deux personnages-là. Les embarras et les affaires se succèdent si rapidement, j'ai des choses si difficiles à manier, qu'il n'est pas possible que diverses parties de cette immense administration ne souffrent de la préférence et de l'attention que je suis obligé de donner aux plus importantes ou aux plus pressées. Je n'ai pas pensé à l'Académie; ce soin sera l'ouvrage de mon loisir. Vous en êtes le directeur. Du moment de mon retour à Berlin (qui sera dans douze jours), vous voudrez bien vous en charger. Adieu, mon cher Maupertuis, n'oubliez pas vos amis, et soyez persuadé de toute l'estime de votre affectionné.

FÉDÉRIC.

XXV

DE MAUPERTUIS AU ROI.

31 octobre 1745.

Sire,

Les remarques que V. M. m'a envoyées sur la *Critique du siècle*, seraient d'autant plus fâcheuses pour l'auteur, qu'elles sont remplies de justesse. Dès que V. M. me donne l'option de les tenir secrètes par la clef ou par le feu, je les conserverai comme un monument singulier de sa tranquillité d'esprit le lendemain d'une bataille. Pour moi, je trouverais que c'est beaucoup d'avoir pu lire ce livre la veille de ma noce, si les remarques de V. M. ne l'avaient rendu intéressant. Mais, dans le temps que j'admire V. M. écrivant dans sa tente, au bruit de mille tambours, une critique plus exacte que Bayle ne l'aurait pu faire dans le silence de son cabinet, j'admire encore davantage un grand roi qui craint de contrister un petit particulier que Bayle aurait sacrifié sans scrupule. Enfin, tout ce que je découvre en vous, Sire, depuis que j'ai le bonheur de vous voir de plus près, fait, si le terme m'est permis, que je vous aime autant que je vous révère.

La reine fait après demain ma noce, et me

comble de ses grâces. C'est vous, Sire, que je dois remercier de bontés que tout mon dévouement et toute ma reconnaissance ne pourraient jamais mériter.

XXVI

DU ROI A MAUPERTUIS.

A Roustoc, ce 29 octobre 1745.

Je ne sais si c'est une illusion ou une réalité: mais il y a très peu d'hommes, selon moi, dont le commerce vaille le vôtre. Vos lettres me font un plaisir infini, et vos louanges m'encouragent à la vertu. L'indulgence de votre morale convient à l'humanité; et il me semble que le stoïcisme tout pur, quand on ne le tempère point par l'épicurisme, est comme ces matières venimeuses d'elles-mêmes, qui, pour être converties en remèdes salutaires, ont besoin d'être adoucies par un mélange heureux d'autres simples qui, en les corrigeant, augmentent leurs vertus.

Malheureusement pour ces espèces d'animaux qui se disent raisonnables, il semble que l'erreur soit leur partage. Peut-être n'y a-t-il que les propositions d'Euclide à qui l'on puisse trouver le degré d'évidence qui devrait caractériser la vérité. Peut-être y a-t-il encore trois ou quatre propositions physiques ou morales bien démontrées. A cela près, nous vivons dans les ténèbres, et je dis de tout comme Montaigne : *Que sais-je?* A la tête de mes doutes, je mets tous les dogmes de la religion chrétienne; non que je regarde Jésus-Christ comme un imposteur, c'était un homme de cœur et de bien à qui notre Europe a des obligations infinies; mais il me semble que c'est saint Paul qui l'a fait Dieu. Malgré l'ignorance qui nous environne, nous étudions, nous disputons sans cesse, et cette soif de savoir n'est jamais assouvie. Il me semble, en lisant les philosophes et les théologiens, voir des aveugles qui errent dans l'obscurité, qui s'entre-heurtent, qui, en voulant s'éviter, se font cheoir, qui embrassent l'ombre pour le corps, et qui se servent quelquefois, pour s'assommer, du bâton qui leur a été donné pour se conduire. Un petit nombre, tel que vous, Euler et Clairaut, élevés dans une plus haute région, rient de leurs folies et de leurs méprises. Qu'est-ce qui produit tant de faux jugements? C'est que nous ne pouvons obtenir de nous-mêmes de ne décider qu'après avoir bien tâté et retâté l'objet. Notre aveuglement est encore augmenté par nos passions. Ces passions sont des espèces de magiciennes qui, par leur prestige, nous font trouver le bonheur, mais ne nous découvrent pas la vérité. Si elles nous donnent quelques plaisirs, elles nous les font payer bien cher. Notre vie se passe moitié en désirs, moitié en regrets. La jouissance n'est qu'un éclair, et les dégoûts sont des siècles.

Mais je n'y pense pas, de copier un chapitre de Marc-Aurèle à un homme à qui je devrais adresser un épithalame. Jouissez de tous les plaisirs des sens, après avoir peut-être épuisé ceux de l'esprit. Que les liens qui vont vous unir à l'autel de l'amour soient resserrés par des dieux favorables, surtout par Vénus, et par P.....! Ce sont les vœux que fait pour vous votre très affectionné ami.

FÉDÉRIC.

XXVII

DU ROI A MAUPERTUIS [1].

Ce 13 novembre 1745.

Faites-moi avoir, mon cher Maupertuis, une collection complète de toutes les éditions qui se sont faites des ouvrages de Voltaire, tant à Paris qu'à Londres, Hollande, Genève. C'est un fou,

[1] Après un court séjour à Berlin, au commencement de novembre, Frédéric quitta sa capitale pour attaquer les Saxons et le prince Charles dans la Lusace, d'où il les chassa après leur avoir fait éprouver de graves échecs; tandis que le comte Maurice de Nassau repoussait les Autrichiens de la Silésie, et que le vieux général Léopold

mais un fou qui me plaît toujours et m'instruit quelquefois. Thiriot pourra vous servir dans ce dessein. Je vois bien que je vous demande une bibliothèque entière; mais je veux l'avoir. Vous voudrez bien encore faire relier tout en maroquin, tranche dorée, et m'envoyer en même temps le compte de vos déboursés. Je suis votre fidèle ami.

FÉDÉRIC.

Faites que d'Argens vous montre ma lettre sur son dernier ouvrage. Il ne l'imprimera pas dans le *Mercure*, je pense?

XXVIII

DE MAUPERTUIS AU ROI.

19 novembre 1745.

Sire,

Il est vrai qu'en demandant toutes les éditions de Voltaire, V. M. demande une bibliothèque en-

d'Anhalt-Dessau se préparait à écraser les Saxons à Kesselsdorf et à répondre ainsi glorieusement au billet laconique de son prince, qui lui disait : « J'ai frappé mon coup en Lusace. — Frappez le vôtre à Leipsig; — nous nous reverrons à Dresde. » (Voy. *Hist. de Frédéric le Grand*, par Camille Paganel, t. Ier, p. 315-320. (Is. A.)

tière. Il est vrai encore qu'il y a plusieurs de ces éditions, qui ne diffèrent des autres que par des changements peu considérables. Mais la magnificence de V. M. et l'estime dont elle honore ce grand poëte peuvent bien faire destiner une des salles de son palais pour placer ses ouvrages. Je m'adresse, suivant vos ordres, à Thiriot, qui a fait sa principale étude de Voltaire et de ses variantes. Je lui recommande d'en faire une collection complète, reliée en maroquin, dorée, etc. Je ne puis mieux faire que de m'en rapporter à lui, dans l'ignorance profonde où je suis de notre littérature, depuis que je me suis voué aux sciences. Je m'applique maintenant à convertir mon français en allemand, et je crains bien de perdre l'un sans acquérir l'autre.

D'Argens m'a montré la lettre que V. M. lui écrit. Le pauvre garçon en est très mortifié; et c'est un reproche que votre bonté a à faire à votre esprit. En lisant son livre, vous lui avez fait un grand honneur. Mais, Sire, vous le lui faites payer un peu cher par le sel dont vos remarques sont assaisonnées. Ce n'est pas pour des lecteurs tels que V. M. que ce livre me paraît écrit. Il y a même très peu de livres qui soient écrits pour elle, et qui pussent soutenir sa critique. Il faudrait que le ciel formât des écrivains exprès pour vous. Il y a dans l'esprit de V. M. une sublimité et une finesse qu'elle trouvera bien rarement dans les autres. Quelque attentif que soit un écrivain, il n'est presque pas possible que ses ouvrages ne se ressentent de l'état où il est et des motifs qui le lui ont fait entreprendre. On pourrait presque juger de la fortune des auteurs en lisant leurs livres. Cela ne veut pas dire, Sire, que tous les rois écrivent comme vous. L'esprit appartient à l'homme, le style à l'auteur; mais le tour et l'expression tiennent à l'état. Je connais un homme qui, dans un temps où la fortune lui riait, fit un ouvrage charmant, qui, depuis qu'elle lui est devenue contraire, en a fait de médiocres, et qui retrouverait tout son mérite s'il redevenait heureux.

XXIX

DU ROI A MAUPERTUIS.

27 novembre 1745.

Mon cher Maupertuis, je ressens dans ce moment cette espèce de plaisir dont vous m'avez souvent parlé, cette joie pure qu'a un prince quand le soir en se couchant il peut se dire, qu'il n'a rien à se reprocher, qu'il a fait le bien. J'ai été assez heureux pour sauver ma patrie du plus cruel des malheurs sans répandre le sang humain, et en dérangeant les desseins les plus dangereux que la malice de mes ennemis pouvait enfanter. Dieu merci, vous pouvez vivre tranquille à Berlin, et jouir, parmi les troubles de la guerre, du plus profond repos de la paix. Le bien que j'ai pu procurer à ma patrie m'est plus sensible que ma réputation. Je ne vous parle point des faits de guerre. Mais ma joie est bien grande d'avoir préservé de tout malheur ma chère famille et mon peuple, qui ne m'est pas moins cher qu'elle. Veuille la Providence (si elle se mêle des choses humaines) nous donner une paix stable après toutes les alarmes et les terribles embarras où je me suis trouvé! Alors, mon cher Maupertuis, nous philosopherons à notre aise, et nous pourrons à l'ombre de l'olive cultiver les lettres et travailler à rendre nos âmes plus accomplies.

Je vous écris toujours après l'événement, parce qu'avant la décision des choses il est impossible d'avoir cette tranquillité d'esprit qu'on a lorsqu'on a vu ce qu'on peut se promettre de la fortune. Je suis votre fidèle ami.

FÉDÉRIC.

Mes compliments à Du Han, et de tout mon cœur à la bonne Camas et à mes autres amis.

XXX

DE MAUPERTUIS AU ROI.

30 novembre 1745.

Sire,

La lettre que je viens de recevoir de V. M. m'a fait encore plus de plaisir que ses victoires, que nous avions déjà apprises par la renommée; non que je sois plus flatté de l'honneur de recevoir une lettre de vous, que je ne suis sensible à vos succès. Votre gloire m'est trop chère pour que je pense ainsi. Mais, ce qui fait l'excès de ma joie, c'est de voir que vous faites les plus grandes choses par les plus vertueux motifs, et qu'en vous le héros est subordonné au sage. Gagner des batailles, chasser des ennemis avec votre courage et votre armée, cela me paraît tout simple; mais de ne vous exposer à tant de fatigues et de périls que pour le bien de vos peuples et la tranquillité de la famille royale, c'est là ce que j'admire, et ce qui embellit à mes yeux cette glorieuse expédition. Sans de pareils motifs le gain d'une bataille aurait pu n'être qu'un acte de cruauté. Dormez tranquillement, Sire, jouissez tous les soirs de ce plaisir, dont jamais personne n'a mieux mérité de jouir que vous, de cette satisfaction si rare d'avoir fait dans la journée tout ce qu'il y avait de mieux à faire. Ce bonheur, qui est le plus grand de tous, est toujours en notre pouvoir; les succès dépendent de la Providence. Pouvez-vous douter, Sire, qu'elle prenne soin des choses d'ici-bas, après tout ce qu'elle fait pour vous? Toujours sage, mais souvent impénétrable dans ses décrets, elle ne répand que de l'amertume sur l'homme le plus vertueux; et alors il n'y a qu'à fléchir et se soumettre. Elle agit aujourd'hui d'une manière moins obscure, elle verse visiblement sur vous ses bienfaits et ses récompenses.

Je vais combler de joie madame de Camas et M. Du Han en leur disant ce que V. M. m'ordonne de leur dire. Quant à ce que vous appelez *vos autres amis*, je suis fort embarrassé: qui oserait prendre pour lui ce titre d'amis? et qui ne se pique pas, et n'a pas droit de se piquer d'être votre plus fidèle sujet? Pour moi, Sire, je voudrais avoir assez d'audace pour faire imprimer vos lettres sans votre permission. Celle que je viens de recevoir serait bientôt l'admiration de toute l'Europe.

XXXI

DE MAUPERTUIS AU ROI.

(1745).

Sire,

Je suis sûr que vous êtes maintenant dans votre tente à examiner tranquillement quelque passage de Cicéron, tandis que la tête nous tourne à tous d'admiration et de joie d'avoir l'honneur de souper hier chez la reine, lorsque d'Escouville y arriva. Cet homme, qui a auprès de V. M. une charge qui n'est sur l'état d'aucun autre prince, mais qui est chez vous celle qui a le plus d'exercice. On appelle en France M. de La Condamine le courrier de la philosophie. D'Escouville serait bien mieux nommé le courrier de la victoire. Pour des compliments, Sire, sur tout ce que vous faites vous sentez bien qu'il ne serait pas possible d'y suffire. Il faudrait plus de temps pour en faire un que vous n'en laissez entre deux batailles. Il faut espérer qu'à présent que V. M. a chassé les Saxons de la Saxe, leur roi pourra revenir à Dresde, et que V. M., n'ayant plus d'ennemis à combattre, reviendra aussi dans sa capitale. Mais quelle différence entre le retour des deux rois !

XXXII

DU ROI A MAUPERTUIS.

A Juben, 4 décembre 1745.

Vous pouvez compter que je suis en effet fort tranquille et toujours le même, j'entends charmé de faire le bien et abhorrant tout ce qui s'appelle le mal. Je travaille de toutes mes forces à insinuer à un ennemi vaincu que le meilleur parti qu'il puisse prendre est de faire une paix équitable, une paix où je ne demande rien. Je ne sais point jusqu'où je pourrai y réussir. J'adore la Providence, sans m'informer jusqu'où s'étendent ses soins et à quel point elle empiète sur la liberté des hommes. La physique m'offre quelques découvertes sûres. Mais dans la métaphysique je ne vois que ténèbres et labyrinthes. Je décide d'un très petit nombre de choses avec Maupertuis, et je doute de toutes les autres avec Locke ; ce Locke n'est pourtant pas encore assez sceptique pour moi. Quels que soient les événements, j'en remets volontiers la gloire à l'Être suprême, qui, d'une façon ou d'autre, y a toujours une part plus ou moins sensible. Depuis que je suis parti de Berlin j'ai ri des événements politiques et militaires qui m'ont forcé d'agir à contre-cœur. Quelques jours décideront de mon sort, et peut-être de celui de mon peuple. D'une manière ou d'autre je reviendrai à Berlin pour jouir des douceurs de votre société après les agitations d'une tempête politique plus forte qu'aucune que j'aie essuyée et que je ne l'avais prévue.

Je suis, avec bien de l'estime, mon cher Maupertuis, votre fidèle ami,

FÉDÉRIC.

XXXIII.

DE MAUPERTUIS AU ROI.

Décembre 1745.

Sire,

Vous venez de rendre inutiles tous les efforts d'une armée nombreuse. Vous venez de chasser un roi de ses états. Mais je trouve encore plus de grandeur dans vos sentiments que dans vos actions. Tout ce que vous faites, vous ne le faites qu'avec justice et pour le bonheur de vos sujets. Vos lettres me rappellent les *Réflexions* qu'un prince, plus grand à mes yeux qu'Alexandre et César, écrivait comme vous à la veille ou le lendemain des batailles dans un camp qui n'était pas éloigné des lieux où vous êtes. Marc-Aurèle avait la même âme que vous ; il pensait comme vous, quoiqu'il ne s'exprimât pas d'une manière aussi vive ni aussi éloquente. Son livre est un de ceux que j'estime le plus; et si j'en mets l'auteur au-dessus d'Alexandre et de César, je mets son ouvrage au-dessus de tous ceux de Platon et de Sénèque.

V. M. me fait trop d'honneur de me citer vis-à-vis de Locke. Les doutes de cet illustre Anglais valent mieux que tout ce que je sais. Mais, Sire, vous faites aussi trop d'honneur à la physique en l'opposant à une science douteuse. Elle a ses doutes elle-même, et nous trouvons à tout moment des faits palpables qui confondent les systèmes. Les propriétés de l'aimant, l'électricité, la reproductibilité des polypes, sont pour nous des mystères aussi obscurs que ceux de la métaphysique. Ils sont cependant incontestables, et semblent destinés à nous faire voir qu'il y a des choses très certaines que notre esprit ne saurait approfondir ni comprendre. Une de ces merveilles, c'est la coexistence de la liberté humaine avec la Providence divine. Comment demeurons-nous libres, pendant que Dieu prévoit et ordonne tout? Nous connaissons la liberté par le sentiment de ce qui se passe en nous, et la Providence par tout ce que nous voyons dans l'univers. Mais l'accord de ces deux choses nous reste inconnu. La physique a des incompréhensibilités, la métaphysique en est remplie, la théologie s'en nourrit ; et toutes les subtilités de Newton, de Locke et de Pascal pour expliquer ces énigmes, ne nous avancent pas plus que ce que nous dit l'homme le plus simple et qui a le moins pensé. Ce dont je sais bien la raison, c'est de l'admiration, du dévouement et du très profond respect avec lesquels je suis, etc.

P. S. — Je prends la liberté d'envoyer à V. M. la réponse que j'ai reçue de Thiriot sur la demande que je lui avais faite de toutes les éditions de Voltaire, afin que V. M. me donne ses ordres sur la manière dont elle veut que la commission soit exécutée.

XXXIV

DU ROI A MAUPERTUIS.

A Konisbrug, dans le royaume du Japon,
à 3 milles de Pekin, ce 12 décembre 1745.

Mon cher Maupertuis,

Votre philosophie sera bien désorientée en voyant la date de cette lettre. Mais le fait est si vrai, que l'armée du prince d'Anhalt doit être maintenant à Pékin, au milieu de toutes les porcelaines saxonnes.

Vous savez assez le peu de cas que je fais de

ces événements, dont la fortune revendique toujours la partie la plus brillante, pour être assuré que celui-ci ne change rien à ma façon de penser sur la paix. Toute la différence qu'il y a de moi à mes ennemis, c'est que le vainqueur demande la paix et que les vaincus veulent faire des conquêtes.

Quant à la philosophie, je suis aussi sceptique que Cicéron. Je doute beaucoup plus souvent que je n'affirme. Nous ne vivons pas assez pour connaître, mais bien assez pour apercevoir. Ainsi le parti sensé est de ne pas donner à des perceptions le nom fastueux de connaissances.

Ce qu'il y a de singulier, c'est que mon penchant à l'indécision n'influe ni sur ma conduite soit militaire, soit politique, ni sur mon caractère. Je suis aussi hasardeux qu'un autre dans un projet de bataille. Je vois les difficultés. Mais je prends mon parti. Je devrais être lent dans mes opérations, et je suis assez actif. Je devrais être défiant, et néanmoins je suppose aux autres la même sincérité, la même franchise dont j'use avec eux; je crois qu'il y a d'autres motifs que l'intérêt personnel qui font agir certains hommes. Je ne me défie que des conseils et des ambassadeurs des rois, mes confrères.

Pourquoi m'enorgueillirais-je de mes succès? Quand ils seraient aussi brillants que la flatterie les représente, la modestie sied bien à tous les esprits et dans tous les états. Quiconque n'est pas modeste, soit philosophe, soit prince, a résolu de jouer le rôle de charlatan, ou, ce qui n'est pas moins ridicule, celui de pontife infaillible. Pour moi, je ne me sens nul talent pour être empirique, ni prêtre.

Thiriot pense fort bien sur les éditions de Voltaire. Je ne lui demande que les principales, celles dont les variantes contiennent d'autres vers, des pièces qui ne se trouvent pas dans les autres éditions, ou des changements considérables.

J'attends ici que nous ayons chassé les Saxons de la Saxe, afin que le roi de Pologne[1] revienne à Dresden, que l'expédition présente se termine promptement, pour que la paix s'ensuive d'autant plus vite, et que je voie mes affaires consolidées de façon que je puisse retourner dans ma patrie sans avoir à craindre tous les jours l'invasion du premier venu. Après cela, mon cher Maupertuis, nous philosopherons à notre aise dans le petit temple de Bacchus, nous chanterons nos plaisirs et vos amours, moi sur ma flûte, vous sur votre sistre. Libre de tout soin, je vous prouverai combien je vous estime et vous aime.

FÉDÉRIC.

Mes compliments à tous mes amis et amies.

[1] Frédéric-Auguste II. Electeur de Saxe sous le nom de Frédéric-Auguste III. Il avait quitté Dresde à l'approche des Prussiens et s'était réfugié à Prague. (Is. A.)

XXXV

DE MAUPERTUIS AU ROI.

20 décembre 1745.

Sire,

Pour cette fois je me suis bien trompé. Je vous ai cru sous la tente pendant que V. M. était dans une belle et bonne ville[1]. Nous n'avions pas encore entonné le *Te Deum* pour la dernière victoire, que les cornets de vos postillons nous ont fait sortir du dôme pour nous apprendre que vous étiez maître de Dresde et d'une partie de la famille royale. Si maintenant vous n'êtes pas rassasié de gloire, c'est bien inutile de courir après. Vous venez de faire dans six semaines de quoi combler la vie du plus heureux et du plus grand des héros. Vous ne pouvez vous élever que par la paix au-dessus du point où votre sage valeur vous a porté. Avant de la signer, si V. M. trouve à Dresde ou à Leipsig quelqu'un de ces beaux verres ardents que Tchirnhaus faisait, ou quelques autres pareilles curiosités, ce seraient

[1] A Dresde, où Frédéric était entré en vainqueur, le 18, après la bataille de Kesselsdorf, gagnée le 15 décembre par son général, le prince d'Anhalt, contre les Saxons. (Is. A.)

des trophées d'un genre nouveau, et qui conviendraient fort au président de votre Académie. Il est avec le plus profond respect, etc.

XXXVI

DU ROI A MAUPERTUIS.

A Dresden, 24 décembre 1745.

Mon cher Maupertuis, la paix sera signée demain[1]. Ainsi il n'est plus question de miroirs ardents, ni d'instruments de mathématiques. D'ailleurs nous n'avons rien emporté de ce que l'on nomme les effets royaux, ni de ce qui se trouve dans les maisons royales. Tout m'appartenait sans doute. Mais, quand on peut tout, il est bien difficile de ne pas se défendre certaines choses. Si nous avions trouvé une manufacture d'instruments, vous en auriez eu de toutes les espèces. Mais il faudra que vous vous contentiez de porcelaines, emblème de la fragilité des fortunes humaines. Je me dépêche de sortir d'ici. Car je vous

[1] La paix de Dresde, conclue le 25 entre la reine de Hongrie, Marie-Thérèse, l'électeur de Saxe, Frédéric-Auguste III et le roi de Prusse, sous la médiation de l'Angleterre, qui avait déjà fait la paix avec la Prusse le 26 août. (Ts. A.)

avouerai que je préfère mon chez moi aux habitations étrangères quelles qu'elles soient. Je vous quitte : on vient m'appeler pour quelque grave billevesée. Adieu, mon cher ami. Je me flatte que vous n'aurez jamais à rougir de moi. Recordez-vous sur votre belle humeur. Nous nous reverrons dans peu de jours.

Mes compliments à Du Han.

FÉDÉRIC.

XXXVII

DE MAUPERTUIS AU ROI.

Berlin, 25 décembre 1745.

Sire,

La plus belle de vos victoires est celle que vous venez de remporter sur vous-même en accordant la paix à des ennemis qui avaient mérité votre ressentiment, et qui n'étaient plus en état de vous résister. Vous allez voir qu'il y a dans la paix d'aussi grandes choses à faire que dans la guerre, et vous les ferez. Rendre un seul village heureux, vaut mieux que de conquérir une province. Mais pacifier l'Europe entière est une si belle chose, que je crois qu'elle vous est réservée.

XXXVIII

DU ROI A MAUPERTUIS.

A Dresden, 25 décembre 1745.

Si l'amour de la paix ne me retenait ici, il y a longtemps que j'aurais volé à Berlin. Mais il ne suffit pas de la signer : il faut l'affermir. Cependant je compte vous apporter bientôt l'olive tant désirée. Je suis si surchargé d'affaires, que de trois jours je n'ai pu lire mon cher Cicéron. C'est une privation pour moi, de ne pouvoir consulter cette raison éloquente qui me charme toujours dans ce grand homme. J'ai fait un petit divorce avec les muses pour me livrer à ces occupations dont Pope dépeint si énergiquement la petitesse, et qui ne touchent que la vanité et l'ambition des rois. Quand serai-je un philosophe comme vous? Je parle de votre loisir ; car ce vaste génie est une chose que je ne saurais espérer d'atteindre.

Je me flatte que mes embarras finiront avec l'année, et que je vous dirai dans peu toute l'estime que j'ai pour vous. Adieu.

FÉDÉRIC.

Mes compliments à tous ceux qui se souviennent de moi.

XXXIX

DE MAUPERTUIS AU ROI.

2 janvier 1746.

Sire,

Je suis trop ignorant en politique pour savoir si ces lettres que je viens de recevoir peuvent vous être de quelque utilité. Mais je suis trop attaché à votre service pour ne pas risquer quelquefois d'importuner V. M. Comme, dans nos corps, quelque fibre à peine perceptible a quelquefois de grands usages, de même je crois que, dans les corps politiques, les moindres ressorts ne sont pas inutiles. Ceci servira, du moins, à faire connaître à V. M. la nouvelle conquête qu'elle a faite, et quels sont pour elle les sentiments d'une femme fort aimable et fort spirituelle. Pour les miens, Sire, je crois que vous les connaissez assez.

XL

DU ROI A MAUPERTUIS.

A Potzdam, 3 janvier, 1746.

Votre comtesse et sa politique est bonne à quelque chose, mon cher Maupertuis, puisqu'elle me procure de vos lettres. Depuis mon séjour à Potzdam, je commence à respirer, à naître, à goûter les douceurs de l'existence et de la paix. Elle est bien préférable à la guerre. L'homme est fait pour le repos. Il lui faut quelque agitation, pour que ce repos ne dégénère pas en léthargie ; mais cette agitation, si elle est trop forte, use son tempérament et le rend étique. Pour moi, je revois ma patrie avec le même embonpoint qu'elle avait avant la guerre. Personne n'a souffert, plusieurs ont gagné, très peu ont péri. J'ai vidé mes tonnes d'or ; mais j'ai placé mon argent à un intérêt raisonnable, et peut-être suis-je encore le moins gueux des rois. Je ne vous parle pas de la gloire ; la gloire qui ne nous rend pas heureux, n'est qu'un mot ; et celle qui ne rend pas heureux nos sujets n'est qu'un opprobre. J'ai une sensible douleur de la situation où se trouve notre pauvre Du Han ; cela dure si longtemps, que je me flatte que peut-être quelque heureuse secousse d'un tempérament vigoureux le rendra à la vie.

Adieu, mon cher Maupertuis ; je fais un grand fonds sur les ressources de votre société. Entamez, je vous prie, comme vous le pourrez, la négociation pour l'abbé de Bernis. Je me charge de toute la dépense. Si je ne puis l'acquérir, du moins je l'aurai vu, et peut-être me le serai-je attaché.

Oui, je connais tous vos sentiments pour moi. Le Français aime le roi que la nature lui donne ; il doit donc adorer celui qu'il a choisi : et combien n'êtes-vous pas supérieur à la plupart des Français ! je dis les plus sensibles. Adieu, encore une fois. Soyez sûr de toute mon estime.

XLI [1]

DE MAUPERTUIS AU ROI.

Berlin, 15 janvier 1746.

Sire,

Votre Majesté pourrait croire que j'ai perdu de vue l'objet pour lequel elle m'a pris à son ser-

[1] Cette lettre est la troisième des sept qui composent la correspondance de Frédéric avec Maupertuis dans le XVIIe vol. in-8° des *Œuvres de Frédéric le Grand*, publiées à Berlin. Nous avons été autorisé à la joindre à notre recueil. (M. A.)

vice, si je ne lui parlais de son Académie. J'aurais honte de mon loisir et des bienfaits mêmes dont V. M. m'honore, si je ne pouvais les mériter. Je vois beaucoup de contradiction et de mécontentement dans la manière dont cette compagnie est administrée, fort peu d'espérance pour le succès de ses ouvrages. Je ne puis cependant remédier à rien, pas même assister à ses assemblées, jusqu'à ce que V. M. m'ait fait expédier la patente pour la place de président[1], que je n'ai encore que par les appointements et par le billet de V. M., dont je n'oserais pas me servir sans son ordre.

Cette place, rendue d'abord honorable par Leibnitz, ridicule ensuite par Gundling, et enfin médiocre par Jablonski, sera pour moi, Sire, ce que vous voudrez qu'elle soit. Je sens la difficulté de la bien remplir et d'exciter l'émulation parmi des gens de lettre gouvernés par des ministres d'Etat et des généraux d'armée, que leurs seuls titres rendent supérieurs à tout le reste. J'ai cependant souvent présidé dans l'Académie des sciences des ducs et des ministres; mais en France, le goût de la nation pour les sciences et peut-être une espèce de fortune m'avaient donné une certaine considération qu'il est impossible que je trouve ici, si vous ne me la donnez. Les sciences y sont

[1] Après la réception de cette lettre, Frédéric fit expédier, le 1er février 1746, la patente demandée, et M. de Maupertuis fut installé dans sa charge le 3 mars suivant.

dans un affaissement et un état d'humilité marqués par le règlement même de l'Académie; on peut y dire jusqu'ici ce que Fontenelle a dit des temps gothiques de la France, où il n'était pas encore décidé si les sciences ne dérogeaient point. Je sens, Sire, que tandis que je vous parle pour les sciences, il semble que je parle aussi pour moi; je ne vous cacherai pas même le degré d'ambition que je joins au bien de votre service. Je vous demanderai tout ce qui pourra me donner la considération et le crédit nécessaires pour le bien de l'Académie, et pour remplir avec honneur une place qui doit être honorable sous le règne d'Auguste.

Mais, s'il est permis de mettre des restrictions à vos grâces et des limites aux fonctions qui regardent votre service, j'oserai prier V. M. de me dispenser d'une partie d'administration dont, étant étranger ici, je craindrais de ne pouvoir pas bien m'acquitter : c'est celle des deniers de l'Académie, à laquelle je voudrais bien n'avoir aucune part.

Je suis avec le plus profond respect, Sire,

de Votre Majesté,

le très humble et très obéissant serviteur,

MAUPERTUIS.

XLII

DU ROI A MAUPERTUIS.

(*Sans date.*)

S'il ne s'agit que de faire jouer un comédien, vous pouvez vous flatter d'avoir réussi. Le sieur Hauteville jouera, et sera même engagé, s'il ne s'endiable pas pour ses gages. Quant à la Chaussée, il ne connaît pas l'extrême éloignement que nous avons à Berlin pour la musique française, et notre aversion pour la vertu de ses actrices. Nous voulons des p...... décidées, qui jouent avec esprit, mais qui ne chantent jamais. Votre homme a le goût dépravé; il pervertit les choses; il demande de la chasteté à des filles dont le talent et l'emploi est de distribuer en public et en particulier des plaisirs de toute espèce. Il exigera apparemment une vie licencieuse de ceux qui doivent être l'exemple du peuple. Je ne connais rien de plus extravagant que le projet d'un corps de comédiens vertueux, et par conséquent respectables. Laissons-les tels qu'ils sont, avec des talents et des grâces qui nous amusent, avec des vices qui nous indignent. Où en serions-nous, s'il nous fallait encore révérer en particulier des hommes qui nous forcent à leur applaudir en public? Nous aimons vos poëmes dramatiques : on les joue dans toute l'Europe; mais je ne sache pas qu'on aime la musique française ailleurs qu'à Paris. Il y a même des Allemands qui ne savent pas s'il y a une musique française au monde; et les musiciens italiens vous soutiennent que la chose n'est pas possible. Entre eux et vous le débat. Je suis fort fâché de ce que vous êtes incommodé; mais, comme je ne sais point ce qui vous manque, je me flatte que ce sera une bagatelle. Adieu; au plaisir de vous revoir. Je serai demain à Berlin.

FÉDÉRIC.

XLIII

DU ROI A MAUPERTUIS.

A Potzdam, ce 5 mars 1746.

C'est à vous autres, qui avez pour devise : *A l'immortalité!* d'en distribuer quelques parcelles à ces humains qui n'ont de mérite que les travaux du corps et le courage. L'usage des médailles me semble fort utile. Elles sont pour l'histoire ce que sont pour les chemins ces pierres millénaires (*nota bene* : il faudrait *milliaires*) qui orientent les voyageurs dans leur route. Comme je trouve le choix de ces médailles de grande importance, et que je ne me fie point à mes lumières, je vous prie de venir ici pour quelques jours, et de m'assister de vos conseils. Vous le pouvez d'autant plus facilement, que Wilic n'est point encore marié; qu'une absence de quelques jours peut être décisive pour la réputation de votre vigueur; que vous trouverez ici un appartement commode préparé pour vous, bon vin et bon visage d'hôte; qu'il fait beau temps pour voyager; que les poissons valent mieux à Potzdam qu'à Berlin; et enfin..... et enfin, que je le souhaite beaucoup, étant votre bien bon ami.

FÉDÉRIC.

XLIV

DE MAUPERTUIS AU ROI.

20 mars 1746.

Sire,

Pour obéir à V. M., j'ai examiné la capacité du sieur Beguelin, secrétaire de M. de Béest; et, non-seulement par les conversations que j'ai eues avec lui, mais encore par plusieurs mémoires de géométrie de sa composition, il m'a paru plus que capable de remplir la place de professeur de mathématiques au collége de Joachim. Si V. M. continue à jeter de temps en temps ses regards sur les sciences, elles fleuriront ici.

XLV

DU ROI A MAUPERTUIS.

A Potzdam, 22 mars 1746.

Ayant vu, par votre lettre, le bon témoignage que vous donnez au secrétaire Beguelin, je viens de lui conférer la place vacante de professeur de mathématiques. Ne m'en remerciez pas; c'est moi qui vous remercie de m'avoir indiqué un bon sujet. Je prie Dieu qu'il vous ait en sa sainte garde.

(*Ce qui suit est de la main du roi*).

Les souverains ne doivent pas seulement des regards aux sciences : ils leur doivent du respect et de l'amour. Quand un prince traiterait avec indolence toutes les affaires de son empire, il devrait toujours traiter avec soin celles qui ont rapport à l'éducation publique. Un peuple bien élevé est facile à gouverner.

J'apprends que vous êtes malade : cela me fait une véritable peine. Qui a plus besoin d'une bonne santé, que celui qui en fait un si bon usage? Je vous prie de faire venir Liberkühn chez vous par complaisance pour moi. Et comme je suis importun, je vous demande de pousser la complaisance jusqu'à prendre du bouillon de vipère. Vous ne pourrez de votre vie me faire un plus grand plaisir.

FÉDÉRIC.

XLVI

DE MAUPERTUIS AU ROI.

23 mars 1746.

Sire,

Le baume qui peut guérir tous mes maux est une lettre comme celle dont V. M. m'a honoré. Liberkühn cependant aura l'honneur de la lire, puisque V. M. l'ordonne. Je le crois un homme admirable : on ne peut avoir votre suffrage et votre confiance sans un grand mérite. Mais je crois aussi la mécanique de nos corps et la vertu des remèdes trop loin des connaissances humaines, pour qu'aucun médecin puisse raccommoder une maille d'un poumon. Cela n'a point été accordé à l'art, de peur sans doute qu'on n'en abusât, et que bien des gens ne fussent assez sots pour vouloir vivre trop longtemps. Il est vrai que l'air de Berlin ne m'a pas été aussi bon que celui de Potzdam. Celui que V. M. respirera, sera toujours celui que je trouverai le meilleur. Et sans m'embarrasser de la durée de la vie, elle sera toujours heureuse pour moi, si je puis la passer à vos pieds et l'employer à votre service.

XLVII

DE MAUPERTUIS AU ROI.

5 avril 1746.

Sire,

Tous les bouillons de vipère que j'ai pris, ne m'ont pas fait plus de bien que ce que Monseigneur le prince de Prusse [1] vient de me dire de votre part. Votre Majesté jouit d'une santé parfaite ; elle daigne penser à moi, et me donne rendez-vous à Charlottenbourg. Il n'en fallait pas moins, Sire, pour me consoler de ne vous avoir pas suivi à Potzdam. Je sens que pour peu qu'on soit accoutumé au bonheur de votre présence, le plus grand malheur du monde serait d'en être privé.

[1] Auguste Guillaume. (M. A.)

XLVIII

DU ROI A MAUPERTUIS.

A Potzdam, ce 7 avril 1746.

J'aurais lieu d'être bien flatté de votre lettre, si je n'en attribuais les termes à la politesse usitée dans votre nation et qui vous est particulièrement propre. J'avoue qu'après le plaisir de faire le bien, il n'en est pas de plus doux que celui d'être loué par ceux qui savent apprécier les choses. C'est une faiblesse; mais avec cette faiblesse on fait souvent de très belles actions.

Je crains fort que vous n'ayez fait des infidélités au bouillon de vipère pendant mon absence. La semaine sainte, les sculpteurs, les doreurs, sont cause que votre appartement n'est pas encore achevé. Je presse cependant l'ouvrage; et j'espère que dans huit jours tout sera fait et distribué de façon que je pourrai recevoir convenablemont mon ami dans ma gentilhommière et mettre mon philosophe à l'abri de toute incommodité. En attendant, j'écris, je déchire, je lime, je polis mon ouvrage de mon mieux. J'espère achever aujourd'hui mon seizième chapitre et de commencer tout de suite le dix-septième[1]. C'est un métier

[1] Frédéric fait sans doute allusion aux *Mémoires pour servir à*

fort pénible que celui de composer; et quelquefois j'aimerais autant faire la guerre. Mais par combien de plaisirs que les victoires ne sauraient donner, n'est-on pas dédommagé de ses peines? Je me réjouis de vous voir mardi à Charlottenbourg, où la belle saison paraît inviter aux plaisirs champêtres. Je vous y dirai quelle est mon estime pour vous.

Fédéric.

XLIX

DE MAUPERTUIS AU ROI.

A Berlin, 8 avril 1746.

Sire,

Je n'ai jamais passé pour flatteur; et V. M. ne persuadera à personne que je le sois, parce que

l'histoire de la maison de Brandebourg, dont il devait écrire les derniers chapitres qui sont des dissertations sur *le Militaire*; *la Superstition et la religion*; *les Mœurs*, *les coutumes*, etc., et *le Gouvernement de Brandebourg*. — Frédéric fit lire par Darget plusieurs parties de cet ouvrage, dans diverses séances publiques de son Académie. L'*Abrégé de l'histoire de Brandebourg jusqu'en* 1640 fut lu le 1er juin 1747; la *Vie de Frédéric-Guillaume le Grand*, le 25 janvier 1748; celle *de Frédéric Ier, roi de Prusse*, le 30 mai 1748; le mémoire *de la Superstition et de la religion*, le 23 janvier 1749; et celui *des Mœurs, des coutumes*, etc., le 3 juillet 1749. Nous remarquerons que le neveu de Frédéric, le jeune prince Frédéric-Guillaume, depuis roi de Prusse, et alors âgé de moins de cinq ans (il était né le 25 septembre 1744) assistait à la dernière de ces séances. (Is. A.)

je parle et pense d'elle comme toute l'Europe. Je voudrais passer ma vie auprès de vous. A l'égard de tout autre prince, ce désir pourrait être regardé comme le vœu de tout particulier à qui la royauté en impose. Mais V. M. ne saurait me soupçonner de vouloir par là agrandir mon être, lorsqu'elle fera réflexion que ce que je désire, bien des souverains le désirent autant que moi. Oui, Sire, je suis persuadé que le roi, mon premier maître, serait charmé de vivre avec le conquérant de la Saxe, le législateur du Nord, le plus bel esprit des rois, et le plus philosophe des beaux esprits. Au milieu de sa grandeur et de sa gloire, il sent qu'il manque à son bonheur la familiarité d'un ami tel que vous.

Je suis bien aise que V. M. voie par elle-même combien notre métier est pénible. Elle en sera plus disposée à recevoir les requêtes que j'ai à lui présenter pour des gens de lettres, qui sont dans une indigence de laquelle ils seraient bientôt sortis, s'ils avaient employé à faire fortune le quart des travaux, des talents, de l'activité, des veilles, qu'ils emploient à éclairer l'univers.

Le soin que V. M. prend de corriger et de limer ses ouvrages, est une belle leçon pour les écrivains de ce siècle et surtout pour nos Français. Aujourd'hui on ne compose plus qu'en courant. On veut faire beaucoup; on se soucie peu de bien faire. Dans le fond, qu'importe qu'un petit particulier se trompe et se néglige? au lieu qu'il importe fort qu'un auteur tel que vous, Sire, ne donne rien que de parfait. Le public exige de grandes choses d'un grand homme. Ces grandes choses sont en partie le fruit du génie, en partie celui du travail. Mais V. M. sera payée de ses peines par les applaudissements qu'elle recevra et par le bien qu'elle aura fait. Non que je lui réponde que ces mêmes ouvrages, qui seront lus avec tant d'admiration, ne seront pas l'objet des plaisanteries de quelques esprits superficiels, de quelques courtisans désœuvrés. Car sur quoi ne plaisante-t-on point dans ce siècle frivole? Mais V. M. s'assurera une gloire que rien ne pourra ternir. Elle aura ennobli les lettres; elle aura disposé les âmes à chérir, à chercher la vérité en triomphant des préjugés; elle aura enseigné aux rois, qui en sont les victimes, à les proscrire de leurs Etats; elle aura jeté dans les têtes de son siècle la semence de mille vues utiles, dont profiteront les siècles à venir; elle pourra se dire : Je suis le bienfaiteur et le législateur du genre humain. Et voilà deux titres que cent victoires ne peuvent vous donner.

L

DU ROI A MAUPERTUIS.

(*Sans date.*)

Du haut de la voûte azurée;
Du pinacle de l'Empyrée.
Où vous brillez près de Newton,
Recevez cette ode parée
Des guirlandes de l'Hélicon.
Nous autres faiseurs de sornettes,
Prétendons notre part aux cieux,
Et bien plus que vous glorieux,
Nous soutenons qu'être poëtes
C'est parler la langue des dieux.
Mais une rivale célèbre
Contredit nos illusions,
Et dit que nous nous adjugeons
Le patrimoine de l'algèbre ;
Que son calcul parle à l'esprit
D'un ton d'oracle et de merveilles,
Au lieu que notre art se réduit
A flatter un temps les oreilles
D'un peuple qui de nous se rit.
Quoi ? l'Arabe qui nous l'apprit
Vaut mieux que l'aîné des Corneilles ?
Et ces problèmes si profonds
Valent mieux que les doctes veilles
Des Horaces et des Miltons?
Terminons enfin ce litige,
Des beaux-arts l'intérêt l'exige ;
Respectons leurs divers travaux.
Est-ce donc un si grand prodige
De mettre d'accord deux rivaux?
Vous, étudiez la nature,

Sondez-en, s'il se peut, le fonds.
De la terre, au sein des glaçons,
Osez mesurer la figure;
Nous, à l'envi nous chanterons
De vos travaux la marche sûre,
Et mêlerons à nos chansons,
Pour que leur frivolité dure,
L'immortalité de vos noms.

Voilà, mon cher Maupertuis, ce que ma muse vient de me dicter sur la conversation que nous eûmes hier. Il ne tiendra qu'à vous de mettre ce soir le sceau à ce traité par de copieuses libations de vin de Tokay, que nous ferons au nom d'Apollon, qui, au bout du compte, est également le Dieu d'Archimède, de Virgile et d'Epicure.

LI

DE MAUPERTUIS AU ROI.

(Sans date.)

Sire,

Je reçois vos vers avec reconnaissance et je les lis avec admiration. Chaulieu n'en faisait pas avec plus de facilité; et ce qu'ils ont de négligé ne fait qu'en augmenter l'agrément.

Il serait glorieux d'être assis à côté du plus sublime des géomètres. Mais je connais une place encore meilleure : ce serait de passer sa vie aux pieds d'un roi philosophe.

Les artistes et les savants sont frères : les premiers sont plus métaphysiciens et plus géomètres qu'ils ne pensent. Combien de définitions exactes n'a pas à faire, combien de problèmes n'a pas à résoudre sur-le-champ tout homme qui compose sur des sujets d'imagination et de goût ?

Un secret qu'il ne faut point dire au vulgaire des beaux esprits, c'est que l'homme éloquent, soit poëte, soit orateur, est bien au-dessus du plus profond raisonneur et du plus patient géomètre. Aussi Cicéron appelle-t-il Archimède *homuncio*. Mais quel disciple d'Archimède oserait appeler ainsi Cicéron ?

LII

DE MAUPERTUIS AU ROI.

10 avril 1746.

Sire,

Voilà la réponse de l'abbé le Blanc, que je ne fais que de recevoir, quoique datée du 10 mars. Je crois y reconnaître le style de quelque ministre, qui, après m'avoir persécuté sur mon départ, me veut encore faire une leçon. Je suis

Français autant pour le moins que l'abbé le Blanc. J'aime encore mon pays. J'aime et respecte mon premier maître, de qui je n'ai jamais reçu que des grâces, et qui n'a point de part aux injustices qu'on m'a faites. Je ne l'aurais jamais quitté pour aucune fortune qu'on m'eût présentée ailleurs. Mais quand je pense que c'est à vous, Sire, que je me suis donné, on a beau m'écrire, je ne saurais m'en repentir. Que m'importent les jugements de Paris, dès que V. M. m'en console par tant de bontés que je n'ai ni méritées, ni prévues?

J'ai l'honneur d'envoyer à V. M. la copie de la lettre que j'avais écrite à l'abbé le Blanc.

LIII

DU ROI A MAUPERTUIS.

Ce 8... 1746.

Vous ferez de vos pensions vacantes la distribution que vous jugerez la plus convenable pour les progrès de votre Académie, jusqu'à ce que vous m'ayez indiqué quelqu'un plus capable que monsieur notre Président, d'en faire avec équité la répartition. Quant aux médailles, je vous avoue ingénûment que je ne connais que les modernes, dont je suis obligé de faire usage pour les dépenses de l'Etat, et pour lesquelles je suis fort importuné par l'insatiable avidité de certains mortels qui sont nés avec une sympathie singulière pour les espèces, et qui savent très bien en faire l'attraction vers eux. Que je plains votre ancien maître, qui en a un beaucoup plus grand nombre à contenter, et tant de ces loups béants qu'on nomme courtisans et qu'on ne connaît point dans ce pays-ci! Ainsi vous mettrez, s'il vous plaît, sur vos médailles tout ce qui vous fera le plus de plaisir, fût-ce même votre corbeau et votre chat. Quant à mes occupations, je vous dirai qu'à présent le *Guidon des financiers* est mon livre favori. D'après les réflexions qu'il me fournit, je fais un gros ouvrage, qui fera bien rire mon peuple et bien jurer mes financiers. Je vous souhaite de bonnes fêtes, courte confession et facile absolution, vous assurant qu'on ne saurait vous estimer plus que je le fais.

FÉDÉRIC.

LIV

DE MAUPERTUIS AU ROI.

10 mai 1746.

Sire,

V. M. m'ayant dit plusieurs fois qu'elle souhaitait que je dressasse un projet de règlement pour l'Académie, j'ai l'honneur de lui en présenter un, qui, à ce que je crois, pourra remédier aux maux présents. Je l'ai fait de concert avec M. de Borck, celui de nos curateurs qui est le plus zélé pour les vrais intérêts de l'Académie. Quoiqu'il soit court, j'ai tâché d'y tout prévoir. Cependant je ne le croirai dans la perfection où il doit être, qu'après que V. M. y aura fait ses corrections. Il s'agissait pour moi de mettre les sciences à couvert d'une administration trop despotique, sans blesser l'amour-propre de nos seigneurs les curateurs, et de donner au Président quelque degré d'autorité qui puisse le rendre utile à l'Académie. V. M. sera peut-être moins circonspecte sur ces deux points que je ne l'ai été. Je ne sais cependant s'il lui est aussi aisé de remplir l'intervalle qu'il y a entre des Excellences et moi, que de battre les Autrichiens et les Saxons.

LV

DU ROI A MAUPERTUIS.

11 mai 1746.

Je vous renvoie, mon cher Maupertuis, le règlement pour l'Académie, signé et apostillé de ma main. Je veux qu'il soit exécuté de point en point, et je vous en charge. J'espère que vous serez content des droits et des honneurs que j'attache à la présidence. Je ne vous réponds pas que vous n'ayez encore des désagréments à essuyer : il faut du temps pour détruire de vieux préjugés. Mais les seigneurs de ma cour rendront enfin aux sciences l'hommage qu'elles méritent, quand ils verront que je leur en donne l'exemple.

LVI

DE MAUPERTUIS AU ROI.

12 mai 1746.

Sire,

Voilà un livre que j'ai reçu sans aucun avis. La beauté de la reliure me fait croire qu'il est destiné pour V. M. Je vais faire observer dans l'Académie le règlement que vous avez daigné approuver; les choses seront bientôt sur un meilleur pied. Je pense qu'en effet on n'osera entreprendre d'avilir ce que V. M. honore.

Que V. M. me permette de lui souhaiter un heureux voyage. J'ai eu le bonheur de la voir tous les jours. Mais je l'ai vue comme Tantale voit les eaux. Puissent celles de Pyrmont couler pour elle sans flots, sans vagues, sans ondes, et affermir entièrement une santé, de laquelle dépendent notre bonheur, le destin de l'Europe et l'instruction du genre humain!

LVII

DE MAUPERTUIS AU ROI.

19 mai 1746.

Sire,

Voilà des vers que l'auteur voudrait joindre à d'autres dans un ouvrage qu'il va faire imprimer. Il les regarde comme ce qu'il y aurait de plus intéressant dans son recueil. Mais il n'oserait les faire paraître sans en avoir obtenu la permission de V. M., et il me charge de la lui demander. Il les fit autrefois pour vous, et les premiers, avant que vous fussiez roi : car vous attirâtes de bonne heure les regards des gens de lettres. S'ils ne sont pas des marques nouvelles de ses sentiments, la prière qu'il vous fait est une preuve de leur constance. Et comment aurait-il pu changer, puisque V. M. n'a fait que mériter de plus en plus l'admiration universelle? Qu'il est heureux, Sire, de pouvoir dire dans de beaux vers ce qu'il pense ! Quand on parle de vous, il n'y a de différence que dans la manière de s'exprimer.

Je me suis informé du manuscrit de Photius, dont Algarotti désirait une copie. Il n'est point dans votre bibliothèque; et comme il n'y a jamais été, je crois que la demande d'Algarotti n'était qu'un prétexte pour avoir l'honneur de vous écrire une lettre et le plaisir de vous demander une grâce. Ces artifices de l'amour-propre ne doivent pas surprendre V. M. Les autres rois ont à se garantir de bien d'autres.

LVIII

DU ROI A MAUPERTUIS.

A Pyrmont, le 24 de mai 1746.

J'ai reçu votre lettre à la chârtreuse de Pyrmont. Les médecins me font de grands compliments sur l'effet des eaux. Pensez quelle merveille! J'avais une obstruction dans le mésentère, et elle s'est convertie en goutte. J'attends patiemment quels seront les effets de cette cure. J'ai des maux de tête : ils pourront se convertir en paralysie du bras droit. La gravelle pourra se jeter sur le bras gauche. Et vous aurez le plaisir de me voir revenir à Berlin, bénissant le Seigneur et louant les effets des eaux minérales, qui m'auront estropié pour me faire mieux porter.

J'ai lu les vers d'Algarotti, et je n'y ai rien trouvé qui puisse en empêcher l'impression. Pourquoi me consulter là-dessus? Ovide doit lui avoir appris que *les rois sont une chose publique.* Quant au manuscrit, il se sera peut-être trompé, en supposant que celui qu'il cherche était à Berlin. Je vis si peu avec ce qu'on appelle courtisans, que je ne suis guère au fait des raffinements de leur puérile politique. Je me repose entièrement sur vous pour le reste de la négociation avec Algarotti. Il faut l'avoir, mais il n'est pas de ces hommes qu'il faut avoir à tout prix.

Je compte être le 10 à Potzdam, et d'y être informé du succès de vos soins officieux. Car j'ai signifié à mes médecins qu'ils n'avaient qu'à me guérir promptement. Un roi a-t-il le temps d'être malade? C'est Darget qui, pour cette fois, me prête sa plume élégante. Les médecins interdisent à leurs malades les facultés d'agir et de penser. Les miens me traitent comme un simple particulier, en me défendant d'écrire. Tout ce qui ne vous paraîtra pas bête dans cette lettre-ci, vient de Darget; et où vous trouverez que la lettre déraisonne, vous l'attribuerez au malade, que la Faculté a résolu de priver du bon sens et de la parole, après l'avoir privé d'une partie de ses membres. Vivez heureux à Berlin, entre les bras d'une épouse chérie. Ne faites que de courtes absences et de ces expéditions de Prométhée pour dérober à Dresde ce feu céleste et pour en enrichir notre Académie. Soyez persuadé de toute mon estime et que je me fais une joie de vous revoir.

Fédéric, martyr
de la Faculté.

Mes compliments à madame de Maupertuis. Je la prie de vous ordonner de l'aimer moins, ou de vous défendre de le lui témoigner si souvent.

LIX

DE MAUPERTUIS AU ROI.

29 mai 1746.

Sire,

Une obstruction changée en goutte, et un mal de tête converti en paralysie, seraient des preuves de l'efficace des eaux : et, Dieu merci, je ne leur en crois pas tant. Je ne prends donc que comme un emblème de la vie humaine, ce que je trouve sur cela dans la lettre de V. M. Et si je le prenais autrement, je sentirais déjà les douleurs de la goutte; et mon bras n'aurait plus la force d'écrire. Je suis véritablement fâché que V. M., qui connaît si bien les degrés d'assentiment qu'il faut donner aux choses, en donne quelqu'un à la médecine. Toutes les sciences sont au berceau ; mais celle-ci n'est pas encore née. Revenez, Sire, à Potzdam, boire du vin de Hongrie, vous guérir et nous guérir tous. Je vois, par la gaieté de votre lettre, que vous n'avez plus besoin des eaux minérales. Si la nature nous a aimés au point de nous accorder d'autres remèdes que la diète et la patience, elle doit les avoir donnés agréables. Et si elle nous a assez haïs pour mettre de l'amertume et du dégoût dans ce qu'elle nous présente comme des ressources, je ne crois pas qu'il faille s'y fier.

Je compte, Sire, voir Algarotti à moitié chemin de Dresde, où je lui ai mandé de se trouver. Comme ce que j'ai à lui proposer est encore plus avantageux pour lui que pour moi, il me semble qu'il doit au moins faire la moitié du chemin. J'attends sa réponse pour partir. N'allez pas prendre, Sire, l'envie que j'ai d'attirer ici Algarotti pour une imprudence de ma part. J'en connais tout le péril. Mais je sacrifierais à vos intérêts bien autre chose que mon amour-propre.

Madame de Maupertuis est comblée de vos bontés pour elle, et de la manière dont V. M. les exprime.

LX

DU ROI A MAUPERTUIS.

A Pyrmont, le 4 juin 1746.

Vous me prenez pour plus crédule que je ne le suis. Je crois aussi peu aux disciples d'Hippocrate qu'aux astrologues, et aux Isaïes, et aux Matthieux. Mais malgré cela, je suis d'opinion qu'un bon régime joint à un exercice modéré doivent contribuer à la santé. Je crois que l'eau minérale, bue en quantité proportionnée à l'estomac du malade, doit dilater le sang, rendre le corps plus léger et plus dispos. Des milliers d'exemples me le confirment, et je m'appuie en cela sur les deux bâtons de l'analogie et de l'expérience. Je sens par moi-même les salutaires effets de ces eaux-ci. Je ne m'imagine point que la médecine puisse prolonger la vie des hommes; mais il ne faut point donner dans un excès contraire, en refusant à cet art la vertu d'adoucir ou de pallier nos maux.

Je souhaite que votre voyage en Saxe n'ait pas été infructueux, et que vous reveniez comme Jason en rapportant la toison d'or. L'expression est bien magnifique pour désigner Algarotti. Jugez si en parlant de vous je ne m'élèverais pas jusqu'au troisième ciel.

J'achèverai dans peu de jours les *Mémoires de Sully* : mélange singulier de choses intéressantes et inutiles, instructives et minutieuses. Le premier volume me paraît infiniment supérieur aux deux suivants, soit que l'abbé de l'Ecluse ait eu l'imagination plus échauffée en commençant son ouvrage, soit qu'effectivement la matière plus intéressante lui ait communiqué sa force et des agréments à sa plume. Il me semble qu'il est bien difficile qu'on s'élève au-dessus de son sujet. Les longs et inutiles détails dans lesquels entre M. de Rôny, paraissent l'effet d'un amour-propre peu judicieux, qui présume que le monde verra avec le même intérêt des faits dont la frivolité fatigue l'attention. Je lui passe ses détails sur Henri IV. Ce prince est plus particulièrement exposé qu'un autre aux regards de la postérité, tant parce qu'il a établi la maison de Bourbon sur le trône, qu'à cause de ses vertus qui l'ont rendu le modèle des souverains. Mais si la curiosité se repaît avec avidité de tout ce qui a rapport au maître, elle n'a point le même empressement pour ce qui regarde le ministre. Le bavardage de M. de Rôny tire sa source d'une âme circonscrite dans une sphère trop étroite. Il ne voyait que la France, et dans la France il comptait son cabinet comme le lieu le plus important. Si, se jetant hors de ce cabinet, il avait porté ses regards sur l'Europe entière, sur le genre humain, à l'égard desquels la France n'est qu'un point, il aurait retranché toutes ces superfluités qui n'apprennent rien. Il aurait usé de plus de sobriété dans la narration de faits qui regardent un seul homme. Quand on considère dans l'univers cette révolution de puissance et de génies qui se succèdent si rapidement, on est chagrin contre les historiens qui nous retiennent sur tant de bagatelles, pour lesquelles un trait de plume suffirait. Malgré ces défauts, ce livre-ci est un des meilleurs que j'aie lus depuis longtemps. Je n'ose vous dire qu'il me semble y avoir trouvé quelques fautes contre la langue. Ce n'est point à moi qui en commet tant d'en reprocher aux autres. C'est comme si l'abbé d'Olivet voulait critiquer le latin de Cicéron, sous prétexte qu'il griffonne du latin à sa manière. Voici la dernière lettre que vous recevrez de moi. Je pars mercredi sans faute et j'espère d'être vendredi à Potzdam, où je boirai avec vous du vin de Hongrie, si mon pied me le permet. Adieu, mon cher Maupertuis, je souhaite de vous revoir en bonne santé, vous assurant de toute mon estime[1]. FÉDÉRIC.

[1] Cette lettre est de la main de Darget. (Note de La Beaumelle.)

LXI

DU ROI A MAUPERTUIS.

Ce 4 juillet 1746.

Puisque vous croyez avoir des raisons pressantes de partir, je vous en accorde volontiers la permission. Je vous la refuscrais peut-être si je n'étais que votre ami. Je me flatte que vous vous dépêcherez, et que vous nous amènerez ce que vous pourrez trouver de mieux et de plus aimable en France. Je suis votre fidèle ami,

FÉDÉRIC.

LXII

DU ROI A MAUPERTUIS.

A Berlin, ce 28 juillet 1746.

Je crains que cette lettre ne vous trouve dans le grand accablement de la douleur. Je sais qu'en ce moment-là le plus éloquent consolateur n'est qu'un importun. Cependant je vous prie de songer à ce que je vous ai dit à Potzdam. Votre père est mort à l'âge de quatre-vingt-quatre ans. Vous l'avez vu rassasié de jours, il vous a vu couvert de gloire. Il me semble qu'il doit avoir quitté ce monde avec moins de regrets, et que cette idée doit entrer pour beaucoup dans ce corps de raisons consolatoires que votre philosophie doit vous fournir. Je vous prie de mettre promptement ordre à vos affaires, car vous me manquez beaucoup ici. De plus, le lieu qui vous rappelle sans cesse l'objet de votre affliction n'est pas propre à l'affaiblir, et le séjour de Berlin l'effacera. Il faut opposer à la douleur l'occupation et le plaisir. Vous trouverez ici l'un et l'autre. N'oubliez pas, si vous le pouvez, d'amener quelqu'un d'aimable avec vous. Si vous pouviez trouver quatre bons acteurs, deux hommes et deux femmes, ce serait une acquisition fort utile pour notre théâtre, qui est en vérité dans une grande indigence de bons sujets. J'ai mis les fers au feu pour placer Pérard à Berlin. Je connaissais son mérite, mais votre suffrage a bien augmenté mon estime. Je pars demain pour aller faire ma cour à ma charmante maîtresse, la Silésie. Je serai de retour le 10 du mois prochain. Adieu, je souhaite de tout mon cœur que votre chagrin n'altère point votre santé et que vous nous rejoigniez bientôt. Vous avez eu un bon père, c'est un bonheur que n'ont pas eu tous vos amis. C'est une raison pour pleurer, mais rien ne vous justifierait si vous vous laissiez abattre.

FÉDÉRIC.

LXIII

DE MAUPERTUIS AU ROI.

A Paris, 11 août 1746.

Sire,

Je n'ai reçu que hier la lettre dont V. M. m'a honoré le 28 juillet. Si quelque chose pouvait diminuer une douleur aussi juste que la mienne, ce serait de voir un grand roi daigner y prendre part.

J'ai déjà écrit à Metz, à un comédien qu'on m'a assuré qui conviendrait à V. M. C'est le sieur Rousselet, premier acteur des troupes de Metz et de Lyon. Il fait les rôles de roi, de paysan, de financier, et sa femme les premiers rôles dans le tragique et dans le comique. Je lui demande un second et une seconde pour remplir ce que V. M. souhaite. Et selon ce qu'on m'a dit de cet homme, il est plus capable qu'un autre de les trouver. Peut-être les a-t-il dans sa troupe. Il faut, Sire, qu'ici mon bonheur et mon zèle suppléent à ma capacité : j'ai peu de connaissance de ces sortes de choses, et aucune de ces gens-ci.

Je suis un peu plus capable, mais non moins embarrassé du choix de l'autre sujet que V. M. veut avoir. Les médiocres s'empressent, et les bons reculent, ou ne peuvent rompre leurs engagements, ou n'osent se résoudre à quitter leur patrie. La réputation de vos talents et de vos vertus vous fait des sujets de tous les gens de lettres et de mérite. Mais Paris a des charmes, et l'on ne connaît point ceux de votre cour. D'ailleurs ce que V. M. demande est-il aisé à trouver ? Un homme de lettres qui soit en même temps homme d'esprit et homme aimable, est très rare dans ce pays-ci, et peut-être partout. Je n'ai encore rien vu qui pût vous convenir ; mais je rendrai compte à V. M. de ce qui s'est présenté.

V. M. n'a pas besoin de m'ordonner de hâter mon retour. Je brûle d'impatience de la voir. Nos affaires sont sur le point d'être finies, et je ne perdrai pas un moment pour m'aller remettre à vos pieds.

LXIV

DU ROI A MAUPERTUIS.

A Potzdam, 23 août 1746.

Je prends beaucoup de part à votre affliction. Mais je souhaiterais d'en voir les bornes. C'est à présent que votre cœur doit obtenir du temps ce qu'il n'obtiendrait pas de votre raison. Les eaux du Léthé, c'est-à-dire de bonnes rasades de vin de Hongrie, doivent endormir des chagrins qui ne vous rendront point ce que vous avez perdu, et qui vous ôteront le peu de santé qui vous reste.

Je suis revenu de Silésie avec un mal à la jambe qui m'a obligé d'y faire faire une incision. C'est ce qui m'empêche de vous écrire de ma main. Menez-nous à Berlin les héros de l'antique Rome et de la Grèce, sous le nom de Rousselet. D'Hérouville me promet un prince et une princesse admirables. Je crains qu'au lieu de m'envoyer quelque comédien, il ne s'avise de faire intercepter par les volontaires de Saxe quelque prince de l'armée alliée, qui pour être réellement prince, n'en jouerait pas mieux le rôle. Mais comme la commission d'Hérouville n'est pas encore terminée, je ne serais pas fâché si Rousselet pouvait trouver deux sujets qui nous convinssent. Je voudrais qu'on pût finir avec ces quatre personnes au prix de quatre mille écus pour leur pension. Il faut un engagement pour six ans. Darget vous marquera les autres conditions. Quant à l'autre commission que je vous ai donnée, je m'en rapporte entièrement à vous, et quand vous ne réussiriez pas, je ne serais pas moins persuadé que vous avez tout fait pour réussir. Je conçois que certains hommes de lettres peuvent faire les renchéris; mais il en est peu de cet ordre; il y en a beaucoup qui n'ont nulle espérance de fortune, beaucoup qui doivent être peu attachés à une patrie, où la liberté de penser et d'écrire est un crime, et punie comme tel. Leur esprit n'aura point ici d'entraves, et leur cœur sera exempt de ces angoisses qui les tourmentent à Paris, toutes les fois qu'un livre nouveau et hardi excite les alarmes ou la simple attention de l'autorité. Je serai bien aise d'apprendre que toutes vos affaires sont arrangées à votre satisfaction. Je vous prie de croire que je vous aime et vous estimerai toujours.

Job de mille tourments atteint.

LXV

DU ROI A MAUPERTUIS.

(Sans date.)

Je ne puis vous rien répondre sur la lettre de la Chaussée sinon qu'on a engagé une famille royale d'histrions à Paris, composée de deux mâles et de deux femelles. Je ne sais si votre protégé en est ou n'en est point. J'ai oublié les noms de ces héros. Je suis fâché d'apprendre que vous avez la fièvre. Je voudrais que le Maurepas l'eût pour vous, et si ce n'est assez, que tous ses confrères la tremblassent encore. Il est peu de ministres en tout genre, que leurs commis ou leurs vicaires ne puissent remplacer. Mais qui peut remplacer un philosophe tel que vous? Ce n'est pas tant votre fièvre que je crains que le mal de poitrine, et c'est à quoi j'estime que les médecins doivent le plus penser. Le Quinte-Curce est imprimé en caractères si menus, qu'on a peine à le lire. On m'a fait bien de l'honneur de mettre mon portrait à la tête de cette édition. Mais qu'ai-je de commun avec Alexandre? Je suis si loin de penser comme lui en fait d'ambition, et si fort au-dessous de lui en fait de guerre, que la comparaison ne saurait avoir lieu. Mettez, mettez mon portrait, puisqu'il y en a un, à la tête d'une jolie édition d'Epicure, ce philosophe de la bonne compagnie, cet ami de l'humanité, ce protecteur des plaisirs. Adieu, j'espère d'apprendre de bonnes nouvelles de votre reconvalescence.

FÉDÉRIC.

LXVI

DU ROI A MAUPERTUIS.

(Décembre? 1746.)

Dans le climat stérile, et naguère sauvage,
De nos grossiers aïeux les antiques Germains,
On suivait bonnement l'ignorance et l'usage.
La politique des plus fins
Etait la force et le courage.
Les esprits étaient fiers, les cœurs peu délicats.
La nature n'était féconde
Qu'en vils métaux et qu'en soldats.

Enfin d'un des pôles du monde
Les Muses vers ces lieux conduisirent vos pas.
L'amour dans les yeux d'une blonde
Vous offrit les plus doux appas.
Il fixa votre cœur volage.
Vous eûtes à choisir entre deux souverains,
Et votre Eléonor m'assura l'avantage
D'avoir dans mon pays l'ornement de notre âge.
Je n'essuyai plus vos dédains :

Le laurier d'Apollon fut planté par vos mains
Et cultivé sur ce rivage.
Les arts des Grecs et des Romains
Charmèrent nos esprits, furent notre héritage.
Porter le jour au Nord, éclairer les humains,
Maupertuis, ce fut votre ouvrage.

Mais ce que j'aime en vous, c'est cet aimable sage,
Qui, dédaignant les tons pédantesques et vains,
Des Grâces, pour m'instruire, emprunte le langage,
Et par d'agréables chemins
Me conduit au vrai beau, m'excite et m'encourage,
Tantôt par ses leçons, tantôt par son suffrage,
A confier aux arts ma gloire et mes destins!

Le luth d'Anacréon au compas d'Uranie
Dans votre main est réuni.
Par la sombre philosophie
Votre esprit n'est point rembruni.
J'en demande pardon à votre modestie;
Mais quand je vois en vous tant de talents divers,
Je dis à tous venants, je dis en prose, en vers :
Mon Maupertuis vaut seul toute une Académie.
Croyez que dans un temps de paix
Mon âme en est aussi charmée,
Qu'elle le serait, si j'avais
Un soldat qui lui seul valût toute une armée.

Mais quoi? dans les transports dont mon esprit est plein,
Me serais-je nourri d'une vaine espérance?
Et n'aurais-je enlevé ce génie à la France
Que pour le voir bientôt s'éteindre dans mon sein?
Les arts qu'il nous apprit subiront son destin.
Faut-il que ma triste paupière
Voie et l'aurore et le déclin
De ces arts, qui, sur nous répandant la lumière,
Déjà permettaient à Berlin
D'élever une tête altière?
Bientôt mon Maupertuis ne sera que poussière,

Lui qui devrait vivre toujours.
La mort sèche et livide arme sa main tremblante,
Et de sa faux étincelante
Menace fièrement la trame de ses jours.
Ah! de ta fureur dévorante,
Barbare mort! suspends le cours. —

Telles sont les tristes pensées,
Dont mon esprit est agité,
Depuis que sur votre santé
Vous avez essayé les ressources usées
De l'ignorante Faculté.
Je sais bien que c'est par bonté;
Que ses prétentions par vous sont méprisées;
Que vous avez cent fois traité
Ses promesses de bilvesées.
Mais enfin, mon ami, vous avez consulté :
J'en dois conclure, en vérité,
Que vos forces sont épuisées,
Et, ce qui serait pis, que vous avez douté.

Au doctoral aréopage
Auriez-vous confié des jours si précieux?
Auriez-vous soutenu ce pesant bavardage,
Si la fièvre qui vous ravage
Vous eût laissé le libre usage
De ce jugement radieux
Qui caractérise le sage?
Vous avez ri des arguments
De cette empirique cabale.
Leur science conjecturale
Vend cher de faux raisonnements.
On trompe les dévots; mais on ne séduit guère
Un sceptique de quarante ans.
Aux superstitieux, Lucrèce fit la guerre :
Vous la faites aux charlatans.

J'apprends en ce moment que vous vous portez

mieux. Je m'en réjouis beaucoup. Mais n'ai-je pas à craindre que vous preniez une rechute en lisant mes vers? Du moins, direz-vous, il est plus malade que moi, ce roi maudit de Dieu, qui toujours versifie. Si ma poésie est mauvaise, mon intention ne l'est pas. On peut ignorer les finesses d'une langue, et ne s'en pas connaître moins en vrai mérite. Le vôtre n'est étranger nulle part, et je voudrais que toute la terre sût combien je m'applaudis de l'avoir naturalisé chez moi.

Fédéric.

LXVII

DE MAUPERTUIS AU ROI.

Berlin, 19 décembre 1746.

Sire,

Tous les médecins du monde ne pourraient pas rendre malades ceux qui reçoivent de vos lettres. Je crois l'histoire des murs de Thèbes s'élevant aux accords de la lyre d'Amphion, comme si je l'avais vue, depuis que je sens l'effet qu'ont produit vos vers sur mon faible corps déjà à demi détruit. Tout s'y répare, les forces y reviennent, mais surtout le cœur devient plus que jamais sensible à vos bontés. Après que vous l'avez rempli, Sire, votre philosophie porte à mon esprit les plus sûres consolations. Dans quatre pages je trouve Catulle, Horace, Sénèque, et si vous me permettez de le nommer, un peu d'Epictète. Il n'y a que vous au monde, il n'y aura jamais que vous, qui puissiez être tantôt à la tête d'une armée victorieuse, tantôt au centre des plaisirs dans ces magnifiques fêtes que vous donnez, tantôt consolant et guérissant un malade, partout le même, toujours rempli de grandeur et de bonté. Cela ressemble bien à l'infini ; et si vous aviez eu affaire à des Grecs ou à des Romains, vous ne l'auriez pas échappé.

LXVIII

DU ROI A MAUPERTUIS.

(Décembre 1746.)

J'ai une véritable joie de votre reconvalescence. Mais au moins gardez encore un mois la maison. Payez encore ce tribut à la Faculté. Mon amitié l'exige de vous. Caressez votre femme avec modération. Il n'est pas question d'indemnité ; je suis persuadé qu'elle vous en quitte. Il s'agit de conserver ou plutôt de rétablir votre santé.

L'homme le plus robuste est peu de chose,
Même dans son plus beau printemps
Vous, que pouvez-vous être? hélas! rien qu'une rose
Qui se fane au souffle des vents.
Quand des amours badins la campagne riante
Enflamme nos tendres désirs,
D'un prestige enchanteur la force décevante
Persuade à d'Argens d'une voix complaisante,
Qu'il est aigle en amour, Hercule en ses plaisirs.
Dès que le Dieu volage une fois nous affecte,
Il se fait un miracle, un changement soudain.
Le débile et rampant insecte
Pense que son corps est d'airain.
Partez, plaisirs, partez, à jamais je vous quitte.
Par vos illusions mon âme fut séduite.
Vous tenez les sens enchantés;
Mais après vous avoir goûtés,
Le regret vient à votre suite.
Souvent la machine est détruite,
Et vous ne valez point ce que vous nous coûtés.
Je reviens de la folle ivresse,
Qui pour vous m'avait entêté :
Armide disparaît et l'enchantement cesse.
La modération, l'étude, la sagesse,
Valent mieux que la volupté.
Le brillant tourbillon qui sans cesse nous guide,
Est par l'expérience au juste apprécié.
Plaisirs! vous ne pouvez du cœur remplir le vide,
Ni tranquilliser l'amitié.

Abstenez-vous donc, mon cher Maupertuis, de tout ce qui pourrait alarmer la mienne. Vous êtes le premier des philosophes dans la spéculation, soyez-le un peu dans la pratique. Voulez-vous que le siècle et la postérité disent : Il sut mesurer la figure de la terre et il ne sut pas se conserver? Mon frère de Prusse est fort content de votre régime, mais très mécontent de votre visage; jugez si sous ce rapport je dois être à mon aise.

FÉDÉRIC.

LXIX

DE MAUPERTUIS AU ROI.

23 décembre 1746.

Sire,

Permettez-moi de vous le dire; écrire à votre philosophe des choses si belles et si obligeantes, c'est le gâter. Que deviendrai-je, si V. M. retire jamais ou même suspend des bontés dont mon cœur est si touché? Votre prose me fait presque bénir ma maladie; et vos vers me réconcilient avec la poésie française. C'est Epictète qui pour moraliser prend la lyre d'Anacréon. Comment un homme, à qui sa grandeur et sa santé donnent le choix de tous les plaisirs qui sont sur la terre, peut-il en parler avec le même dédain que ce pauvre esclave qu'on ne croyait philosophe que par nécessité? Comment à la clarté de ses beaux chandeliers de cristal de roche, peut-il être plus philosophe que le Grec ne le fut à la sombre lueur de sa lampe de terre ? Je ne puis le trop répéter, puisque V. M. ne se lasse point de mériter qu'on le répète, il n'y a que vous, Sire, qui ayez réuni tant de sortes d'esprit, tant de mérites divers et de talens, ce semble, opposés. Je me serais traîné aux pieds de V. M. sans la défense qu'elle m'en fait.

LXX

DE MAUPERTUIS AU ROI.

Berlin, 8 janvier 1747.

Sire,

Le plus grand mal que me puisse faire mon infirme poitrine, c'est de m'empêcher de vous faire ma cour ; et la seule chose qui puisse me consoler, lorsque je ne vois pas V. M., c'est la pensée de pouvoir lui être utile. J'emploie donc le loisir de ma maladie à étudier les affaires économiques de l'Académie et à tâcher de me rendre plus capable de l'administration que V. M. m'a fait l'honneur de me confier.

Puisque vous avez voulu, Sire, que je disposasse des pensions, permettez-moi de commencer par disposer de la mienne, de partager les 300 écus, qui étaient destinés au président, entre MM. Euler, Formey, Pelloutier et Francheville qui les méritent mieux que moi, et d'employer les arrérages qui en sont échus à quelques petits besoins de l'Académie. En augmentant ainsi les pensions des sujets qui travaillent le plus, je compte exciter l'émulation des autres.

On dit dans la ville que V. M. va faire bâtir un nouveau Temple des Muses, une Académie pour les beaux-arts. La pauvre Uranie vous demande les toits, où sans grand surcroît de dépense, vous pouvez nous donner un observatoire dont nous avons grand besoin.

LXXI

DU ROI A MAUPERTUIS.

9 janvier 1747.

Je suis fort mortifié que la faiblesse de votre poitrine vous empêche de venir me voir et me prive du plaisir de vous entendre. Si votre corps répondait à votre esprit, il devrait être bien autrement robuste qu'il n'est. La nature n'aurait-elle pas fait une bévue en votre *engendration?*

n'aurait-elle pas logé une âme dans un étui qui n'était pas fait pour elle? Mais enfin j'ai bonne espérance de votre guérison. Je veux être votre médecin pour vous réconcilier avec la médecine. Ma première ordonnance est un régime exact; tenez-vous-y, mon cher Maupertuis, et je vous promets que vous recouvrerez une santé assez stable.

Vous êtes le maître de distribuer les pensions de l'Académie comme vous le voudrez. Mais je désirerais que vous conservassiez la vôtre, et que l'Académie ne vous fût point à charge. Il est vrai que j'ai pensé à faire ici une Académie de peinture et de sculpture. Mais, mon cher ami, ce sont des projets; et pour peu qu'on ait de pouvoir, d'activité dans l'esprit et de raison, on passe sa vie à en faire. Le premier soin qui m'occupe, ce sont les invalides de l'armée. Il est juste que j'établisse préférablement à tout, de braves soldats estropiés au service de la patrie. C'est à leur valeur que nous devons ce loisir que nous donnons aux Muses. Adieu. Je regarderai tous les soins que vous prendrez de votre santé comme le meilleur témoignage que vous puissiez me donner de votre amitié.

FÉDÉRIC.

LXXII

DE MAUPERTUIS AU ROI.

A Berlin, 3 février 1747.

Sire,

L'état de ma poitrine m'empêche de vous aller porter ma requête. Mais mon cœur compte toujours sur vos bontés. L'abbé Cérillon, ministre de France à Bonn, me prie de demander à V. M., pour M. B....., la prévôté de Keiserswert, qu'a maintenant le sieur Scott, qui va mourir. V. M. partage de mois en mois la nomination avec M. l'électeur de Cologne. Mais sans doute le prévôt mourra dans le mois de V. M.

Vous m'avez permis, Sire, de vous recommander un frère que j'ai, ecclésiastique, homme de mérite, dévoué aux sciences. Il a déjà une petite abbaye dans notre province. Ce bénéfice, fort honorable par les prérogatives, ne lui vaut pas de quoi payer sa mitre et sa crosse. Si V. M. veut bien paraître s'intéresser pour lui, elle peut lui faire sa fortune; et je vous avoue, Sire, que ce sera me la faire à moi-même; ou quelque chose de mieux encore que sa fortune. Ce sera faire taire tous les reproches qui peuvent m'être faits pour avoir quitté une famille à laquelle je pouvais être utile en France. Le sort de mon frère dépend de la manière dont V. M. en parlera à M. le Chambrier et au marquis de Valory. Le premier suivra de point en point vos instructions. Et le second brûle de vous marquer son zèle. Je puis vous assurer que, depuis la tiare jusqu'au froc du cordelier, il n'y a point de bénéfice dont mon frère ne puisse remplir les fonctions. Il s'appelle l'abbé de Saint-Ellier; il est déjà fort connu dans le monde par son esprit. Qu'il le soit encore plus avantageusement par vos bienfaits! Il est grand ami du maréchal de Noailles, qui ne lui a jamais rendu le moindre service. Il n'y a rien que la cour de France ne fasse, pourvu que V. M. y veuille prendre quelque intérêt; et il est impossible qu'un roi protége inutilement quelqu'un auprès d'un souverain qui sûrement achèterait fort cher l'occasion et le bonheur de vous obliger.

LXXIII

DU ROI A MAUPERTUIS.

(Février 1747.)

Je parlerai à Valory pour votre frère l'abbé, et je ferai écrire à Chambrier sur le même sujet. Je souhaite qu'il ressente les effets de ma recommandation. Mais la cour de Versailles n'est guère complaisante sur cet article, à moins que je n'écrivisse directement à mon très cher et très honoré frère Louis.

Pour la prévôté de Keiserswert, j'ignore qu'elle soit vacante : et quand elle le serait, elle est conférée alternativement par moi et par l'Electeur, de façon que le mois dans lequel le prévôt trépasse, décide de celui à qui la nomination appartient.

Je voudrais beaucoup que votre poitrine se mît enfin à la raison. Je possède votre personne sans en jouir. Cette Laponie est bien mal avec moi. Je voudrais que vous n'eussiez jamais vu la grande et la petite Ourse de la zone glaciale, et qu'avec moins de gloire vous eussiez plus de santé. Adieu. On m'annonce le marquis de Paulmy. S'il est vrai, comme on le dit, que son père est disgracié, il n'aura pas la physionomie éveillée.

FÉDÉRIC.

LXXIV

DE MAUPERTUIS AU ROI.

11 février 1747.

Sire,

Je ne puis exprimer à V. M. combien je ressens la bonté qu'elle a de prendre intérêt, et un tel intérêt, à mon frère; quelque chose que l'on fasse pour lui en France, la recommandation me sera plus précieuse que le bienfait qui doit la suivre.

Vous avez vu, Sire, notre néophyte [1], qui vous appartient maintenant comme membre de votre Académie. On eût pris la séance de jeudi [2] pour une réception de l'Académie française, excepté qu'il fut plus question de Frédéric que de Louis XIV. Le discours fut fort beau, et mériterait bien que V. M. se le fît lire. Notre assemblée fut si nombreuse, que la salle que vous nous avez donnée n'était pas assez grande pour tout contenir. Nous aurions grand besoin d'une annexe, et il y a une chambre contiguë qui y serait fort propre.

[1] Le marquis de Paulmy. (Note de La Beaumelle.)

[2] D'après les *Mém. de l'Acad. de Berlin*, V. Historique pub. en 1750; p. 96, cette séance eut lieu le 9 février, et non le 2, comme Maupertuis le dit dans ses *Œuvres*, nouvelle édition, t. III, p. 323, et comme nous l'avons imprimé p. 114 de sa Vie. (Is. A.)

Quelques paroles que je prononçai d'une voix rauque, pour répondre au récipiendaire, m'ont presque mis sur le grabat.

La calculante cabale eut aussi son tour. M. Walz nous lut la préface d'un mémoire qui nous fit regretter de ne l'avoir pas, comme académicien naturalisé. Je l'envierais plus à la Saxe que toute sa porcelaine; et si V. M. avait encore quelque vieille urne du Japon, je lui conseillerais de s'en accommoder avec le roi de Pologne.

Je suis charmé du zèle et des talents que je vois dans plusieurs membres de l'Académie : et j'espère que cette compagnie, qui a langui si longtemps, deviendra enfin digne de votre règne. Je serai au comble de mes vœux si je puis y contribuer.

LXXV

DU ROI A MAUPERTUIS.

Ce 13 février 1747.

Je fais une grande différence de votre frère à vous. Je voudrais qu'il eût un bénéfice pour vous faire plaisir. Mais je voudrais bien plus que vous eussiez de la santé pour jouir de votre commerce. Je me brouillerai avec l'Académie, si elle vous rend malade. Ce n'était pas la peine, mon cher Maupertuis, de vous égosiller pour moi le jour de votre séance publique[1]. Newton prononça-t-il jamais l'éloge du roi d'Yvetot? Je dis Newton : car à quel autre puis-je vous comparer? Attendez que j'aie fait de bonnes et grandes choses. Après cela vous pourrez me louer. Jusqu'alors je ne puis prendre vos louanges que pour des leçons adroites. Mais, sous ce point de vue, quelle reconnaissance ne vous doit pas votre ami, de l'instruire si agréablement?

J'ai vu partir d'ici, non sans regret, notre nouvel académicien[2]. Il a bien plus d'agréments dans l'esprit que dans la figure. Ses connaissances ne sont point en raison proportionnelle de ses années. J'aurais désiré qu'on eût pu adoucir le chagrin qu'il a du déplacement de son père. Mais comment y contribuer que par des politesses? Et qu'est-ce que des politesses pour consoler un homme qui perd ce qu'il appelle sa fortune?

Que diable voulez-vous faire de votre géomètre saxon? Vous êtes insatiable de courbes nouvelles. S'il le fallait pourtant pour votre tranquillité, je le troquerais avec Bruhl[3] contre quelque tailleur

[1] Dans la séance du 9 février, Maupertuis avait fait l'éloge de M. d'Argenson en répondant au marquis de Paulmy, et c'est dans la séance du 26 janvier qu'il avait fait celui du roi. (Is. A.)
[2] Le marquis de Paulmy. (Note de La Beaumelle.)
[3] Premier ministre de Saxe. (Note de La Beaumelle.)

habile : il ne faudrait pas même de la porcelaine.

J'ai l'idée d'un emplacement plus convenable, pour votre Académie, que celui que vous avez. Laissez-moi arriver à Berlin, et nous délibérerons là-dessus. Il convient que les sciences soient bien logées. Ayez soin de votre santé. C'est ce que je vous recommande sur toutes choses. Que reste-t-il quand on l'a perdue ? Adieu.

FÉDÉRIC.

LXXVI

DU ROI A MAUPERTUIS.

(*Sans date.*)

L'Electeur George-Guillaume[1] va vous trouver, et vous prier de corriger tous les germanismes et solécismes qui sont échappés à l'auteur de sa vie. Je vous assure que son arrière-petit-fils vous en aura une obligation singulière.

FÉDÉRIC.

[1] La Vie de ce prince, mort en 1640, termine le morceau intitulé : *Mémoires pour servir à l'histoire de Brandebourg*, lu dans la séance de l'Académie du 1er juin 1747, et inséré dans les *Mém. de l'Acad. de Berlin*, t. II, pour 1746 (imp. en 1748), page 337. (Is. A.)

LXXVII

DE MAUPERTUIS AU ROI.

(*Sans date.*)

Sire,

J'ai commencé par vous admirer : et, pour vous obéir, j'ai fini par vous critiquer. Mes remarques sont des vétilles. Mais en peut-on faire d'importantes sur vos écrits ?[1]

Page 10, ligne dernière.

« Les guerres se perpétuaient d'autant plus, « que les armées étaient petites, et que les géné- « raux qui conduisaient les troupes trouvaient le « moyen de s'enrichir en la prolongeant. »

Dans cette phrase, *qui conduisaient les troupes* me paraît inutile ; et il faudrait *les prolongeant*, au lieu de *la*. Au lieu de *petites*, je mettrais *peu nombreuses*.

[1] Il s'agit ici du traité *du Militaire*, qui fait partie des *Mémoires pour servir à l'histoire de la maison de Brandebourg*. On peut voir dans cet ouvrage, t. II des *Œuvres primitives de Frédéric*, Amsterdam, 1790, p. 271, 272, 282 et 284, que Frédéric ne profita que de quelques-unes des remarques de Maupertuis. Au lieu de : *en la prolongeant*, on lit : *en prolongeant la guerre* ; le mot *campagne* est supprimé ; et enfin la cavalerie est appelée une *espèce de milice*. (Is. A.)

Page 12, ligne 5.

« En fait de tactique de campagne. »
La tactique étant l'art de ranger les armées en bataille, emporte avec soi le mot *campagne*.

Page 21, ligne 12.

« La fureur des grands hommes parvint à un « point, que la postérité aura peine à le croire. »
Cela n'est pas français.

Page 24, ligne 6.

La cavalerie est appelée *une arme*. Ce qui ne se peut dire dans aucune langue.

LXXVIII

DU ROI A MAUPERTUIS.

(*Sans date.*)

Voici la vie de Fédéric premier[1], à laquelle j'ai fait quelques corrections. J'espère qu'elle en sera moins indigne de vos mémoires. Elle est hardie;

[1] Probablement la *Vie de Frédéric III,* premier roi de Prusse. Voy. la première note de la lettre LXXXIII. (Is. A.)

mais tout en est vrai; et la vérité est le premier attribut de l'histoire. Rarement on ose la dire. Pour moi, qui n'ai rien à craindre, je n'ai nul mérite à la publier. Mais je voudrais bien en inspirer le goût à mes confrères les historiens et les rois. Je vous soumets le style. Si vous y trouvez quelques changements à faire, je suis prêt à y repasser la lime. Quel métier pour un géomètre, que de vétiller sur des mots! Consolez-vous, en vous disant : « C'est bien pis pour un roi; cependant il y a un roi de mes amis qui ne dédaigne « point ces bagatelles. » D'ailleurs vous êtes tout ce que vous voulez être; ainsi la grammaire entre dans l'immensité de vos connaissances. Vous savez juger Newton et Leibnitz, rire à *l'intermezzo,* lamper à table. Quel est le laurier qui ne ceigne pas votre tête!

FÉDÉRIC.

LXXIX

DE MAUPERTUIS AU ROI.

(*Sans date.*)

Sire,

Votre Majesté attendait des critiques. Pour cette fois elle n'aura que des applaudissements, je ne trouve dans tout ce qu'elle m'a envoyé, qu'une ample matière à admiration qui se soutient jusqu'au bout. Cependant il pourrait bien arriver, que d'un côté le public vous comblât d'éloges, et que de l'autre tant de souverains qui vous liront fussent blessés de certaines choses trop contraires à leurs préjugés. J'ai pris la liberté de rassembler tous ces traits dans le mémoire ci-joint. V. M. jugera mieux que personne si elle doit quelques égards à la faiblesse humaine, soit par compassion, soit par politique.

LXXX

DU ROI A MAUPERTUIS.

(Sans date.)

J'ai corrigé quelques endroits d'après le Mémoire que vous m'avez envoyé. Il y en a d'autres, que j'ai laissé tels qu'il étaient, parce que je n'écris point pour flatter les opinions des hommes, qui meurent; mais uniquement pour leur dire la vérité, qui ne mourra jamais. Des priviléges de ma place, c'est celui dont je suis le plus jaloux. Je vous ai souvent écrit qu'il me tardait de philosopher à mon aise. Ecrire avec liberté c'est ce que j'appelle de ce nom. On dit si rarement la vérité au genre humain, que si après bien des siècles de mensonge et de servitude il se présente un homme qui veuille bien la lui dire, certainement on doit être charmé que cet homme tienne un rang qui soit propre à l'accréditer. Dans un pédant de collége, dans un philosophe d'académie, c'est une gloire de faire une guerre ouverte aux préjugés; dans un prince qui écrit c'est un devoir, dont l'omission le couvrirait de honte. En fait de livres, toute la politique est de les faire bons; et quant à la compassion, on en doit aux errants, on n'en doit point aux erreurs. D'ailleurs on sait que je suis un maudit hérétique, et qui pis est, un mécréant. C'est pourquoi un coup de fouet de plus ou de moins donné à la superstition, ne me mettra pas plus mal avec les dévots. Quant au libraire, je lui promets de l'indemniser si cet ouvrage lui fait faire banqueroute. Mes hardiesses se trouveront noyées dans cette immensité de choses agréables à tout le monde que vous mettrez dans vos Mémoires, et dans ces *x* par *b* de M. Euler, qu'on déchiffre avec tant d'avidité. On ne s'apercevra pas seulement de saint Thomas, ni du chien orthodoxe. Je vous prie de leur faire grâce, en faveur des sentiments d'estime et d'amitié que j'ai pour vous.

FÉDÉR :

LXXXI

DU ROI A MAUPERTUIS.

Le 4 mars 1747.

Vous êtes le pape de notre académie. C'est à vous de faire des prosélytes et d'augmenter votre Eglise autant que vous le voudrez. Votre aimable néophyte est, je crois, fort capable d'embellir le diocèse des belles-lettres, qui me semble le moins peuplé et le moins cultivé de tous. Je parle ici pour moi qui ne voyage guère dans les autres. Vous et votre calculante cabale, vous vous élevez dans les airs comme des aigles. Mais parce que vous savez voler, vous ne devez pas dédaigner le ver à soie et tel autre insecte qui, sans avoir votre élévation, a du mérite, quoique subordonné à celui de la géométrie. Vous dites la messe en langue inconnue; nous la disons en langue vulgaire. Vous prononcez des oracles, nous chantons des hymnes. Vous faites respecter les mystères saints, nous les faisons aimer. Vous résolvez des problèmes, nous développons des sentiments. Vous étudiez la nature, nous la peignons. Vous vous élevez à des contemplations si sublimes, que vous en perdez le boire et le manger. Pour nous, un peu plus sages, ne vous en déplaise, nous ne travaillons à nos frivolités qu'avec le dieu de la bouteille et la déesse des amours.

Je crois que si le carnaval continuait encore longtemps, on ne s'apercevrait point, ou l'on s'apercevrait fort peu de mon absence à Berlin. Il n'y a qu'aux îles désertes, où l'on puisse remarquer le départ de celui qui les habitait. Dans tout pays peuplé, un homme, quel qu'il soit, est bien peu de chose.

Votre lettre est partie pour Paris. Chambrier est endoctriné pour en faire usage. Podewils a ordre de marteler l'épais cerveau de notre gros flamand d'ambassadeur, pour lui faire comprendre qu'il faut absolument un bénéfice à votre frère.

On nous dit ici que les comédiens ont détrôné d'Argens, qu'ils prétendent former une république et se gouverner désormais eux-mêmes. Si cela est, Potzdam aura bientôt l'honneur d'être l'asile de rois : car celui-ci viendra sûrement se réfugier chez moi et me supplier d'armer contre ses sujets rebelles. Mais j'ai peu d'envie de me commettre avec la république de Térence.

Je vous demande pardon, si je vous quitte brusquement. Mais il me vient quelques idées sur un chapitre fort défectueux que j'ai à corriger. C'est un ouvrage qui me tient à cœur, et que je voudrais rendre le moins mauvais qu'il me sera possible[1]. Quand on a peu de ressources, il

[1] Probablement le Mémoire *des Mœurs, des coutumes, de l'in-*

n'en faut perdre aucune; quand on a peu de loisir, il ne faut pas perdre un instant. Lisez cet énorme paquet, et dites m'en votre avis avec la sincérité dont vous vous piquez. Adieu.

FÉDÉRIC.

LXXXII

DE MAUPERTUIS AU ROI.

(Mars 1747.)

Sire,

Plus V. M. étend mes droits de président de son Académie, plus elle me gêne dans l'exercice de mes fonctions. Quels reproches n'aurais-je pas à me faire, si j'abusais d'un pouvoir si étendu? C'est à vous, Sire, à me diriger. Je ne puis faire que le bien en exécutant vos ordres, au lieu que je puis m'en écarter en me livrant à mes idées. Je ne préfère point la calculante cabale à la classe des belles-lettres; mais je crois que les sciences sont notre endroit faible et doivent être plus encouragées que leurs rivales. Les sciences

dustrie et des progrès de l'esprit humain dans les arts et dans les sciences. (Is. A.)

sont si arides, si pénibles, si rebutantes, si fort au-dessus du vulgaire, si rarement récompensées par des applaudissements, qu'elles languissent, à moins qu'un souverain ne les soutienne par une protection particulière : au lieu que les belles-lettres ont tant d'agréments et de charmes, qu'elles dédommagent par elles-mêmes ceux qui les cultivent. Quant au mérite respectif des deux sœurs, j'ai déjà fait là-dessus ma confession à V. M.

Si vous étiez à Berlin, Sire, on n'y verrait que vous, puisqu'on n'y parle que de vous, quoique vous n'y soyez pas, malgré tous les plaisirs dont nous sommes fatigués pendant ce carnaval. Un homme est bien peu de chose : mais un homme sur lequel toute l'Europe a les yeux ouverts, n'est point cet homme-là.

Je suis confus de toutes vos bontés. Mon frère aura un très bon bénéfice, puisque V. M. daigne le désirer ; et moi, je jouirai du bonheur d'être la cause d'un désir qui m'est si glorieux. Que V. M. juge de ma reconnaissance par la grandeur du bienfait et par la qualité du bienfaiteur.

Je plains d'Argens, mais je plaindrais bien plus le public, si le spectacle français était abandonné à la législation d'un sénat comique. Les comédiens sont peut-être les seuls hommes policés, incapables de se gouverner eux-mêmes. Cependant en France ils forment, à Paris, une espèce de sénat : et les plus grands esprits sont soumis à leur tribunal. Mais les Voltaires vous diront combien cette sujétion est humiliante pour eux et pernicieuse pour le public.

La scrupuleuse attention que met V. M. à donner la perfection à ces ouvrages qui en naissant ont déjà tant de beautés, devraient bien servir d'exemple à nos auteurs, qui toujours amoureux de ce qu'ils ont produit, dédaignent, malgré leur loisir, de donner à leurs compositions ce fini que la révision seule peut leur donner, et qui leur assurerait des siècles de vie. Le chapitre *Des Mœurs* me paraît un morceau achevé. Voltaire et Montesquieu réunis ne feraient pas mieux. Il me semble que cette pièce mériterait d'être imprimée séparément ; elle est digne d'une admiration particulière. Elle suffirait pour faire une réputation à son auteur. C'est mon avis ; et ce serait le vôtre, si vous pouviez oublier qu'elle est de vous.

LXXXIII

DU ROI A MAUPERTUIS.

(Mars 1747.)

J'ai relu et corrigé le morceau sur *les Mœurs*. Je repasserai cette après-midi la *Vie de Fédé-*

ric IV[1]. Mon intention était de ne donner cette année que la vie de mon grand-père et de réserver pour l'année prochaine l'article *des Mœurs et de la Religion*, qui doivent nécessairement aller ensemble[2]. Il me semble que votre réponse sur *les Mœurs* est trop flatteuse. Il vaut mieux laisser paraître l'ouvrage tout simplement.

Je ne doute pas que notre Académie ne fasse de grands progrès tant que vous y présiderez. Au moyen des acquisitions que nous ferons encore, elle surpassera toute autre société, quelque bien composée qu'elle puisse être. J'en excepte la France, où l'on a toujours de quoi choisir. Adieu. Au plaisir de vous revoir.

FÉDÉRIC.

[1] Il est probable que Fréderic veut parler ici de la *Vie de Fréderic III*, premier roi de Prusse, lequel était son grand-père. Ce Morceau de l'*Histoire de Brandebourg*, lu en séance publique de l'Académie, le 30 mai 1748, est inséré dans les *Mémoires de l'Académie de Berlin*, t. IV, pour 1748 (imp. en 1750), p. 367. (Is. A.)

[2] Le Mémoire *de la Superstition et de la religion*, lu dans la séance du 23 janvier 1749, est inséré dans les *Mémoires de l'Académie de Berlin*, t. IV, p. 425; et celui des *Mœurs, des coutumes, de l'industrie et des progrès de l'esprit humain dans les arts et dans les sciences*, lu le 3 juillet 1749, est inséré dans le même vol., p. 395. (Is. A.)

LXXXIV

DE MAUPERTUIS AU ROI.

Le 9 mars 1747.

Sire,

Voici un paquet que j'ai reçu d'un abbé de Saint-Pierre de votre royaume. C'est M. Barattier, ministre à Halle. Il contient sans doute un plan pour former une Académie universelle des savants de toutes les nations du monde, dont il nous a déjà fait quelque ouverture. Mais peu content de la réponse que l'Académie lui a faite, et persuadé de la grande importance de la chose, il souhaite que le paquet soit remis entre les mains de V. M. et qu'elle daigne y jeter les yeux. S'il ne peut obtenir cette grâce, il demande que je lui nomme un comité secret pour examiner son projet, dont il craint surtout que les étrangers ne profitent s'il est divulgué. Je crains, moi, d'avoir déjà importuné V. M. Mais le service que je lui dois, exigeait que je lui rendisse compte de ce que M. Barattier me marque : et V. M. peut être assurée, que je lui épargne tout ce que je crois pouvoir lui supprimer de ces sortes d'importunités.

LXXXV

DU ROI A MAUPERTUIS.

11 mars 1747.

Dieu bénisse M. Barattier et son beau projet! Je vous prie de répondre aux questions suivantes :

1° En quelle année Newton découvrit-il son système de la gravitation des astres et planètes vers un centre commun[1]?

2° En quelle année Locke publia-t-il son *Essai sur l'Entendement humain*[2]?

3° En quelle année Otto Guericke trouva-t-il la pneumatique[3]?

4° Quand s'aperçut-on pour la première fois de l'électricité des corps? et à qui cette découverte est-elle due?

5° Quelles découvertes importantes a-t-on faites

[1] Les *Principes de la philosophie naturelle*, où Newton développa son système, parurent en 1687. (M. A.)

[2] En 1690. (M. A.)

[3] En 1654. — On lui doit aussi la première machine électrique, qui date de 1670. (Voy. l'*Annuaire des Marées* pour 1855, par M. Chazallon). Otto de Guericke, né à Magdebourg en 1602, mourut à Hambourg en 1686. (M. A.) — Frédéric le cite comme l'inventeur de la machine pneumatique dans le Mémoire *des Mœurs, des coutumes, de l'industrie*, etc., (Is. A.)

dans le monde savant depuis l'an 1640 jusqu'en 1740, tant en physique qu'en géométrie ?

Je vous fais mes excuses de ce que je vous distrais de quelque calcul apparemment plus utile. Mais je ne puis finir mon chapitre sans toutes ces choses-là. Il me faudrait parcourir quantité de volumes pour en être instruit. Il est tout simple que je m'adresse à vous, qui êtes une bibliothèque vivante. Que votre mémoire vienne donc au secours de ma paresse !

Il me faut aussi le nom de ce philosophe anglais qui a calculé les progrès de l'incrédulité, toujours croissante à mesure qu'elle s'éloigne des faits proposés à croire, et qui sur ce calcul a déterminé le temps de la durée du christianisme.

FÉDÉRIC.

LXXXVI

DE MAUPERTUIS AU ROI.

11 mars 1747.

Sire,

Pour répondre aux douze lignes de Votre Majesté il me faudra bien des pages. Mais ce qui me fait une vraie peine, c'est que je ne puis lui répondre avec précision sans chercher les dates qu'elle me demande dans plusieurs livres que je n'ai point ici. Ordonnez donc, Sire, que j'aille à Berlin faire ces recherches, ou que je fasse venir ici les les livres dont je puis avoir besoin. Quant au géomètre qui a calculé le moment de l'éclipse de la foi chrétienne, il s'appelait Jean Traige, et n'est mort que depuis peu de temps.

LXXXVII

DU ROI A MAUPERTUIS.

10 avril 1747.

Vous recevrez avec cette lettre trois choses d'un genre bien différent. L'une est un peu de cette monnaie à laquelle la vanité des sujets et la politique des princes ont donné cours[1]. Nous autres charlatans, nous en payons les services reçus; et vous autres dupes, vous vous croyez surpayés. Comme la fumée dont l'orgueil se nourrit n'a nulle substance, c'est sans doute ce qui engage les peintres à personnifier cette passion sous une figure desséchée et de spectre.

L'autre chose que je vous envoie regarde le

[1] Le cordon de l'ordre du Mérite. (Note de La Beaumelle.)

bénéfice de votre frère, et vous pourrez voir que M. Boyer est en fait de civilité tel que vous le connaissez en fait d'éducation.

La troisième pièce que je vous donne est un morceau académique[1], par lequel je supplée à la paresse des d'Argens, des Francheville, des Pelloutier. C'est l'histoire de quelque petit insecte qui rampe sur la surface du globe que vous avez mesuré. Pour un géomètre de votre ordre, une pièce de cette nature est comme un gris-gris pour un Turenne. Mais sachez que n'est pas géomètre qui veut, que vos équations algébriques m'épouvantent, que votre calcul intégral me paraît impénétrable; et que pour aller à Athènes il faut avoir les inclinations attiques. Adieu. Je vous souhaite de la santé, et je vous recommande le régime.

FÉDÉRIC.

LXXXVIII

DE MAUPERTUIS AU ROI.

10 avril 1747.

Sire,

Des trois choses que j'ai trouvées dans le paquet de V. M., la première me remplit d'admira-

[1] Probablement les *Mémoires de Brandebourg*, lus le 1er juin suivant. (Is. A.)

tion, et les deux autres me pénètrent de reconnaissance. Je vous ai voué, Sire, depuis longtemps mon esprit et mon cœur. Mais chaque jour j'ai de nouvelles raisons pour sentir combien ils vous appartiennent. Si les rubans de toutes les couleurs, dont la plupart des souverains affublent au hasard bien des épaules, ne sont qu'une espèce de fumée, ceux que V. M. donne sont bien différents; ils sont les marques de sa bienveillance et de son estime; et je ne connais rien d'aussi précieux.

Il en est de même, Sire, de la recommandation que Votre Majesté a bien voulu m'accorder pour mon frère; elle tire son plus grand prix de la bonté que vous voulez bien témoigner pour nous. Mais elle sera sûrement suivie de l'effet, puisque M. Boyer s'est avancé au point de dire à M. Le Chambrier, que le Roi son maître lui avait fait connaître sa volonté d'obliger V. M. J'espère que deux rois tels que Fédéric et Louis obtiendront quelque chose de cet intraitable prélat, pourvu que M. Le Chambrier le somme de sa parole dans le temps de la nomination aux bénéfices.

Je serais déjà parti pour aller rendre mes actions de grâces à V. M., si je n'eusse pensé que je lui fais mieux ma cour en me trouvant à l'assemblée et au comité de l'Académie, qui se tiendront jeudi et vendredi, où se doivent régler plusieurs affaires scientifiques et économiques. Les destins de cette compagnie ne sont plus incertains, puisque V. M., non contente de l'avoir formée et d'en être le protecteur, veut bien en faire l'ornement par les pièces dont elle daigne l'enrichir. C'était la manière la plus sûre de la rendre supérieure à toutes les Académies de l'Europe.

LXXXIX

DU ROI A MAUPERTUIS.

(Mai 1747.)

Envoyez-moi promptement tout ce que vous avez recueilli sur Keyserlingk. Je ne suis pas en peine de peindre son âme et de narrer la meilleure partie de sa vie. Mais il me faut des dates. Ce sont des points d'appui nécessaires. Adieu. Conservez-vous avec le plus grand soin, si vous voulez me faire plaisir.

XC

DE MAUPERTUIS AU ROI.

17 mai 1747.

Sire,

Voici quelques matériaux pour l'éloge de M. Keyserlingk, que j'ai rassemblés, mais que V. M. mettra en œuvre et en valeur, si elle daigne en prendre la peine. J'y joins l'éloge de M. Du Han, que M. Formey m'a envoyé, sur lequel je supplie Votre Majesté de vouloir bien jeter les yeux. L'Académie ose vous traiter comme un de ses membres, et comme celui sur les lumières duquel elle compte le plus.

XCI

DE MAUPERTUIS AU ROI.

26 mai 1747.

Sire,

Un de vos régiments demande encore un coup d'œil de V. M.. C'est l'Académie des sciences, qui prend la liberté de la consulter sur le sujet de littérature qu'elle doit proposer pour le prix de l'année prochaine. J'ai l'honneur de vous envoyer les points d'histoire que cette classe a cru qui méritaient le plus d'être éclaircis, et de supplier V. M. d'en vouloir bien faire le choix, si elle ne juge pas à propos d'en indiquer quelque autre.

La classe de physique proposera en même temps le sujet de son prix pour l'année 1749. Et dorénavant les sujets seront annoncés deux ans d'avance. Les plaintes que les étrangers ont faites, de ce qu'ils n'avaient pas assez de temps pour y travailler, nous ont déterminés à cette innovation. Le dessein qu'on a de proposer pour sujet : *Quelle est l'origine du nitre*, ne déplaira pas à V. M., ni à ses sujets, qui sont capables d'en enseigner l'usage à toutes les nations[1].

Il faut connaître V. M. comme je la connais pour savoir combien elle peut faire de choses à la fois, et pour ne pas craindre de l'importuner dans des temps où elle est occupée d'objets si différents.

C'est jeudi que l'Académie tiendra son assemblée publique, et prononcera son jugement pour le prix[2]. Nous y aurons une lecture, qui rendra

[1] Le prix fut décerné le 3 juillet 1749 à Pietsch. (Is. A.)

[2] Cette séance est celle du 1er juin 1747, où Darget lut les *Mémoires pour servir à l'histoire de Brandebourg* ; la princesse Amélie et les trois frères du roi y assistèrent. (Is. A.)

ce jour-là le plus beau de ses jours. Louis le Grand se déclara protecteur des académies. Mais il ne put être académicien.

XCII

DE MAUPERTUIS AU ROI.

14 août 1747.

Sire,

J'ai l'honneur d'envoyer à V. M. l'ouvrage d'un homme qui postule une place dans son Académie, qui promet d'enrichir notre classe de littérature, et dont le nom ne déparera point notre catalogue : c'est le comte de Senneterre, aveugle déjà comme Homère, qui choisit mieux ses héros que lui, et dont cet échantillon annonce les talents. Le marquis de Calvière, chef d'une des brigades des gardes du corps, et encore plus connu par des vers charmants, par son goût pour les arts, par tout ce qui fait l'homme de lettres, aspire au même honneur.

Quelque prévenu que je sois pour la gloire de votre Académie, je ne prends point le change, Sire, sur le motif qui, depuis quelque temps, fait désirer avec empressement d'y être admis. Les noms obscurs, dont j'ai trouvé notre catalogue plein, empruntent de l'éclat de ceux de tout ce qu'il y a de plus célèbre et de plus illustre en France. C'est V. M. qui anime ce corps; c'est à elle qu'on veut et qu'on se flatte d'appartenir lorsqu'on y entre.

Je ne saurais pourtant oublier mes chères mathématiques. Walz est mort dans le temps que je négociais pour l'attirer ici, et que je lui avais proposé, selon l'ordre de V. M., la place vacante au collége de Joachim. Un autre sujet excellent, nommé Sulzer, de Zurich, fort habile mathématicien, pourrait nous en consoler, si V. M. voulait lui accorder la place[1]. S'il m'est permis de m'expliquer, je crois que pour le service de V. M., et pour l'honneur du collége de Joachim, il conviendrait que ce fut l'Académie qui vous proposât les sujets propres à remplir la chaire de mathématiques, plutôt que d'y laisser placer un homme au hasard et souvent peu digne. Aux avantages qu'en retirerait le collége, se joint l'intérêt de l'Académie, qui par là serait en état d'acquérir sans pension un membre utile. Mais j'oserais représenter à V. M. que pour rendre cette place honnête et digne d'un habile homme, il conviendrait de l'affranchir de certains devoirs qui n'y ont aucun rapport, et que l'ignorance des temps passés avait bizarrement joints en-

[1] Il fut nommé professeur de mathématiques en 1747 et membre de l'Académie de Berlin en 1750. Né en 1720, Sulzer mourut à Berlin en 1779. (Is. A.)

semble. Par exemple, dans ce collége, le professeur de mathématiques doit expliquer les fables de Phèdre, comme si elles avaient quelque connexion avec les propositions d'Euclide.

XCIII

DU ROI A MAUPERTUIS.

16 août 1747.

Vous êtes le souverain dispensateur des places de l'Académie. C'est à vous de les donner ou de les refuser. En vous réside la plénitude du sacerdoce scientifique. Mais je voudrais qu'au lieu de tant d'associés étrangers, nous eussions de bons académiciens résidant à Berlin, qui de là répandissent la lumière sur tous mes Etats et formassent ici des successeurs dignes d'eux. Des noms illustres font honneur à une liste ; mais ce ne sont pour nous que des noms. Nous devons penser à l'utilité. Et s'il est question de gloire, quatre savants, qui seront bien à nous, nous feront plus d'honneur que mille étrangers dont nous ne jouissons point et qui appartiennent à l'univers. Quant à M. Sulzer, j'approuve votre choix ; mais je ne sais s'il voudra établir ses équations algébriques à Berlin. Il serait donc nécessaire de le pressentir là-dessus. Quant aux fables de Phèdre, expliquées par celui qui démontre Euclide, il semble que le gymnase, en unissant deux choses si différentes, a voulu nous dire que ce sont les vers faciles et les traits d'imagination qui apprivoisent les sciences abstraites et sauvages. Pour moi, je ne suis pas payé pour accuser de ridicule une pareille alliance. Et dussiez-vous me gronder de préférer les fables de Phèdre aux quarts de cercle d'Euclide, je vous avouerai que j'ai pour les arts d'imagination et de goût un tendre, ou, si vous voulez, un faible, qui inspire trop d'indifférence peut-être pour les sciences. Je veux bien qu'on les cultive, mais non qu'on les préfère. Il n'y a que vous qui soyez citoyen de tous les lieux, et qui, sans être transfuge, pouvez passer du pays des sciences dans celui des beaux-arts, et du pays des arts dans celui des frivolités et des plaisirs.

Fé.....

(M. le comte de la Ferté-Senneterre, ayant lu cette lettre, mit ces vers au dos de l'original[1] *:)*

Je me flattais dans mon enfance
De suivre au combat ce vainqueur,
Que l'estime et la confiance
Rendent si cher à notre cœur.

[1] Cette indication est de La Beaumelle.

Mais puisque le destin contraire
Me force, en m'ôtant la lumière,
D'admirer de loin ses exploits,
Seuls comparables l'un à l'autre,
A chanter sa gloire et la vôtre
Je consacre ma faible voix.

XCIV

DE MAUPERTUIS AU ROI.

(Berlin.) 18 octobre 1747.

Sire,

Ayant trouvé les affaire de l'Académie dans un grand désordre, par rapport à l'impression de nos Mémoires et des autres ouvrages que nous faisons imprimer, j'ai cru devoir demeurer ici quelques jours. J'ai pensé, Sire, que pendant ce temps-là ma présence y serait plus utile pour votre service qu'à Potzdam, où je serai toujours pressé de voler au moindre signe par lequel je pourrai juger que je vous suis agréable.

XCV

DU ROI A MAUPERTUIS.

(Octobre 1747.)

Vous ne m'êtes pas agréable seulement : vous m'êtes nécessaire. Votre commerce est un des besoins de ma vie philosophique. Cependant j'approuve que vous soyez demeuré à Berlin pour y vaquer aux affaires de l'Académie. Je préfère à tout mes sujets : il est juste que vous préfériez les sciences à moi.

XCVI

DE MAUPERTUIS AU ROI.

29 octobre 1747.

Sire,

J'ai l'honneur d'envoyer à V. M. les observations de nos antiquaires, par lesquelles elle verra combien un sujet, qui paraissait assez stérile, donne lieu à ces Messieurs de faire de belles conjectures. V. M. saura qu'elle possède une agrafe qui a servi à attacher quelque manteau romain, mais encore des instruments de musique assez singuliers.

J'y joins les petits tableaux des Lancret [1], des Delay, par lesquels est le portrait de ce grand homme que nous venons de perdre, peint sur les lieux, tandis qu'il les saccageait et mangeait ses confitures. Ce sont les peintures dont j'ai eu l'honneur de parler à V. M., et je la supplierais de les mettre dans quelqu'un de ses cabinets, si je pensais qu'elles peuvent lui faire quelque plaisir par le goût étranger dans lequel elles sont peintes.

V. M. me permet-elle de lui envoyer quelques vers de Gresset, qui me paraissent dignes d'elle? Il n'a osé dire dans sa lettre qu'il désire passionnément une place dans votre Académie. Mais la duchesse de Chaulnes m'en a instruit; et connaissant la protection dont V. M. l'honore, et combien il mérite toutes les distinctions littéraires, je l'ai proposé pour être élu jeudi avec M. Beguelin, parmi lesquels V. M. me permettra de glisser un géomètre.

Je serais déjà retourné à Potzdam, si les affaires de l'Académie ne m'avaient retenu ici, et si l'imprimeur n'en était actuellement à l'endroit le plus précieux des Mémoires.

[1] Nicolas Lancret, peintre de genre, né en 1690, mort en 1743. (M. A.)

XCVII

DU ROI A MAUPERTUIS.

(Octobre? 1747.)

Les conjectures des antiquaires sont souvent aussi fausses que les décisions des philosophes. Je ne vois partout qu'incertitude. Mais des recherches des uns et des autres il résulte souvent des choses utiles, et c'est une raison qui doit engager un prince à ne pas exclure de sa protection les études de ces visionnaires.

Je vous remercie de vos tableaux; ils sont très curieux, et je les accepte d'aussi bon cœur que vous me les offrez.

Chargez-vous de mes remercîments à Gresset. C'est le poëte des grâces; et il a prouvé qu'il pouvait être autre chose, de moins parfait, à la vérité, mais qu'on croyait incompatible avec tant d'agréments et de légèreté. Je me soucie peu qu'il soit sur notre liste : c'est à Potzdam que je le voudrais. Mais la duchesse de Chaulnes le tient apparemment dans ses fers, comme madame du Châtelet, Voltaire. Il est juste que les belles aient la préférence sur les rois.

XCVIII

DE MAUPERTUIS AU ROI.

8 novembre 1747.

Sire,

Voici quelques amphigouris que les ordres de V. M. m'ont fait retrouver dans ma mémoire. J'y joindrais les airs, si la musique française osait paraître devant vous. D'ailleurs comment chanter dans un temps où tout est chez moi en proie à la désolation? Quelques bruits répandus nous veulent faire croire que V. M. a changé ses bontés pour notre petite Bredow [1], et en place une autre auprès de la reine. La nièce en meurt, la tante en pleure, les chats en grondent, et la maison est inhabitable.

[1] Sans doute la même personne dont il est question dans la *Vie de Maupertuis*, page 205, en note, sous le nom de Bridow. (M. A.)

XCIX

DU ROI A MAUPERTUIS.

(Novembre 1747.)

Vos vers sont très jolis; et si vous aviez cultivé ce talent, vous auriez été un des premiers poëtes de votre siècle. J'en juge moins par ce que vous m'avez envoyé, que par votre *Vénus physique*, où vous dévoilez le système de la nature dans la formation des êtres, non en vers froids et pesants comme ceux de Lucrèce, mais avec toute la pompe et l'aménité d'une prose si poétique, que beaucoup de nos poëmes sont de la prose en comparaison. Il est vrai que je n'aime pas la musique française; mais cette aversion m'est commune avec tous ceux qui aiment la musique, et si jamais vos compatriotes ont de l'oreille et du goût, ils penseront de vos compositeurs comme toute l'Europe. Je plains votre Jelyotte [1] d'employer un tel organe à un tel chant.

Je n'ai point changé d'avis sur la petite Bredow. Laissez-moi faire. Que la paix, la joie et le calme rentrent dans votre maison. Je n'ai pas besoin d'être sollicité. Mais trouvez bon que je vous sol-

[1] Célèbre chanteur de l'Opéra. (M. A.)

licite de soigner votre poitrine, et pour l'amour de vous et pour l'amour de moi.

FÉDÉRIC.

C

DE MAUPERTUIS AU ROI.

11 novembre 1747.

Sire,

N'osant plus vous parler de mes affaires domestiques, je prends la liberté de vous présenter quelques propositions pour l'avantage de l'Académie et celui du public en même temps. J'y joins un ouvrage qui fera à jamais la gloire de cette compagnie et propre à faire connaître combien elle mérite votre protection. Ce serait un grand malheur, si pendant qu'elle produit de tels mémoires, et qu'elle est animée d'une si vive ardeur pour les progrès des sciences, ses revenus venaient à diminuer.

CI

DU ROI A MAUPERTUIS.

(novembre 1747.)

Je vois avec plaisir que vous allez toujours au plus grand bien de la chose. J'approuve toutes vos propositions. L'Académie et le public se trouveront également bien de ce que vous projetez, pourvu que l'exécution y réponde. Je dormirais tranquille si tous mes ministres étaient aussi actifs, aussi vigilants que celui à qui j'ai confié le département des sciences. Mais les Maupertuis sont rares, ou s'ils sont communs, ils sont rarement employés. Je viens de relire la *Sémiramis* de Crébillon et celle de Voltaire. La dernière est monstrueuse; mais le style la fait valoir, et quelques détails la soutiendront. Aimez toujours votre bien bon ami.

FÉDÉRIC.

CII

DE MAUPERTUIS AU ROI.

16 novembre 1747.

Sire,

Les ordres de V. M. seront exécutés. On réimprime déjà le *Mémoire sur l'histoire de Brandebourg* et il sera tel que V. M. le souhaite. Comme on imprimera incessamment nos *Eloges*, V. M. sera peut-être bien aise d'examiner si celui de M. Jordan est tel qu'elle l'a dicté et qu'elle veut qu'il soit donné à l'imprimeur [1]. J'ai cru y trouver quelques fautes de copiste, que j'ai marquées d'un trait de crayon.

J'ai l'honneur d'envoyer à V. M. le détail de l'affaire d'Italie que j'ai reçu de La Tour, qui me charge de les mettre à vos pieds.

[1] Les *Mémoires de Brandebourg* jusqu'en 1640, et l'*Eloge de Jordan*, se trouvent dans le t. II des *Mémoires de l'Académie*, 1746 (publié en 1748). (Is. A.)

CIII

DU ROI A MAUPERTUIS.

(Novembre 1747.)

Je vous renvoie, en vous remerciant, l'*Eloge* du pauvre Jordan. J'y ai corrigé quelque chose, comme vous le verrez. Mais à vous dire le vrai, je suis plus attaché à l'ouvrage que je travaille à présent, et que je corrige encore sans en être satisfait.

Je vous abandonne mon ode[1], avec la seule condition que vous n'ajouterez point qu'elle est de moi. Je ne sais si c'est par modestie ou par vanité. Je crains qu'elle ne puisse soutenir la critique, et je crains aussi qu'en passant pour poëte, on ne me prît pour aussi fou que le sont ces messieurs. D'ailleurs, que diraient mes confrères les rois, si cette bagatelle parvenait jusqu'à eux? Ils ne me pardonneraient pas le travail, ce semble,

[1] Frédéric veut probablement parler de son *Ode*, int. *Le Renouvellement de l'Académie des sciences*, lue par Darget dans la séance publique du 25 janvier 1748, et non du 26 janvier 1747, comme c'est imprimé par erreur page 110 de ce volume. (Voy. le vol. Historique des *Mém. de l'Acad. de Berlin* de 1750, p. 126.) Cette *Ode* se trouve dans la partie historique du t. III des *Mém. de l'Acad. de Berlin* pour 1747 (publié en 1749), page 5, et dans le vol. Historique de 1750, p. 88. (Is. A.)

puéril d'arranger des syllabes et de chercher des rimes. Cependant je leur pardonne bien d'autres goûts qui ne valent pas mieux, et qu'ils ne peuvent pas justifier, par l'exemple des plus grands hommes de l'antiquité, comme je justifie le mien. Je leur pardonne de donner à la chasse, à la bonne chère, au jeu, à la représentation, plus d'heures que je n'en donne à mes amusements littéraires. Chacun a sa passion dans ce monde, et je crois qu'il faut avoir de l'indulgence pour toutes. Qu'il se montre, celui de mes sujets dont j'ai négligé les affaires ou les plaintes, pour faire des vers ou pour en avoir fait, et je renoncerai à la poésie. Je dois mon temps à mes peuples, mais je puis me jouer de mon loisir, si c'est s'en jouer que de leur inspirer par mon exemple du goût pour des plaisirs et des occupations qui adoucissent les mœurs.

Si vous venez souper chez moi ce soir, vous me ferez plaisir, mais toujours au cas que vous n'ayez rien de mieux à faire. Ces soupers sont encore un autre sujet de critique. Mais la plupart des princes admettent au leur ceux qui ont eu l'honneur de chasser avec eux ; et moi j'admets au mien ceux dont les ouvrages m'ont amusé et dont la conversation peut m'instruire. Ce ne sont pas des seigneurs, mais ce sont des hommes. Adieu.

F.....

CIV

DE MAUPERTUIS AU ROI.

18 novembre 1747.

Sire,

En relisant l'excellent ouvrage dont vous avez bien voulu enrichir nos *Mémoires*, il m'est venu un doute, que je demande pardon à V. M. de lui proposer, c'est sur la somme qu'on prétend que Walstein tira de l'Electorat. Cette somme est marquée dans le mémoire 20,000,000 de florins, et évaluée 16,666,700 écus. Or, Sire, si en ce temps-là comme aujourd'hui le florin était les deux tiers de l'écu, c'est-à-dire valait 16 g. pendant que l'écu en valait 24, cette somme de 20,000,000 de florins faisait alors 13,333,333 écus; et le marc d'argent qui était en ce temps-là à 9 écus étant à présent à 12, cette même somme vaudrait aujourd'hui 17,777,777 écus. Ni l'une ni l'autre ne s'accorde avec votre calcul.

Pardon, Sire, si je me trompe. Pardon encore, si je ne me trompe pas. Car au fond l'exactitude paraît bien superflue dans un calcul où V. M. dit avec beaucoup de raison qu'il y a les deux tiers à rabattre. Si cependant il y avait quelque correction à faire, il n'y a pas de temps à perdre, l'impression étant déjà recommencée.

CV

DU ROI A MAUPERTUIS.

19 novembre (1747.)

Je vous suis obligé de votre observation. Elle est très juste. Corrigez donc d'après votre calcul[1]. Je voudrais fort avoir ce la Mettrie dont vous m'avez parlé. Il est la victime des théologiens et des sots; ici il pourra écrire avec toute liberté. J'ai une compassion particulière pour les philosophes persécutés. Je le serais aussi, si je n'étais pas né prince. Il est vrai que la Mettrie n'est pas philosophe; mais il a de l'esprit, et cet esprit vaut bien de la philosophie. Ecrivez-lui. Vous lui proposerez ce que vous jugerez le plus convenable pour lui et pour moi. Je m'en remets à votre prudence.

[1] La correction fut faite, comme on peut le voir, dans les *Mémoires pour servir à l'histoire de Brandebourg* (p. 365), insérés dans les *Mém. de l'Acad. de Berlin*, t. II. 1746 (pub. en 1748), p. 337. (Is. A.)

CVI

DE MAUPERTUIS AU ROI.

9 janvier 1748.

Sire,

Les affaires spirituelles de votre Académie sont en très bon état. Nous allons incessamment en donner des preuves publiques. Les temporelles sont les seules qui nous inquiètent maintenant. Nous nous assemblâmes hier en comité pour régler la manière dont nous devons user des priviléges que vous nous avez accordés. Et comme l'intérêt des libraires et des pédants des universités se trouve en quelque sorte combiné avec le nôtre, et que nous ne voudrions pas faire tort ni à eux ni à nous, nous nous sommes déterminés à restreindre nous-mêmes quelques articles de nos priviléges et à demander à V. M. quelques ordres pour l'observation des autres.

Sur cela, Sire, je prends la liberté d'envoyer à V. M. le résultat de notre délibération, qui fut signée de MM. le maréchal de Schmettau, d'Arnim, Unde et de tous nos directeurs. Nous vous prions, Sire, de vouloir bien le faire confirmer par le directeur suprême, afin que nous soyons autorisés dans ce que nous proposons, qui n'est qu'une sobre interprétation de ce que vous nous avez accordé.

P. S. J'ai reçu réponse de M. de la Mettrie, qui ressent comme il le doit l'honneur que lui fait V. M. Je lui en rendrai compte, lorsque je pourrai me mettre à ses pieds.

CVII

DU ROI A MAUPERTUIS.

(Janvier 1748.)

Je vous fais mes compliments de votre dévotion. C'est aujourd'hui un singulier phénomène qu'une Académie des sciences chrétienne, et, qui pis est, dévote. Je me flattais pourtant qu'à force d'y admettre des prêtres elle deviendrait raisonnable sur cet objet. La Mettrie arrivera fort à propos. Je veux l'établir votre prédicateur. Il ne vous donnera pas de saines idées, mais il vous guérira de vos vieux préjugés. Il vous rendra ridicules, s'il ne peut vous rendre mécréants. Je vous recommanderai tous à ses bons mots. Sa causticité fera plus de conversions que sa logique. Mais nous autres incrédules, nous ressemblons assez en ce point aux chrétiens! Peu nous importe par quels moyens notre Eglise s'augmente.

J'approuve votre résolution, et je vais faire expédier tous les ordres nécessaires pour en procurer l'exécution. Je voudrais qu'il me fût aussi aisé de guérir vos poumons que de guérir les pédants et les libraires de l'envie qu'ils ont d'empiéter sur vos droits. Adieu. Vous ne pouvez me faire un plus grand plaisir que de vous occuper uniquement de votre santé.

CVIII

DE MAUPERTUIS AU ROI.

16 janvier 1748.

Sire,

La maladie m'empêchant de m'aller mettre aux pieds de V. M., je crois lui faire mieux ma cour en lui faisant connaître quelqu'un qui a besoin de sa justice. C'est le pauvre Jean-Christophle Falcke, imprimeur à Stargard[1], tellement sur-

[1] Ville de Poméranie (Is. A.)

chargé de soldats, qu'il est réduit à mettre sa maison et ses presses en vente pour la moitié de leur valeur et à tout abandonner.

L'Académie, dont il fait depuis longtemps les affaires avec fidélité et intelligence, ose vous représenter son état; et les favoris qu'elle emploie auprès de V. M. sont sa clémence et son humanité.

CIX

DU ROI A MAUPERTUIS.

16 janvier 1748.

Je reçois votre lettre au sortir d'un *auto-da-fé*. Mon frère, ma belle-sœur et moi, nous avons fait un enfant entre nous trois, dont j'ai été le parrain [1]. Vous voyez de quels moyens Dieu se sert pour former son Eglise. Qui l'eût dit, qu'un très zélé disciple d'Epicure eût dévotement fait jeter de l'eau sur la tête d'un enfant, au nom de trois

[1] Frédéric fait allusion au baptême de son neveu Frédéric-Henri-Charles, fils cadet du prince royal Guillaume-Auguste et de Louise-Amélie de Brunswick Wolfenbuttel. Ce jeune prince, né le 30 décembre 1747, et doué des plus aimables qualités, mourut à la fleur de l'âge, de la petite vérole, au moment où il venait de terminer ses études et de recevoir le commandement d'un régiment de cuiras-

personnes qui n'en font qu'une? Puisque voilà un chrétien de ma façon, je vois bien que le Seigneur se sert de tout pour en faire. J'ai craint que le ministre ne me repoussât du sanctuaire. Saint Ambroise n'aurait pas hésité. Mais celui-ci, en homme prudent, a mieux aimé croire que ma complaisance était un triomphe pour la religion. Pauvre religion! tu es aussi profanée par ceux qui te prêchent que bafouée de ceux qui te connaissent bien. Je ne plaisante point sur votre maladie. Je vous réitère la prière que je vous ai faite souvent de vous séquestrer de la société pendant ce froid violent, de vous ménager excessivement pour reparaître ensuite plus sain, plus vigoureux et plus brillant que jamais. Je renonce à vous voir jusqu'au premier dégel; et je vous conseille de vous pourvoir de bonne heure de quelque empirique, qui ait inspection sur votre poitrine.

Je viens enfin au sujet de votre lettre. Je ferai examiner le cas de l'imprimeur, pour voir ce qu'il y aura à faire. Mais je crois qu'il aura tort; car il n'y a pas trois semaines que les quartiers de la ville de Stargard ont été réglés avec toute l'équité possible.

siers. — Frédéric, qui portait une vive affection à son neveu, éprouva une très profonde douleur de sa mort prématurée, et composa son *Eloge* qu'il fit lire dans une séance publique de l'Académie par M. Thiebault. (Voy. *Frédéric le Grand, ou vingt ans de séjour à Berlin*, par D. Thiebault, 4e édit., 1827. 5 vol. in-8°. t. I, p. 79 et t. II, p. 121. (Is. A.)

En qualité de votre Trissotin, je dois vous répéter ces beaux vers :

Donnez le congé le plus prompt
A cette insolente ennemie,
Qui, tout en minant votre vie,
Nous fait impudemment l'affront
De menacer l'Académie.

Très sérieusement, ménagez-vous. On ne badine ni avec la fièvre, ni avec la phthisie. Il faut conserver sa machine dans ce monde-ci le plus longtemps qu'on peut ; l'autre pourrait nous faire, ou, pour mieux dire, nous fera banqueroute. Ainsi appelez Lieberkühn, Eller[1] et tous les empoisonneurs de votre Académie, pour vous donner du contre-poison. Ils feront de moi un dévot à Esculape s'ils vous guérissent ; et je promets à Apollon le moins mauvais poëme que je pourrai enfanter, si son art vous rend à moi avec la santé que vous méritez. Je lui offrirais bien de tendres génisses et des libations de nectar de Hongrie ; mais ce serait me brouiller avec la gent théologale ; et je ne veux avoir à faire ni avec les prêtres, ni avec les médecins. Tous les deux sont redoutables aux rois même les plus décidés. Je vous répète mes vœux pour votre reconvalescence.

[1] Lieberkühn, né en 1711, mort en 1756, savant anatomiste et médecin, membre de la Société royale de Londres et de l'Académie de Berlin. — Eller, né en 1689, mort en 1760, médecin et membre de l'Académie de Berlin. En 1755 Frédéric II le nomma conseiller privé et directeur du Collége médico-chirurgical. (Is. A.)

CX

DE MAUPERTUIS AU ROI.

(24? janvier 1748.)

Sire,

Que V. M. me permette de mettre à ses pieds ce volume des Mémoires de son Académie[1]. Elle y trouvera des choses curieuses et intéressantes, quand même elle s'abstiendrait de relire un article qui suffit seul pour donner du prix à tout un livre.

CXI

DU ROI A MAUPERTUIS.

(Janvier 1748.)

Je vous suis fort obligé, mon cher Maupertuis, de votre souvenir et des belles découvertes contenues dans le volume que vous venez de m'en-

[1] Le t. II. (Is. A.)

voyer[1]. Rien ne fait plus d'honneur à votre Académie. Avec un président tel que vous, on ne doit désespérer de rien. Les sciences deviendront enfin aussi utiles que les beaux-arts sont agréables. Vous communiquez à tout ce qui vous environne votre pénétration et votre activité. Mais je voudrais bien que quelqu'un de vos médecins chimistes, botanistes, anatomistes, trouvât le secret de rapiécer les poumons délabrés. C'est ce que je souhaite de tout mon cœur pour l'amour de vous, pour l'Académie, et surtout pour moi personnellement.

F.....

CXII

DE MAUPERTUIS AU ROI.

26 janvier 1748.

Sire,

Voici un ouvrage un peu différent de celui que j'eus l'honneur avant-hier de laisser sur

[1] Le t. II des *Mém. de l'Acad. de Berlin,* pour 1746 (pub. en 1748), que Maupertuis venait d'envoyer au roi, contient, p. 267, son Mém. int. *Les lois du mouvement et du repos déduites d'un principe de métaphysique;* dont les deux premières parties sont comme une première édition de son *Essai de Cosmologie.* (Is. A.)

votre table. Je suis pourtant bien aise de faire connaître comment notre pape[1] pense et s'exprime lorsqu'il parle de V. M. Qu'il parle toujours ainsi; c'est un moyen sûr de prouver à tout le monde qu'il est infaillible.

CXIII

DU ROI A MAUPERTUIS.

(Janvier 1748.)

J'estime votre pape, autant que je puis estimer un prêtre; il me paraît très digne de ne l'être pas; mais sous un autre point de vue il est d'autant plus coupable de l'être. Le premier devoir d'un bon pape, serait de détruire la papauté, je veux dire cet empire sacerdotal qui a fait pendant tant de siècles le malheur du genre humain, et qui fait encore la honte du christianisme, et cet amas de superstitions qui sont les fondements de cet empire. On dit qu'un Adrien avait fait ce projet; aussi ne régna-t-il pas longtemps.

[1] Benoît XIV. (M. A.)

CXIV

DE MAUPERTUIS AU ROI.

29 janvier 1748.

Sire,

J'aimerais autant que V. M. me fît mettre à la citadelle de Spandau, que de me défendre plus longtemps de lui faire ma cour. Je me porte fort bien; et quand même cela ne serait pas, qu'est-ce que la maladie peut me faire de pis que de me priver de voir V. M. C'est pour moi la vision béatifique.

Je prends la liberté, Sire, de vous prier de jeter les yeux sur le revers de cette médaille. Il représente un autel élevé à Jupiter, dont, comme V. M. sait, la Paix et la Loi furent filles, avec ces mots qui finissent un vers : *Pacis Legisque parenti* (au père de la Paix et de la Loi), et au pied de l'autel : *Emendato jure* (la justice rendue meilleure), 1748. Imaginez-vous, Sire, qu'il ne soit pas question de vous, mais d'un prince qui après avoir foudroyé ses ennemis fait la paix et réforme les lois; et faites-moi la grâce de me dire si vous approuvez l'allusion et la légende.

Le dessin est exécuté par le Suédois qui est ici pour le mettre sur le revers du buste de V. M. qu'il a déjà modelé en cire, et qui est fort bien.

Il me paraît que cet artiste a beaucoup de talent et d'intelligence [1].

Un certain Du Molard, de Paris, s'adresse à moi pour s'offrir à V. M. à la place de Thiriot, dont, à ce qu'il me dit, V. M. ne veut plus se servir. C'est le même que Voltaire avait autrefois envoyé ici pour être bibliothécaire de V. M. Il serait bien digne de l'indulgence de V. M. de pardonner à Thiriot les fautes qu'il peut avoir commises. Mais si elle est résolue de le congédier, je croirais que d'Alembert serait tout autrement propre que Du Molard à faire les commissions de V. M., et je ne doute pas qu'il ne s'en fît un honneur et un plaisir.

[1] Il s'agit du célèbre Hedlinger, membre de l'Académie de Suède, né à Schwitz en 1691, et mort à Stockholm en 1771; auquel l'Académie de Berlin fit faire sa grande médaille pour le prix qu'elle décernait chaque année. Cette médaille, de la valeur de 50 ducats, représente, d'un côté, le buste du roi avec cette légende : *Fridericus rex Academiæ protector. MDCCXLVII;* et au revers ces mots : *scientiarum et litterarum incremento,* renfermés dans une couronne de laurier. Deux autres médailles, exécutées sans doute par le même artiste, furent frappées par les soins de Maupertuis qui en avait fourni les idées; l'une est celle de la réformation de la justice, et l'autre celle de la fondation de l'Hôtel des invalides. Toutes les deux présentent d'un côté le buste du roi avec cette légende : *Fridericus Borussorum rex.* La première offre, au revers, l'image de la Justice, dont le roi redresse la balance en appuyant son sceptre sur le bassin le plus élevé, avec ces mots au-dessous : *Emendato jure. MDCCXLVIII;* la seconde représente, au revers, l'Hôtel des invalides avec cette inscription de Maupertuis gravée sur le portail : *Læso et invicto militi.* (Voy. les *Mém. de l'Acad. de Berlin,* t. III, 1747, pub. en 1749, p. 1re et 28, et le vol. Historique de 1750, p. 95. Ce vol. contient aussi, pages 94 et 95, la description des 5 médailles commémoratives des grands événements de la guerre de 1745, médailles auxquelles Frédéric fait sans doute allusion dans les lettres XLIII et LIII.) (Is. A.)

CXV

DU ROI A MAUPERTUIS.

(Janvier? 1748.)

Votre empressement à me voir est trop flatteur. Si je suis gâté par les louanges, vous en répondrez devant Dieu, vous qui m'en prodiguez de si séduisantes, et qui les faites graver sur les métaux les plus durables. Vos inscriptions me paraissent fort ingénieuses. Mais ce n'est qu'en m'oubliant moi-même entièrement que je puis les approuver. Je connais le talent du Suédois. Mais votre suffrage est pour lui une meilleure recommandation que le mien. Du Molard n'est pas le seul qui brigue l'emploi de Thiriot. D'Arnaud et Morand se présentent. Je ne connais point le second, et je sais que le premier a été élevé par Voltaire; il a déclamé de bonne heure contre le fanatisme dans sa tragédie de *Coligny*. La sublime géométrie de d'Alembert ne descendrait qu'avec peine aux détails que j'exige. Je fais bien des vœux pour votre santé.

CXVI

DE MAUPERTUIS AU ROI.

15 février 1748.

Sire,

J'ai laissé au temps à affaiblir la douleur que la mort de M. de G.....[1] avait causée à V. M. avant que de prendre la liberté de lui communiquer les matériaux de son éloge. Les voici, tels que je les ai tirés de son frère. Comme les principaux événements de sa vie se sont passés sous les yeux de V. M., personne ne saurait mieux juger qu'elle s'ils ont été bien recueillis. Quant à l'usage qu'on en peut faire, je n'oserais nommer l'écrivain qui pourrait le mieux tracer la vie d'un homme d'Etat, d'un habile général et d'un homme de lettres; je n'oserais dire que c'est celui dont la main se sert également du sceptre, de l'épée et de la plume.

[1] Le baron de Goltze, mort le 4 août 1747. Son *Eloge*, par Frédéric II, a été inséré dans les *Mémoires de l'Acad. de Berlin*, t. III, pour 1747, impr. en 1749. (Is. A.)

CXVII

DU ROI A MAUPERTUIS.

24 mars 1748.

Il vient d'arriver une chose fort singulière. Je ne sais quelle mouche a piqué Algarotti, ou quelle folie lui a pris. Il me demanda il y a trois jours assez brusquement son congé. Je ne m'attendais à rien moins que cela. Je lui en demandai les raisons, et je ne pus entrevoir dans ses réponses que des prétextes tirés par les cheveux. Il se répandit en excuses aussi frivoles que ridicules pour cacher le fond de son inconstance. Depuis, il m'a écrit pour la seconde fois, mais une de ces lettres que ni les philosophes, ni les rois ne sont accoutumés de recevoir. Je me suis assez possédé pour ne pas lui répondre d'abord. Mais à présent que les premiers mouvements de mon indignation sont calmés, je vais vous ouvrir mon cœur. Vous savez qu'il s'engagea l'année passée à mon service sous certaines conditions, qui ont été très bien remplies de ma part. Voyez donc combien est désagréable la boutade d'un homme dont j'avais oublié tous les mauvais discours que l'Europe se réunissait à dire qu'il avait tenus sur ce pays-ci, d'un homme dont j'avais admis avec indulgence toutes les prétentions, quelque exorbitantes qu'elles m'eussent paru. Je n'avais en vue, en l'engageant, que de me procurer la société d'un homme d'esprit. Au lieu de cela, il s'est voué à la danseuse Barbarini, et il a fait un terrible esclandre avec elle, après en avoir été passionnément amoureux. Cette action, toute flétrissante qu'elle était pour lui, j'ai bien voulu l'oublier encore. Mais quant à la façon cavalière dont il me demande son congé, cela met le comble à la mesure. Je vous charge donc de lui signifier qu'il peut quitter mon service quand il le voudra, mais en me remettant avant son départ la clef de chambellan et la croix du *Mérite*, qui est prostituée à son cou. Vous aurez la bonté de vous charger de cette commission. C'est à votre recommandation que je l'ai pris; ainsi c'est à vous à lui notifier ma volonté, depuis qu'il s'est rendu, par tant d'ingratitude, indigne de mes bonnes grâces.

Adieu. Je vous souhaite bonne messe et bonnes vêpres [1].

[1] Cette lettre a été copiée sur une copie faite par M. de Maupertuis. (Note de La Beaumelle.)

CXVIII

DE MAUPERTUIS AU ROI.

A Berlin, 24 mars 1748.

Sire,

J'ai rendu compte à Algarotti des intentions de V. M. avec toute la fidélité d'un serviteur et toute la douleur que doit éprouver un ami. Il aura l'honneur de vous répondre, autant que le peut faire un homme foudroyé. Pour moi, je ne saurais exprimer le chagrin que j'ai de toute cette affaire. Quand je vous proposai Algarotti, je n'avais en vue que de servir V. M. Les choses ont tourné autrement. Il nous a trompés tous deux. Je me tais; il est assez malheureux de vous avoir déplu.

CXIX

DE MAUPERTUIS AU ROI.

6 avril 1748.

Sire,

Le graveur suédois qui est ici achève le buste d'une très belle médaille. Mais pour le revers il y a tant de sujets, que nous ne savons auquel nous déterminer. L'érection de l'hôtel des Invalides, la réformation de la justice, sont des événements qui passeront à la postérité la plus reculée. Mais on doutera peut-être auquel on devait donner la préférence. Que V. M. oublie pour un moment que c'est elle qui a fait ces choses, qu'elle pense seulement qu'elle doit sa protection aux arts, et qu'elle veuille bien nous conduire dans le choix d'un sujet qui doit encourager et éprouver le génie de l'artiste; que V. M. daigne nous dire auquel nous devons nous arrêter, ou à la façade de l'Hôtel des invalides avec l'inscription qu'elle y a fait mettre, ou au sujet que j'ai l'honneur de lui envoyer

Je prends la liberté maintenant de parler à V. M. de son Académie. Monsieur des Jariges [1] m'est venu trouver, et m'a représenté que les occupations auxquelles V. M. l'emploie, le demandant désormais tout entier, il ne pouvait plus faire aucune des fonctions de secrétaire. Si j'ose dire à V. M. ce que je pense, je crois qu'après les services qu'il a rendus à l'Académie, il serait convenable qu'elle lui marquât sa reconnaissance et lui conservât une pension de 150 ou de 100 écus.

Quant à sa place, je ne vois personne dans

[1] Aujourd'hui grand chancelier de Prusse. (Note de La Beaumelle.)

l'Académie que M. Formey, qui soit en état de la remplir.

CXX

DU ROI A MAUPERTUIS.

(avril 1748.)

Me prenez-vous, mon cher Maupertuis, pour un Louis XIV? Voulez-vous que je me donne moi-même de l'encens, comme il choisissait parmi les sujets de prix que lui présentait l'Académie française celle de ses vertus qu'il avait le plus à cœur de faire célébrer? Je ne m'entends point en médailles; mais, quand je m'y entendrais, tout ce que je puis faire, c'est de me prêter à ces flatteries qui sont en usage envers les personnes de mon rang. Faites donc vous-même le choix qu'il vous plaira. Mais, quel qu'il soit, comptez que je me moquerai de toutes ces magnifiques inscriptions dans le fond de mon cœur et peut-être publiquement. Je n'ai fait que des choses très communes; et il convient de n'en graver sur les métaux que d'héroïques. Il y aurait moins de médailles; mais les cabinets des curieux ne sont-ils pas surchargés de ces monuments de la vanité des grands et de l'adulation des sujets?

J'approuve la retraite de M. Des Jariges et la pension, et le successeur que vous indiquez. Il est prêtre, mais tolérant; théologien, mais philosophe; érudit, mais homme de goût. Je lui donne ma voix.

CXXI

DE MAUPERTUIS AU ROI.

8 mai 1748.

Sire,

Je rends mille grâces à V. M. pour la bonté qu'elle a eu de me faire lire les trois harangues. Je m'applaudis d'avoir trouvé, comme elle, l'une excellente, l'autre bonne et la troisième pitoyable.

Voici le temps, Sire, où l'Académie va donner son prix. Les coins de la médaille que j'ai fait faire à Hedlinger sont prêts[1]. Mais comme on ne frappe aucune médaille sans un ordre exprès de V. M., je la supplie de nous faire expédier l'ordre, et de nous accorder ce moyen d'immortaliser notre respect, notre admiration et notre reconnaissance.

[1] La médaille pour les prix. Voy. la note de la lettre CXIV. (Is. A.)

CXXII

DU ROI A MAUPERTUIS.

9 mai 1748.

Je viens de faire expédier l'ordre que vous me demandez. Je n'aime point, à vous dire vrai, ces honneurs métalliques. Il est rare que la postérité confirme les éloges et les inscriptions des médailles. Souvent les contemporains en sont choqués; les puissances voisines s'en offensent; et telle médaille a produit telle guerre, où le héros a perdu toute sa gloire. Faisons le bien sans espoir de récompense, remplissons notre devoir sans ostentation, et notre nom vivra parmi les gens de bien.

CXXIII

DE MAUPERTUIS AU ROI.

(Mai ou juin 1748.)

Sire,

Permettez à votre Académie de vous porter ses plaintes sur une injustice qu'elle essuie.

Depuis 40 ans elle jouissait du petit revenu des mûriers qu'elle a plantés elle-même sur les remparts de Berlin. M. le comte de Hacke les lui ravit sans aucun égard pour une compagnie que V. M. honore tant de sa protection, ni pour les titres du privilége et de la possession qu'on lui a produits.

Je regarderais, Sire, comme contraire à votre service et aux ordres dont V. M. m'a fait l'honneur de me charger, si je lui dissimulais une telle chose.

CXXIV

DE MAUPERTUIS AU ROI.

16 juin 1748.

Sire,

Votre Académie vous présente le monument de son zèle et de son admiration pour V. M. L'ouvrage est du fameux Hedlinger, qui, ce me semble, n'a jamais rien fait d'aussi beau.

V. M. me permettra-t-elle de lui rappeler l'affaire de nos mûriers? Je n'en parlerais pas, si je ne connaissais combien elle aime la justice, et désapprouve les voies de fait. Je joins ici le petit Mémoire que l'Académie m'a envoyé, par lequel

V. M. verra que la seule raison sur laquelle le comte de Hacke fonde son usurpation, c'est que le gouvernement de Berlin ne rapporte plus que 1,200 écus. C'est à V. M. à juger si c'est une raison valable pour s'emparer de ce qui appartient à l'Académie.

CXXV

DU ROI A MAUPERTUIS.

17 juin 1748.

Je vous remercie, mon cher Maupertuis, de votre médaille; il me paraît qu'elle est d'une très belle exécution. Puisque nous avons un si habile homme, il faut l'occuper. Mais est-il aisé de faire des choses dignes d'être transmises à la postérité? Non, sans doute. Aussi voyez-vous les arts peu cultivés, peu protégés. Il n'y a que les héros qui soient intéressés véritablement à leurs progrès : et s'il est peu d'hommes qui soient des héros aux yeux des autres, il en est infiniment peu qui le soient à leurs propres yeux.

J'ai lu le Mémoire de l'Académie sur les mûriers. Mais il faut entendre le comte de Hacke. En attendant, il est bien agréable pour moi, qu'un arbre que j'estime si précieux, et qu'on méprisait tant autrefois, soit aujourd'hui le sujet d'un procès. Comptez toujours sur ma justice comme sur mon amitié.

FÉDÉRIC.

CXXVI

DE MAUPERTUIS AU ROI [1].

22 juillet 1748.

Sire,

Pardon, si j'occupe les moments de V. M. par des détails académiques; un esprit universel trouve du temps pour tout; et nous attendons de V. M., qui orne nos Recueils de ce qu'ils ont de plus précieux, qu'elle daigne encore nous diriger sur la manière dont nous devons les faire paraître.

La mort du sieur Haude nous met à portée de faire quelques changements avantageux dans la forme des volumes que nous donnerons désor-

[1] Cette lettre a déjà paru dans le t. XVII des *Œuvres de Frédéric le Grand*. Berlin, 1851. — Elle est la quatrième des sept lettres qui forment dans ce volume, pages 333 et suivantes, la correspondance de Frédéric avec Maupertuis. (M. A.)

mais au public; et j'ose demander à V. M. sur cela ses lumières et ses ordres.

Nous avons certains mémoires latins, dont nous ne pouvons donner que des traductions fort imparfaites, soit parce que le français n'a point encore de termes équivalents à ceux que les chimistes d'Allemagne ont latinisés, soit parce que nos traducteurs les ignorent. D'autres mémoires de messieurs nos gens du collége tirent du style une partie de leur mérite; et ce mérite ne se conserve point dans le français. Les uns et les autres de ces auteurs se plaignent des traductions; et peut-être même le public s'en plaindra-t-il aussi.

J'ose donc demander à V. M. si elle approuverait que ceux de ces mémoires qui ne paraissent pas pouvoir être traduits sans leur faire beaucoup perdre, restassent dans la langue où ils ont été écrits, et qu'on suppléât à ce mélange de français et de latin par une histoire française qui contînt l'extrait de tous, et où l'on humaniserait ces sublimes élégances romaines, les ténèbres de la chimie et les horreurs du calcul.

J'attends les ordres de V. M. pour savoir si nous devons travailler sur ce plan, ou bien continuer notre troisième volume comme les deux précédents.

CXXVII

DU ROI A MAUPERTUIS.

(Juillet 1748.)

J'approuve, mon cher Maupertuis, ce que vous me proposez, tant par mon penchant à approuver tout ce qui vient de vous, que par mon goût pour la langue française. Vous vous rappelez quel vacarme il y eut sur notre Parnasse germanique, lorsqu'il fut décidé que le français serait la langue de nos recueils académiques. Cette innovation parut à nos pédants un crime contre la majesté romaine. Les bons patriotes dirent que l'allemand devait régner dans une Académie d'Allemagne. Nous nous mîmes au-dessus de ces vains murmures; et nous nous en sommes bien trouvés. Faites donc votre histoire française; on ne saurait trop dépouiller les sciences de leurs épines; et la méthode et la langue qui les mettent à la portée d'un plus grand nombre de lecteurs doivent sans contredit être préférées.

CXXVIII

DE MAUPERTUIS AU ROI.

1er août 1748.

Sire,

La fourmi pendant l'été prend ses précautions pour l'hiver. Les trois derniers, qui m'ont mis à deux doigts de la mort, me font supplier V. M. de me permettre de passer le 4e à Saint-Malo, où j'espère que l'air natal rétablira ma poitrine. Des affaires domestiques sont un nouveau motif qui rend mon voyage nécessaire. Cependant, quelque nécessaire qu'il soit, Sire, je n'en demanderais pas la permission à V. M. si les affaires de l'Académie pouvaient en souffrir le moins du monde. Mais j'ai déjà réglé tout ce qui regarde l'impression de nos mémoires pour cette année; et je n'ai plus que quelques arrangements à prendre pour être en état, à la fin de septembre, de m'aller embarquer sur le premier vaisseau qui fera voile vers la France.

Les bontés dont V. M. me comble me font espérer que V. M. ne me refusera point cette grâce, que je ne lui demande que pour les raisons les plus fortes, et pour être en état de la mieux servir.

CXXIX

DU ROI A MAUPERTUIS.

A Potzdam, ce 3 août 1748.

Puisque l'intérêt de votre santé et de vos affaires l'exige, je consens volontiers que vous alliez passer l'hiver en France. Mais si j'avais un conseil à vous donner, ce serait de ne point faire ce voyage par mer, ainsi que vous vous le proposez. Le temps où vous voulez vous embarquer est le plus dangereux par les orages; et outre le retard de la navigation, il y a tout à craindre des périls de la mer. Je crois que vous devez choisir une route plus sûre et plus commode. Ceci n'est cependant qu'une observation de ma part; et vous êtes tout à fait le maître de vous en tenir à votre premier projet. Pensez seulement si, parce que vous ne craignez rien, vous êtes en droit de jeter six semaines vos amis dans les plus vives alarmes. Sur ce, je prie Dieu qu'il vous ait en sa sainte garde [1].

FÉDÉRIC.

[1] Cette lettre est de la main d'un secrétaire. (Note de La Beaumelle.)

CXXX

DE MAUPERTUIS AU ROI.

J'ai l'honneur de présenter à V. M. la nouvelle traduction du *Nivellement* de M. Picard. C'est le plus excellent ouvrage qui ait été fait sur cette matière, et le plus propre à former ceux que V. M. destine à cet art, dont elle connaît et emploie si bien l'utilité. Il y en a 200 exemplaires aux ordres de V. M. Je suis trop heureux, si, par le soin que j'ai pris de les procurer, j'ai pu faire quelque chose qui lui soit agréable. Mais quand aurons-nous cet éloge ?

CXXXI

DU ROI A MAUPERTUIS.

18 octobre 1748.

Vous serez surpris de ce qu'une comédie m'a empêché de travailler à l'éloge funèbre que vous me demandez. Mais cela n'en est pas moins vrai. Votre gros professeur y est tout de son long.

Nous autres ignorants, nous ne pouvons nous venger que par la plaisanterie, de l'affront que nous font les savants d'être si supérieurs à nous. J'ai donc fait une comédie vraiment prussienne, puisque c'est la peinture de nos mœurs. Mais je crains fort que la comédie prussienne n'ait le sort de la tragédie grecque. J'ai lu qu'Auguste avait fait quelques poëmes dramatiques, entre autres un *Ajax*. Il les mit au feu, parce qu'il craignit que l'empire romain ne se moquât de lui, non pour les avoir faits, mais pour ne les avoir pas faits meilleurs. Je m'applaudis beaucoup de l'acquisition que j'ai faite de la Mettrie. Il a toute la gaieté et tout l'esprit qu'on peut avoir. Il est ennemi des médecins et bon médecin. Il est matérialiste, mais point du tout matériel. Il s'échappe quelquefois en saillies scandaleuses; mais nous mettrons ici de l'eau de Pythagore dans son vin d'Epicure. Il a gagné ma faveur, parce qu'il m'a assuré, foi de médecin, que vous vivriez longtemps, et qu'avec quelques ménagements il n'y avait rien à craindre pour votre poitrine. Ménagez-vous donc, je vous prie, et pour l'honneur de notre Académie, qui est perdue sans vous, et pour la satisfaction d'un ami, que vos moindres rechutes alarment vivement. Adieu. Je ferai le panégyrique dans quelques jours. Je souhaite de tout mon cœur de vous revoir à Berlin en bonne santé.

FÉDÉRIC.

CXXXII

DE MAUPERTUIS AU ROI.

19 octobre 1748.

Sire,

Je ne doute pas que M. la Mettrie ne vous donne toute satisfaction, si V. M. peut enrayer cette impétueuse imagination, qui l'a jusqu'ici emporté hors des bornes de la bienséance et d'une honnête liberté. Il lit bien, il conte agréablement, son esprit est en argent monnayé : il sera très utile à V. M.

Une comédie mérite bien d'avoir la préséance sur une oraison funèbre. Si la vôtre est jouée, je plains les personnages que vous aurez peints. Le gros professeur et ses consorts seront accablés d'un ridicule ineffaçable. Auguste n'aurait point brûlé ses poëmes, s'il les avait écrits avec l'heureux enthousiasme qui assure l'immortalité aux vôtres.

L'intérêt que V. M. daigne prendre à ma santé me fait aimer la vie et sentir plus vivement combien il est fâcheux pour moi de ne pouvoir la passer auprès de V. M.

CXXXIII

DU ROI A MAUPERTUIS.

Ce 20 octobre 1748.

Toujours des chaises ouvertes ! En vérité, Monsieur le président, vous jouez à déshonorer l'Académie ; et, à la honte de nos baromètres et thermomètres, vous risquez de vous tuer. Mais, je vous le signifie, désormais on ne vous ouvrira plus les barrières de mes bonnes villes de Berlin et de Potzdam, si dans l'automne vous ne vous présentez en carrosse fermé, et pendant l'hiver en voiture bien calfeutrée.

Mon absence ne sera pas longue. Cependant la Faculté me traite impitoyablement. Les remèdes traversent mon corps au galop, et je suis excédé de passer la moitié de ma vie dans ma garde-robe. Il n'y a dans le monde de vrai bien que la santé. Un homme qui jouit des prérogatives d'un corps robuste est, en comparaison d'un corps malsain, comme Newton à côté de Rohault, comme Lucrèce à côté de son orthodoxe réfutateur[1]. Puissent toutes nos infirmités n'accabler

[1] Le cardinal de Polignac, auteur de l'*Anti-Lucrèce*. (Note de La Beaumelle.)

que vos chats et vos chiens aux oreilles pointues, ou puissent-elles fondre sur le corps du gros professeur et de son disciple sexagénaire. Ce sont là des gens à faire honneur à une maladie ; mais vous, vous n'êtes fait que pour penser; et votre âme, dénuée de tant de beaux priviléges, devrait avoir celui d'affranchir son étui de tant d'incommodités qui l'assiégent. Adieu. J'espère de vous revoir en bonne santé, convoitant le vin de Hongrie et n'en buvant pas; voyant le soleil de vos fenêtres et vous abstenant d'arpenter nos champs à pied ; baisant votre femme, mais ne l'accablant point des preuves de votre amour; enchanté des prodiges de raison de vos bêtes, mais leur préférant l'instinct de l'homme.

Je suis votre bien bon ami.

FÉDÉRIC.

CXXXIV

DE MAUPERTUIS AU ROI.

22 octobre 1748.

Sire,

Quand on prend des drogues, le mieux est qu'elles sortent du corps le plus vite qu'il est possible. Depuis six mille ans, la nature humaine est accablée de mille maux. Elle a trouvé deux ou trois remèdes. Je reconnais la vertu du quinquina, du mercure, de l'opium, et le bon usage qu'on peut en faire, pourvu que les systèmes et les raisonnements ne s'en mêlent pas. Mais pour cette foule de médicaments auxquels l'ignorance et l'intérêt ont donné toutes leurs vertus, je les regarde sinon comme nuisibles, du moins comme indifférents. Si les médecins faisaient plus d'expériences et raisonnaient moins, peut-être auraient-ils plus avancé l'art de guérir. Mais quand on sait comment la savante antiquité s'y prenait pour découvrir la vertu des remèdes, on n'est plus surpris qu'ils aient fait si peu de progrès. Voyaient-ils une plante, dont les feuilles marquetées d'une espèce de rouge, avaient de la ressemblance avec les bronches du poumon, ils l'appelaient *Pulmonaria*, et ne manquaient pas aussitôt de l'enregistrer et de l'ordonner comme un spécifique pour les maladies de poitrine.

Les raisonnements de nos modernes ne sont pas moins ridicules. Ils connaissent imparfaitement quelques douzaines de ressorts d'une machine qui en a un nombre innombrable, et ils se croient en état de la réparer lorsqu'elle est détraquée. Tout cela fait pitié. Mais est-il donc si nécessaire de raccommoder cette machine? et y a-t-il tant de mal qu'elle se détruise, après que l'âme en a tiré tout le parti convenable? Il est certain qu'il y en a telle qui ne vaut pas une montre de Graham; et dont la destruction ne fait que remettre dans la boutique de l'ouvrier des pièces qui seront plus utilement employées pour la construction d'une autre. Quant aux grosses horloges, celles qui placées dans les lieux les plus élevés, règlent les devoirs et les occupations de tout un peuple, on ne saurait prendre trop de soins de celles-là. J'en connais une qui paraît destinée à marquer l'heure à tout l'univers.

P. S. J'ai livré les médailles et agrafes de Votre Majesté aux recherches de nos académiciens, qui ont demandé du temps pour les déchiffrer, quoique le disciple sexagénaire du professeur colossal se trouvât à l'assemblée. Mais je doute qu'après quelques semaines ils y voient plus clair que ce qu'a vu du premier coup d'œil M. Algarotti.

CXXXV

DE MAUPERTUIS AU ROI.

Fontainebleau, novembre 1748.

Sire,

Je prends la liberté d'envoyer à V. M. un livre assez frivole, que le duc de la Vallière, directeur de la troupe des petits appartements, m'a remis pour elle. Vous y verrez, Sire, qu'on a aussi introduit un pédant sur le théâtre de Versailles. Mais c'est sur celui de Potzdam qu'on en a représenté les vrais ridicules. Je vis il y a deux jours une comédie jouée par les Brancas, les Gontaut, les Nivernois et les Duras; et je fus aussi surpris que fâché de voir à quel point de perfection nos seigneurs français ont poussé l'art du comédien. Il y a plus de vingt troupes particulières dans Paris. Ce pays-ci est bien éloigné des mœurs sauvages de la Sarmatie. Mais je crains qu'il ne tombe dans l'extrémité opposée. C'est à un prince qui connaît tout, et qui donne à tout sa juste valeur, qu'il appartient de conduire et de fixer une nation dans un juste milieu.

Dès que je serai de retour de Fontainebleau, je vais sur les rochers de la Bretagne chercher l'air que j'ai respiré en naissant, indifférent pour tout, excepté pour les ordres de V. M. Lorsqu'on a eu le bonheur de l'approcher, il faut vivre dans la solitude ou à ses pieds.

Je ne lui parlerai point des nouvelles productions de nos beaux esprits. Elle en est instruite par son correspondant; et sans doute elle trouve que le siècle épuisé, ce semble, ne produit presque plus rien qui soit digne des regards d'un prince, encore moins d'un philosophe.

CXXXVI

DU ROI A MAUPERTUIS.

A Potzdam, 15 novembre 1748.

Vous revoilà donc à Paris[1],
Parmi messieurs les beaux esprits,
Au centre de la politesse,
Des arts et de l'urbanité
Qui distingua jadis la Grèce,
Caressé par mainte duchesse,
Choyé partout, partout fêté,
Jouissant dans votre patrie,
Et de l'estime et de l'envie,
Qu'attire toujours après soi
Le mérite dont l'éminence
A la fastueuse ignorance
Tacitement donne la loi.

Plus d'une Iris sera jalouse,
Qu'Hymen, par le choix d'une épouse,

[1] Cette pièce de vers, ainsi que celle de la lettre LXVI, p. 315, ont déjà paru dans les *Œuvres du Philosophe de Sans-Souci*. (M. A.)

Fixe votre cœur à Berlin.
Bon ! ce n'est qu'un grand géomètre,
Dira l'une d'un air malin.
Son choix, dira l'autre, doit être
De l'homme du goût le plus fin.
Le feu lui montant au visage,
Elle sent vivement l'outrage
Que vous faites à ses attraits.
Une troisième dit : Je gage
Que c'est un très mauvais Français.

Bientôt, fatigué du grand monde,
Vous allez, dans ce beau séjour
Où de la nature profonde
L'art à tâtons suit le détour.
Dans cet aréopage auguste[1],
Vous retrouvez ce vieux Nestor[2],
Dont l'esprit gai, brillant et juste,
Semble triompher de la mort.
Là sont protégés d'Uranie
Et les Clairauts et les Mairans,
Vos compagnons en Laponie,
Et ces rivaux[3] qui si longtemps
Au Mexique furent errants,
Pour montrer la terre aplatie
Aux doctes comme aux ignorants.

De là vous vous rendrez au temple
Qu'Armand[4] fonda pour Apollon[5],
Où l'étranger ravi contemple
Tous les dieux de votre Hélicon.
Au reste de la nation
Ces dieux s'y donnent en exemple.

[1] L'Académie des sciences. (M. A.)
[2] Fontenelle. (M. A.)
[3] La Condamine, Bouguer. (M. A.)
[4] Le cardinal de Richelieu. (M. A.)
[5] L'Académie française. (M. A.)

De verbiage on s'y nourrit ;
On y dispute et l'on s'aigrit ;
Pour des mots on aime à combattre.
Mais en vain le public en rit.
J'y vois quarante hommes d'esprit
Qui, parfois, en ont comme quatre.

Voltaire répand tant d'éclat
Sur cette illustre compagnie,
Que pour lui souvent on oublie
Tout ce qu'elle a produit de plat.
Du Pinde il a le consulat.
Le cèdre, quand il se redresse,
Lève sur la forêt épaisse
Un front superbe et sourcilleux :
De même ce moderne Homère,
Laissant loin de lui le vulgaire,
Porte au ciel son vol orgueilleux.

Enivré des eaux d'Hyppocrène,
Le favori de Melpomène [1]
Tient *Catilina* dans ses *mains*,
Et fait haranguer sur la scène
Le Démosthène des Romains.

A côté d'eux, d'une main sûre,
Chiche de mots, mais plein de sens,
Usbeck [2] crayonne à ses Persans
De nos mœurs la vive peinture,
Et plus loin, sur un flageolet,
Gresset fredonne l'aventure
D'un héroïque perroquet.

Mais quels sont ces cris d'allégresse,
Ces chants, ces acclamations?
Le Français, plein de son ivresse,
Paraît vainqueur des nations.

[1] Crébillon. (M. A.)
[2] Montesquieu. (M. A.)

Il l'est : et voilà que s'avance
La pompe du jeune Louis[1].
Tous les yeux en sont éblouis.
L'Anglais ne tient plus la balance;
L'Autriche n'a plus d'insolence,
Et le Batave, encor surpris,
En grondant bénit la clémence
De ce héros qui l'a soumis.

Louis, à son peuple qu'il aime
Immole son ambition,
Plus grand, dans mon opinion,
De s'être ainsi vaincu lui-même,
Que d'avoir, moderne César,
Attaché la Flandre à son char.
Au sein brillant de la victoire,
Qu'il est beau de chérir la paix!
Louis! ton immortelle gloire
Va de pair avec tes bienfaits,
Comme l'aîné de tous mes frères,
Je te révérais autrefois;
Mais en toi, maintenant, je vois
Le plus compatissant des pères
Et le plus modéré des rois.
O Français! après les tempêtes
Les beaux jours n'ont que plus d'attraits.
Les vôtres sont des jours de fêtes :
Janus a fermé son palais.
De roses couronnez vos têtes,
Et laissez déclamer l'Anglais,

De cette charmante patrie,
Maupertuis, goûtez les douceurs.
Mais dans le centre des grandeurs
Prêtez l'oreille, je vous prie,
Aux tendres regrets qu'à Berlin
Exhale votre Académie.

[1] Louis XV. (M. A.

C'est la plainte d'un orphelin
Qui revendique en vous son père.
Ses larmes, sa douleur amère
Fléchiraient une âme d'airain.
Toute sa gloire est éclipsée.
Telle qu'on voit dans un jardin
La fleur qui manque de rosée
Se faner dès le lendemain ;
Tel ce corps, sans votre présence,
Dans les langueurs de l'indolence
S'achemine vers son déclin.

Quand un berger sage et fidèle
Sait quelques loups dans ses cantons,
Abandonne-t-il ses moutons
A leur dent vorace et cruelle?
Et vous qui fîtes soulever
Tous les professeurs monadistes,
Vous qui nous avez fait braver
Tous ces présomptueux sophistes,
Dans l'acharnement du combat
De tous ces cuistres à rabat,
Vous quittez le champ de bataille,
Et fuyez en poste à Versaille
Pour respirer votre air natal,
Ou plutôt pour faire ripailles.
Ainsi Rome de ses murailles
Vit la retraite d'Annibal.
Vous lui ressemblez, je l'avoue ;
Et, parmi tant de beaux esprits,
Vous trouverez votre Capoue
Au milieu même de Paris.

Quittez ces divins sanctuaires,
Et d'Uranie et de Clio.
Suivez mes avis salutaires :
Allez retrouver vos corsaires
Dans votre port de Saint-Malo.
C'est là que mon esprit, sans crainte,

Dans vos pénates vous saura.
Je n'appréhende pas l'empreinte
Que sur votre cerveau fera
L'éloquence grossière et plate
De quelque bavard de pirate,
Fût-il le fils de Duguay-Trouin,
Demi-homme, demi-marsouin;
Car mon amour-propre me flatte
Que Saint-Malo devant Berlin
Baisse le pavillon en plein.

Quand de la mer Hyperborée,
L'astre étincelant des saisons
Aura fondu tous les glaçons,
Et que la nature parée,
Et des plus vifs rayons dorée,
Poussera feuilles et boutons;
Quand le printemps, de sa livrée
Embellira tous ces cantons,
Alors cet astre favorable
Annoncera votre retour:
L'Académie irréprochable,
Dès l'aurore de ce beau jour,
Quittant ses noires élégies,
Célébrera par des orgies
L'heureux, le trop heureux moment
Qui lui rendra son Président.

Voilà, mon cher Maupertuis, ce qui m'occupe durant votre absence. Vous ne douterez plus désormais, qu'on ne soit bien informé à Berlin de ce qui se passe à Paris. Les vers de ma gazette peuvent être mauvais, mais les nouvelles en sont vraies. Je sais qu'à Paris comme à Berlin vous faites les délices de la bonne compagnie. Et cela peut-il être autrement? vous rendriez bonne la plus mauvaise. Je crains seulement que madame la duchesse d'Aiguillon ne vous gâte. Elle aime les perroquets et les chats, ce qui est un prodigieux mérite à vos yeux; pour vous enchanter elle n'a que faire de cet esprit supérieur, de ce discernement juste et fin, de tant de qualités et d'agréments que tout le monde admire en elle. Si vous voyez Crébillon-*Catilina*, dites-lui, je vous prie, que je le remercie infiniment de sa tragédie, qu'il m'a envoyée. Cette attention m'a fait grand plaisir, et d'autant plus, qu'il ne saurait être fort flatté de mon suffrage, après tant d'applaudissements qu'il a reçus. Mandez-moi si Voltaire est à Rome pour faire approuver sa *Pucelle* du pape, ou s'il est à Lunéville pour faire approuver sa *Sémiramis* du roi Stanislas. Faites, je vous prie, une tentative sur *l'Art d'aimer* [1], et je vous promets en cas de succès le plus beau bluet de la Poméranie. Algarotti doit être de retour de Bologne dans deux ou trois jours. Il lui a fallu six mois pour faire les obsèques de son amour pour la Barbarini. Je me mettrai incessamment à travailler aux années 1746 et 1747. Ensuite je ferai des morceaux académiques de quelques idées qui me sont venues. D'Argens a fini son apologie de l'empereur Julien. Il n'y a pas d'épître dédicatoire qui la fît approuver du pape [2]. Jariges est devenu président de justice à Berlin.

[1] M. Bernard. (Note de La Beaumelle.)

[2] Allusion à l'épître dédicatoire de la tragédie de *Mahomet*, de Voltaire, adressée à Benoît XIV. (Is. A.)

Adieu. Point de rogomme, peu de vin, toute l'abstinence d'un philosophe, et un prompt retour.

FÉDÉRIC.

CXXXVII

DE MAUPERTUIS AU ROI.

A Paris, décembre 1748.

Sire,

La lettre de V. M., qui me peint si bien les charmes de Paris, me rappelle plus vivement encore ceux de Berlin, lorsque je pense que j'appartiens à un prince, qui, s'il n'était pas un des plus puissants rois du monde, serait toujours le plus bel esprit. Qu'ai-je à faire d'aller chercher les Crébillons, les Fontenelles, les Voltaires, les Montesquieus dans les académies, lorsque dans une cour où je suis souffert je trouve un monarque qui les vaut tous. Ce qui me flatte bien plus que le commerce de ces hommes rares dont V. M. me parle, c'est l'accueil dont le maître m'a honoré. Mais en cela encore, Sire, que pouvait-il me manquer, lorsque V. M. daigne avoir pour moi les mêmes bontés ? Je n'ai donc pas besoin de la rudesse de nos corsaires pour hâter mon retour ;

mon cœur est déjà à Berlin ; et tant que j'y serai agréable à V. M. je n'aurai point d'autre patrie.

Je m'occupe autant de l'Académie que si j'étais présent à ses assemblées. On travaille à force à l'impression de notre troisième volume, qui sûrement aura le même succès, puisqu'on y trouvera des pièces du même auteur qui ont fait la fortune des précédents.

J'ai dit à Crébillon ce que V. M. me chargeait de lui dire, et il en est comblé. Pour Bernard, il m'a été impossible de tirer de lui autre chose qu'une promesse d'envoyer à V. M. son poëme[1], avant qu'il en confie aucune copie à personne. Mais il veut auparavant l'achever, et je crois que le succès qu'en ont eu quelques morceaux qu'il a lus et le soin excessif qu'il veut mettre à cet ouvrage, le feront attendre longtemps.

Il n'appartient qu'à vous, Sire, de faire avec rapidité des ouvrages parfaits. Les années 1746 et 47 présentent de grands événements. Mais un plus étonnant, c'est de voir dans la même main l'épée qui les a terminés et la plume qui sait si bien les écrire[2].

V. M. me fait grand plaisir de m'apprendre qu'elle a mis M. Des Jariges à la tête du tribunal de la justice. Vous faites, Sire, honneur aux phi-

[1] *L'Art d'aimer*. (M. A.)

[2] Si c'est une allusion à l'*Histoire de mon temps*, comme elle se termine le 25 décembre 1745, avec la paix de Dresde, il y aurait ici une erreur et il faudrait lire : les années 1744 et 45. (Is. A.)

losophes, en les jugeant capables d'autre chose que de simples spéculations. Mais c'est un honneur que nos sciences méritent. Les orateurs ont souvent bouleversé les Etats; mais ce sont des philosophes qui leur ont donné des lois. C'est un reste de barbarie, que le préjugé qui suppose les savants incapables des emplois publics. Il ne faut pour changer la justesse en justice, qu'un cœur droit, et c'est encore à quoi la saine philosophie ne contribue pas peu.

CXXXVIII

DU ROI A MAUPERTUIS[1].

A Berlin, 3 janvier 1749.

Votre lettre m'est bien parvenue. C'est à Darget que vous devez vous en prendre, si je ne vous y réponds pas plus au long, il en est exactement la cause[2]. Voyez comme on doit dans ce

[1] Cette lettre a déjà paru, en partie seulement, dans le t. XVII des *Œuvres de Frédéric le Grand*. Berlin; 1851. — Elle est la cinquième des sept qui composent la correspondance de Frédéric II avec Maupertuis. (M. A.)

[2] Frédéric fait probablement allusion à l'impression des *Œuvres du Philosophe de Sans-Souci*, dont il était alors très occupé, et où il se faisait aider par Darget. (Note de l'édition des *Œuvres de Frédéric II*, Berlin, 1851.)

monde compter sur ses amis. Ceci vous paraîtra une énigme, et c'en est une en effet, dont vous n'aurez l'explication qu'à votre retour à Berlin. Voltaire se rapproche enfin de moi. Il est chez le roi Stanislas. Il veut apparemment attacher un roi de plus à son char. J'ai proposé à madame du Châtelet de me le prêter sur gage; et le gage aurait été un de nos géomètres à son choix. Pour lui, je crois qu'il m'a boudé près d'un an, parce que je lui ai dit franchement mon sentiment sur sa *Sémiramis*, avec laquelle ni ses cajoleries, ni les applaudissements du parterre, ni le suffrage du cardinal Quirini ne me réconcilieront point. Adieu. Jouissez de tous les charmes de votre patrie. Portez-vous bien, et comptez toujours sur mon estime.

FÉDÉRIC.

CXXXIX

DE MAUPERTUIS AU ROI.

A Saint-Malo, 20 février 1749.

Sire,

Si un port de mer assez fameux pouvait produire quelque curiosité digne de V. M., si dans toute la France je pouvais lui être bon à quelque chose, j'espère recevoir encore ici ses ordres. Cependant quoique je m'y plaise bien plus avec mes corsaires et mes marsouins qu'avec tous les beaux esprits et toutes les duchesses de Paris (je n'en excepte qu'une[1]), ni les uns ni les autres ne me retiendront, dès que la saison permettra de partir.

Je vis, Sire, à Paris, les statues qui vous sont destinées. Elles sont toutes d'une grande beauté. Mais il y a surtout un Mercure attachant son aile au talon, qui n'a guère son pareil au monde.

Voltaire a été convaincu par V. M., ou pour mieux dire, il n'avait pas besoin de l'être. Il a trop de goût pour n'avoir pas senti que les revenants de sa *Sémiramis* ne valaient rien aujourd'hui. Mais il s'est flatté que la beauté des vers, la nouveauté du spectacle, la pénurie des bonnes pièces, le jeu des acteurs, sa réputation, la faiblesse de la *Sémiramis* de Crébillon, lui feraient obtenir grâce, et il ne s'est presque pas trompé. Le but de la tragédie est d'exciter la terreur et la pitié. Celui de Voltaire paraît avoir été d'exciter l'effroi; car sa *Sémiramis* est effroyable en tout sens. Votre Majesté n'aurait rien perdu au marché qu'elle proposait, et madame du Châtelet y aurait gagné. Je ne conçois pas comment elle et Voltaire ne vous ont pas pris au mot. Il est vrai que je ne conçois pas comment on peut vivre

[1] La duchesse d'Aiguillon. (M. A.)

éloigné de vous, après qu'on a eu le bonheur de vous approcher.

Il m'a été impossible de deviner l'énigme dont V. M. me parlait dans sa dernière lettre; et je n'en attends que d'elle l'explication.

CXL

DU ROI A MAUPERTUIS.

Mars 1749.

Je suis tout glorieux d'avoir proposé une énigme qu'un géomètre n'a pas pu deviner. Eh bien! à quoi sert donc votre algèbre, s'il ne peut pas résoudre un problème que moi, ignorant, je vous propose? Il semble que vous n'ayez de passion et de sagacité que pour les courbes, et que tout ce qui n'a pas l'honneur d'être convexe échappe à la géométrie. Mais trêve de badinage, on dit que vous revenez ici par mer. Vous faites trembler femme, belle-sœur, cousine, nièce, amis, confrères; il n'y a pas jusqu'à vos chats qui n'en ressentent une grande inquiétude. J'espère de vous revoir bientôt, et je suis avec estime,

FÉDÉRIC.

CXLI

DE MAUPERTUIS AU ROI.

A Saint-Malo, 22 mars 1749.

Sire,

Je n'ai pas été assez heureux pour recevoir ici les ordres de V. M., et au lieu de les attendre plus longtemps, l'empressement que j'ai de m'aller mettre à vos pieds, me fait braver les fureurs de l'équinoxe et le froid des mers du Nord. Je pars sur un petit vaisseau qui va à Hambourg. J'espère arriver plus tôt par cette route que par aucune autre, c'en est assez pour me décider à la prendre.

CXLII

DE MAUPERTUIS AU ROI.

A Berlin, 10 mai 1749.

Sire,

Le troisième volume de nos *Mémoires* est enfin achevé, après bien des retardements que le manque de papier et la négligence du libraire y ont apportés. Je prends la liberté de remettre sous les yeux de V. M. les feuilles qui en feront le plus glorieux succès[1], et de la supplier de me faire savoir si elle est contente de l'exécution; car le livre ne paraîtra point que je n'aie reçu ses ordres.

Avec tout autre roi, je sentirais la singularité ou la disconvenance d'aller lui présenter des feuilles d'impression, tandis qu'il serait occupé à faire la revue de ses troupes. Mais je sais, Sire, combien toutes ces choses sont compatibles chez le monarque à qui j'écris.

CXLIII

DU ROI A MAUPERTUIS.

(Mai? 1749.)

Les feuilles que vous m'avez envoyées sont très bien imprimées. Je voudrais qu'elles fussent aussi bien pensées. Vous m'avez fait votre cour,

[1] Celles qui contenaient sans doute l'*Eloge du général de Goltze*, composé par Frédéric, la *Vie de Frédéric-Guillaume le Grand*, et l'*Ode* intitulée: le *Renouvellement de l'Académie des sciences*, lues par Darget dans la séance publique du 25 janvier 1748. (Voy. le vol. historique des *Mém. de l'Acad. de Berlin*. 1750. p. 126.) (Is. A*)

mon cher Maupertuis, en m'adressant ce paquet. Outre que vous serez toujours le bienvenu, quand vous me parlerez de choses relatives à ma passion pour les lettres, j'aime de la variété dans mes occupations; et je plains les âmes dont toutes les facultés sont absorbées par un seul objet.

CXLIV

DE MAUPERTUIS AU ROI.

22 octobre 1749.

Sire,

J'ai reçu réponse de M. Haller, et je ne désespère pas de pouvoir l'engager à entrer au service de V. M. Ce serait véritablement l'acquisition la plus heureuse que pût faire notre Académie, dans laquelle plusieurs sciences qui languissent depuis longtemps, changeraient sûrement de face. C'est le meilleur physiologiste de l'Europe; c'est le plus grand botaniste d'Allemagne; et c'est en même temps un très bel esprit. Les traductions qu'on a données de ses poëmes, ont fort étendu sa réputation, et commencé celles des muses de son pays parmi les nations étrangères. Je n'ajouterai point qu'il est très érudit et excelle dans la critique. Cet assemblage de connaissances et de talents est si rare, qu'on ne saurait apprécier celui en qui il se trouve. Un tel homme fera honneur à votre règne.

M. Haller a une nombreuse famille et un bon établissement à Gottingue. Il s'agit de le ravir au roi d'Angleterre. Comme il ne serait pas juste que le dessein de se consacrer au service de V. M. le mît moins à son aise qu'il n'est, je supplie V. M. de permettre que je lui rende compte de bouche de ma négociation avant que je la pousse plus loin.

CXLV

DU ROI A MAUPERTUIS.

(Octobre 1749.)

Je vous donne carte blanche pour Haller. Les rois sont trop heureux d'avoir pour un peu d'argent ce que tous les diamants ne pourraient payer. Sa qualité de bel esprit, qui devrait me l'attacher, sera peut-être ce qui l'empêchera d'entrer à mon service. Il sait que je ne suis pas fort épris des muses allemandes, et qu'en rendant justice au génie qui lui a inspiré tant de beaux vers, je suis fâché qu'il ait écrit dans une langue si peu faite pour eux. D'ailleurs le roi d'Angleterre, qui connaît tout ce qu'il vaut, ne le laissera pas échapper. Je vois bien des difficultés dans cette négociation. Quand même le secret serait bien gardé de notre part, elle sera divulguée par Haller, et le tout n'aboutira qu'à le faire acheter plus chèrement par Sa Majesté britannique.

CXLVI

DE MAUPERTUIS AU ROI.

27 octobre 1749.

Sire,

Il y a quelque temps que V. M. me parut souhaiter que je remisse sous ses yeux les pièces dont elle veut bien honorer nos volumes avant qu'elles fussent données à l'imprimeur. Comme notre quatrième tome avance fort, j'ai l'honneur d'envoyer à V. M. les deux pièces ci-jointes, et comme c'est d'elles que j'attends le principal succès de nos Mémoires, je la supplie de nous permettre de les insérer dans le volume qu'on imprime. Ce sera une manière bien glorieuse de suppléer à ce qui manque à notre classe de belles-lettres [1].

J'ai envoyé à l'Académie l'ordre que V. M. m'a adressé pour être lu dans une assemblée convoquée exprès, afin, Sire, que ceux qui ne sont pas encouragés par de si grands exemples, obéissent du moins à vos lois.

Je suis assuré de M. Mérian, qui sera un excellent sujet pour nos classes de belles-lettres et de philosophie. J'ai écrit aussi à M. Haller, et si nous pouvons l'avoir, j'espère qu'enfin notre Académie sera digne du monarque qui la protége, qui la soutient et qui l'anime.

Si j'osais supplier V. M. de jeter un regard sur la réponse que je fis à la pièce des *Mœurs et coutumes*, et de m'honorer de ses corrections, j'irais bien fier et bien sûr chez l'imprimeur.

[1] Le t. IV des *Mém. de l'Acad. de Berlin*, pour 1748 (imp. en 1750) contient, dans la partie consacrée aux belles-lettres, trois morceaux du roi, la *Vie de Frédéric III*, premier roi de Prusse, le mémoire *des Mœurs, des coutumes*, etc., et celui *de la Superstition et de la religion*, qui font partie des *Mémoires pour servir à l'histoire de Brandebourg*. (Is. A.)

CXLVII

DE MAUPERTUIS AU ROI.

13 novembre 1749.

Sire,

Voici deux lettres fort différentes, l'une du mé decin de la diète de Ratisbonne, qui n'a omis sur son enveloppe aucun des titres de V. M., l'autre de l'abbé de Terrasson qui a négligé de donner à la sienne, du moins extérieurement, l'air des lettres qu'on écrit aux rois. J'avais marqué à ce bon philosophe nonagénaire, que V. M. avait été fort satisfaite de [1] de son *Diodore* [2] ; et c'est apparemment comme d'auteur à auteur qu'il vous écrit. Quoi qu'il en soit, j'ai cru que la lettre d'un des plus savants et des plus honnêtes hommes du monde ne pourrait pas vous déplaire.

[1] Il est probable que ce blanc doit être rempli par ces mots : *la lecture*. (M. A.)

[2] La première édition de l'*Histoire universelle* de Diodore, trad. par Terrasson, est de 1737, 7 vol. in-12. (M. A.)

CXLVIII

DU ROI A MAUPERTUIS.

(Novembre 1749.)

Remerciez de ma part le sous-doyen de la philosophie française. Il a bien fait de supprimer cette kyrielle de titres, dont l'énoncé n'ajoute rien à la puissance et ne flatte que l'amour-propre des sots. Quand je vois mes compatriotes entêtés de cette folie, j'ai pitié d'eux. Sont-ils donc plus grands que les Romains qui se tutoyaient ? Quel est celui de nos souverains qui oserait se mettre en parallèle avec César et Auguste, qui distribuaient des royaumes et ne prenaient que le titre de premiers des citoyens? L'appellation de *seigneur*, donnée aux empereurs, ne vint que longtemps après. Enfin la flatterie des Grecs et des Asiatiques introduisit des titres qui tenaient du blasphème. Le gouvernement féodal et gothique renchérit. Il nous faudrait plus d'un Terrasson pour nous ramener à l'antique simplicité.

CXLIX

DE MAUPERTUIS AU ROI.

5 décembre 1749.

Sire,

Voici les vers du roi de Navarre[1], qui assurément ne ressemblent ni à ceux du ....., ni aux épîtres que j'ai le bonheur de connaître. Quelle sera la durée de ces ouvrages, si des vers tels que ceux-ci se sont conservés pendant cinq ou six siècles. Du moins seraient-ils un monument singulier du progrès de l'esprit, si l'on pouvait juger des esprits de notre temps par le vôtre.

[1] Thibaut, comte de Champagne, né en 1201, roi de Navarre en 1244, mort en 1253. — Ses *Poésies*, avec des notes et un glossaire, par L'Evesque de la Ravallière, parurent en 1742. 2 vol. in-8°. (M. A.)

CL

DU ROI A MAUPERTUIS.

(Décembre 1749.)

Les vers du roi de Navarre ne sont pàs mauvais pour le temps; ils ont de la douceur et de la naïveté, deux qualités qui manquent trop souvent à ceux de ce temps-ci. François Ier et Charles IX en ont fait aussi quelques-uns assez jolis. Vous voyez que je m'affermis dans ma passion par de grands exemples. Mes épîtres n'iront à la postérité, que par la singularité du fait. Et réellement il est singulier qu'un homme qu'on croit si occupé ait tant de loisir; qu'un homme qu'on croit si actif compose des ouvrages de fainéant; et qu'un Allemand fasse des vers dans une autre langue que la sienne. Il ne l'est peut-être pas moins que quelqu'un ose en faire en français après Despréaux, Racine, Rousseau et Voltaire.

CLI

DE MAUPERTUIS AU ROI.

8 janvier 1750.

Sire,

Pour obéir aux ordres de V. M., j'aurai l'honneur de lui dire, que le sieur Meckel[1] est un excellent sujet, très digne de la patente de professeur dont il a besoin pour pouvoir disposer des cadavres de l'amphithéâtre anatomique; très digne de la pension de 300 écus, que V. M. accordait au sieur Cassebohm sur une de ses caisses, et de toutes les prérogatives dont il jouissait. Pour achever de répondre à la confiance dont V. M. m'honore, j'ajouterai que si le sieur Meckel a besoin de l'amphithéâtre anatomique, l'amphithéâtre a encore plus besoin de lui.

J'attends les ordres de V. M., pour savoir si je dois charger le sieur Kies[2] de donner dans cet amphithéâtre les leçons de géométrie, que le sieur Grischow[3] y donnait, ou si V. M. veut

[1] Célèbre anatomiste, né à Wetzlar en 1714, mort en 1774. (M. A.)
[2] Membre de l'Académie de Berlin et professeur de mathématiques. (Is. A.)
[3] Philologue et mathématicien, professeur de mathématiques au collège de Joachim et membre de l'Académie des sciences de Ber-

supprimer cet emploi qui me paraît fort inutile.

CLII

DU ROI A MAUPERTUIS.

(Janvier 1750.)

Je nomme Meckel, puisque vous le choisissez. Je ne puis me tromper, en jugeant d'après vous, qui n'avez de prédilection que pour la supériorité du mérite. Je n'ai pas la même confiance pour bien d'autres. J'aime à voir par mes yeux. Les mauvais choix ont un triple inconvénient. Ils nuisent à la chose publique, ils déshonorent le prince, et ils sont une espèce de larcin commis contre tous ceux qui méritaient d'être préférés.

lin; né à Anclam, en Poméranie, en 1683 et mort en 1749. (Voyez son *Eloge*, par Formey, dans le vol. historique des *Mém. de Berlin*, de 1750, p. 180.) (Is. A.)

CLIII

DE MAUPERTUIS AU ROI.

24 janvier 1750.

Sire,

Je mets sous les yeux de V. M. le *Mémoire* dont j'eus hier l'honneur de lui parler. Il est de bonne main, et quoique d'un de mes parents, je puis dire, d'un des plus habiles hommes de France. L'avantage d'un commerce aux Indes n'est pas douteux ; il ne s'agit que des obstacles que les puissances voisines et jalouses de la gloire de V. M. tâcheront d'y apporter.

Ce *Mémoire*, quoique succinct, renferme tout à la fois deux commerces ; celui de l'Espagne, où vos vaisseaux peuvent directement porter leurs toiles et tirer l'argent ; et celui de l'Inde orientale, qui ne serait pas moins avantageux. N'est-il pas temps que le nom de Fédéric, qui a déjà rempli l'Europe, fasse retentir l'Asie ?

CLIV

DU ROI A MAUPERTUIS.

(Janvier 1750.)

Je vous remercie, mon cher Maupertuis, de votre zèle pour mon service. J'ai parcouru le *Mémoire*, et je le lirai à tête reposée. Les difficultés ne me rebutent point; les nouveautés ne m'effarouchent pas. Ainsi votre parent n'a point à craindre de ma part les deux objections que les gens timides et faibles opposent à la plupart des projets.

CLV

DE MAUPERTUIS AU ROI.

26 janvier 1750.

Sire,

Je crains d'importuner V. M. Mais je dois lui rendre compte des choses dont elle m'a chargé. Je reçois enfin après trois mois de négociations la réponse finale de M. Haller, qui ne peut se résoudre à quitter le service de Hanovre. Il eût pu me le dire plus tôt, et je n'ai pas lieu de me louer de son procédé.

J'ai lu avec attention le nouvel écrit de la Mettrie, que Votre Majesté m'avait ordonné de lire. J'ai trouvé, comme vous l'aviez remarqué, que le paragraphe XXXII est d'une force insoutenable. Dans tout l'ouvrage j'admire l'imagination brillante et la facilité d'écrire de l'auteur. Mais je suis aussi éloigné de son système, qu'incapable d'atteindre à son style.

CLVI

DE MAUPERTUIS AU ROI.

10 février 1750.

Sire,

V. M. m'a permis de la faire ressouvenir du pauvre Meckel, qui soupire après des cadavres, dont il ne peut obtenir la jouissance, parce qu'il n'est point professeur d'anatomie. Cependant il en est très digne, et remplirait fort utilement au théâtre anatomique la place qu'avait feu Cassebohm qui y était professeur, et à qui V. M. avait accordé une pension sur une de ses caisses.

J'apprends que M. de Mérian vient d'arriver à Berlin. Je lui ai fait espérer que V. M. lui donnerait 400 écus. C'est un garçon de grand mérite, dont les parents tiennent un rang distingué à Bâle, et que je craindrais qu'il nous échappât s'il n'avait ici une pension honnête. Ces deux sujets, si Votre Majesté veut bien nous les accorder, seraient d'excellentes acquisitions pour notre Académie, qui ne laisse pas d'en avoir besoin ; et nous remplacerons M. Haller.

CLVII

DU ROI A MAUPERTUIS.

(Février 1750.)

Je mettrai l'anatomiste Meckel à portée de l'objet de ses tendres désirs. C'est être trop heureux que de pouvoir contenter un philosophe avec des cadavres. J'en connais un plus difficile. Il lui faudrait des corps très animés et formés dans les plus belles proportions, et distingués par la plus éclatante blancheur. Encore ne sais-je, si une certaine inconstance d'esprit, une malheureuse incapacité d'être jamais satisfait, ne le ferait pas soupirer, au milieu des roses et des lis, après le cuivre du teint des Laponnes; on vous en fera faire exprès, M. le président!

Je donnerai à Mérian ce que vous lui avez offert ou promis. Vous savez qu'à mes yeux une si modique pension, ni même aucune pension, n'est le salaire du vrai mérite, mais seulement un léger témoignage de l'estime que j'en fais. Du reste, je crois qu'il faut plus de deux excellents sujets pour remplacer Haller.

CLVIII

DE MAUPERTUIS AU ROI.

15 février 1750.

Sire,

Je devrais craindre de déplaire à V. M. en lui parlant trop souvent des mêmes personnes et de choses sur lesquelles son silence pourrait me faire croire qu'elle n'approuve pas que je lui parle. Mais le bien de son service doit l'emporter sur l'intérêt que j'ai de ne pas me rendre importun. Voici la lettre que je reçois de Meckel avec une autre qu'il a reçue de Gottingue, où on lui offre une chaire de professeur d'anatomie, avec 300 écus de pension, divers revenants-bons qui y sont attachés, et l'expectative de succéder à Haller. Il n'a ici que des espérances et les cadavres que vous venez de lui adjuger. Ce qu'il y a de plus singulier, c'est que ces propositions lui sont faites au nom de M. de Munchaux, par ce même Haller que nous voulions attirer ici.

CLIX

DU ROI A MAUPERTUIS.

(Février 1750.)

Soit fait ainsi qu'il est requis. Donnez à Meckel ce que le roi d'Angleterre lui offre, et davantage si vous le jugez à propos. Je vous laisse le maître, ainsi que de ce qui concerne Mérian. Mais si l'on ne vous répond pas toujours, c'est qu'on ne peut être à tout. Revenez à la charge; vous ne m'importunerez point; et quand vous m'importuneriez, ne suis-je pas fait pour être importuné? Comptez que j'ai pris le bénéfice avec toutes ses charges.

CLX

DE MAUPERTUIS AU ROI.

23 février 1750.

Sire,

V. M. m'a ordonné de finir l'affaire de ses deux académiciens et de lui en rendre compte. M. de Mérian entrera à son service pour 400 écus. Je supplie V. M. de me mettre en état de lui dire sur quelle caisse il les recevra. Pour M. Meckel, il préfère ce que V. M. lui donne à tout ce qu'on lui offre à Gottingue. Je suis charmé d'avoir procuré à votre Académie deux aussi excellents sujets.

CLXI

DU ROI A MAUPERTUIS.

1er mars 1750, à dix heures.

Je travaille actuellement à corriger mon *Histoire de Brandebourg*, pour la nouvelle édition que j'en fais faire. Voilà la préface. Je vous prie de m'en dire votre sentiment, et de me juger avec la sévérité d'un géomètre, qui pour se récréer a lu un chapitre d'Epictète.

J'ai fait beaucoup de corrections. Cet ouvrage pourra être utile à ma maison. J'ai entièrement refondu la *Vie de George-Guillaume*. J'en suis actuellement à celle du Grand-Electeur. Je vous communiquerai ces pièces, à mesure qu'elles seront copiées. Au revoir.

FÉDÉRIC.

Je vous aurais déjà donné un exemplaire de mes *Poésies*, mais des fautes grossières de l'imprimeur et du correcteur m'obligent à faire réimprimer quelques feuilles. Malgré la passion des poëtes pour leurs enfants, je suis moins attaché à cet ouvrage qu'à l'autre. Il me semble qu'il convient que je sois l'historien de ma maison, puisqu'il ne m'est pas donné d'en être le héros.

CLXII

DE MAUPERTUIS AU ROI.

3 mars 1750.

Sire,

Cette préface est digne d'une histoire écrite par un roi. C'est assez dire combien elle est supérieure à tous mes éloges. Ce n'est qu'après s'être fait des plans aussi accomplis de chaque genre d'ouvrage qu'on est à portée de les bien exécuter. J'attends avec bien de l'impatience le plaisir de relire l'histoire même avec les embellissements que la retouche lui aura donnés. Elle est égale à la reconnaissance que j'ai pour le volume de *Poésies* que V. M. me fait espérer. Quand je lis vos vers, je tiens pour le poëte; quand je relis la préface des Annales de votre maison, je lui préfère l'historien. Mais la postérité n'hésitera pas à mettre cet historien au-dessus de tous les héros qu'il a célébrés.

CLXIII

DE MAUPERTUIS AU ROI.

11 mars 1750.

Sire,

J'empiète un peu sur le département des beaux-arts. Mais la force de mon sujet m'entraîne, et je n'ai pu m'empêcher de faire graver sur l'airain ce que les peuples n'ont point encore vu depuis qu'il y a des rois. Je n'oserais, Sire, vous demander un moment de votre présence pour rendre plus parfait un ouvrage qui mérite tant de l'être. Mais si, d'un côté, il manque quelque chose à la ressemblance de V. M., on la connaîtra par le revers à ne pouvoir s'y méprendre. J'espère, Sire, que vous voudrez bien que sur ce monument de sa reconnaissance, votre Académie se glorifie de la protection que V. M. lui accorde.

CLXIV

DU ROI A MAUPERTUIS.

12 mars 1750.

Je vous remercie, mon cher Maupertuis, de votre zèle pour ma gloire. Je suis d'autant plus flatté de vos louanges qu'on ne vous accuse pas de les prodiguer. Je sens combien je leur suis inférieur; je les aime pourtant telles qu'elles sont, dans l'espérance de les mériter un jour; et si je l'osais, je vous dirais confidemment ce qu'Alexandre disait aux Athéniens : *Que j'entreprends de choses pénibles pour être loué de vous!* J'accorderai volontiers à l'artiste les moments que vous me demandez, quoique peut-être il vaudrait beaucoup mieux que je ne fusse reconnu qu'à demi.

CLXV

DE MAUPERTUIS AU ROI.

8 avril 1750.

Sire,

Dans ses besoins, on s'adresse à celui qui peut les soulager. C'est ce qui m'autorise à m'adresser à V. M. pour avoir et les ouvriers et les matériaux nécessaires pour rendre ma maison habitable. Je n'en veux pas faire un palais; je me renferme dans les commodités que la décence exige. C'est vous, Sire, qui avez tracé le plan que je veux exécuter. C'est à V. M. à me donner les moyens d'y réussir. Vos architectes sont plus habiles que moi, et celui auquel vous m'aurez recommandé se piquera de bien faire.

CLXVI

DU ROI A MAUPERTUIS.

10 avril 1750.

Je ferai ce qu'il plaira à M. le président. Inspection, bourse, place et matériaux seront à son service. Mais je l'avertis que le froid se fait sentir depuis qu'il ne préside plus au temps, et je crains que l'hiver ne revienne s'il ne daigne s'en mêler. Pour moi, sans m'embarrasser du froid, je corrige mon histoire de Brandebourg au coin de mon feu, et je crois que j'aurai tout achevé dans quinze jours au plus tard, après quoi je me ferai fainéant.

Je vous souhaite mille bonheurs pour le palais Maupertuis, et du reste, santé, volupté et tranquillité.

CLXVII

DU ROI A MAUPERTUIS.

20 avril 1750.

Je vous envoie mon livre, selon l'usage des poëtes. Vous le donnerez à vos valets de chambre pour les amuser, selon l'usage des grands seigneurs; car vous en êtes un très grand dans la république des lettres. La frivolité de cet ouvrage est autant au-dessous de vous, que la terre est au-dessous du soleil. Mais nous autres poëtes nous ne nous embarrassons pas de si peu de chose; et le prodigieux mérite que nous trouvons à nos productions, nous oblige de les communiquer à nos amis, afin d'en recueillir les applaudissements. Ne manquez donc pas d'applaudir à mes sornettes. Vous êtes trop de mes amis pour apercevoir mes fautes, et, si vous les apercevez, trop bon courtisan pour ne pas les trouver charmantes. Ne me louez pourtant pas trop; car, je vous en avertis, je vous croirais sur votre parole. Adieu.

FR.

CLXVIII

DE MAUPERTUIS AU ROI.

24 avril 1750.

Sire,

Je ne sais par quelle fatalité je n'ai reçu qu'hier au soir l'inestimable présent dont V. M. m'honore. J'en ai déjà dévoré une bonne partie, et l'autre me fera sans doute le même plaisir. Je vous relirai bien des fois avant que mon admiration se refroidisse. Vos épîtres, pleines de sens et de sel, me paraissent supérieures à celles du triste Despréaux, et vos odes ont tant de sublimité, que pour être égales à celles de Rousseau elles n'ont pas besoin de sa correction. V. M. me connaît trop pour m'appeler sérieusement *bon courtisan.* Ni la nature ne m'a fait tel, ni la fortune ne m'a mis dans une place où j'aie besoin de le devenir. Il m'en fallait une où je n'eusse qu'à exprimer le plus sincèrement les jugements de mon esprit et les sentiments de mon cœur. Je l'ai trouvée, et trouvée dans le lieu où l'on ne doit guère la chercher : dans une cour. En vérité, Sire, je sens tous les jours de plus en plus le bonheur et la gloire d'appartenir à un maître tel que vous. Je regarde cela comme un des plus grands bienfaits de la Providence, qui veille sur moi, chétif mortel, comme sur les plus vastes empires. Car, n'en déplaise à V. M., j'admire la poésie de la pièce qu'elle m'a fait l'honneur de m'adresser; mais je ne suis point ébloui des raisons qu'elle m'allègue pour dépouiller l'être tout-puissant d'une providence particulière et ne lui laisser que l'inspection générale. Prenez-y garde, Sire; de ce système à l'athéisme que vous abhorrez il n'y a qu'un pas. Quelque faible que soit mon esprit, toutes les fois surtout qu'il ose s'élever jusqu'au Créateur, je sens qu'il m'est plus aisé de concevoir un être qui dirige tout immédiatement et sans cesse, que de concevoir un Dieu qui abandonne la machine aux lois du mouvement qu'il lui a imprimées, un Dieu capable de tout créer et incapable de tout conduire, ou, si l'on veut, assez actif pour opérer les merveilles les plus difficiles et assez indolent pour les négliger. Tel est le dieu d'Epicure; mais ce n'est point là le mien, ni, j'ose dire, celui de Votre Majesté.

CLXIX

DU ROI A MAUPERTUIS.

26 avril 1750.

Je rime mes pensées, sans prétendre faire de prosélytes. Un poëte n'est point un apôtre. Ainsi, supposé que je me trompe sur le compte de la Providence, mon erreur ne saurait être dangereuse, ni pour moi qui ai dit franchement ce que je croyais être la vérité, ni pour le public, qui ne s'avisera jamais de prendre un roi pour son maître de théologie. Faire un faux calcul de finances, choisir un mauvais général, donner ses pouvoirs à un négociateur maladroit et sa confiance à un ministre infidèle, voilà des fautes qui peuvent déshonorer un souverain et désoler un empire. Mais des méprises sur des sujets de métaphysique ne saurait nuire à personne. La croyance d'une Providence particulière ne rend pas les hommes meilleurs. Pourvu qu'on n'ébranle point les piliers qui servent de fondement à la religion naturelle, on peut sans inconvénient se tromper sur toutes les matières de spéculation. Adieu. Je ne vous remercie point de vos louanges, parce que je les trouve excessives : on ne loue guère ceux qu'on vante tant. Si vous n'êtes point entraîné par le ton de la cour, vous êtes bien aveuglé par l'amitié.

CLXX

DE MAUPERTUIS AU ROI.

28 avril 1750.

Sire,

J'ai reçu hier une lettre de M. de T., qui me dit qu'il a ordre de sa cour de se rendre incessamment à Madrid, et qui, dans le désir où il était d'entrer à votre service, me prie de lui faire savoir la résolution de V. M.

Le roi de France ayant résolu d'envoyer dans les pays du Nord d'habiles astronomes pour y faire les observations de la lune correspondantes à celles qu'on fait actuellement par ses ordres au cap de Bonne-Espérance, j'ai cru faire une chose fort avantageuse pour notre Académie et pour nos observateurs, d'engager le ministre de France à préférer Berlin aux autres lieux situés sur le même méridien, où l'on aurait pu faire ces observations[1].

Mais il y a un inconvénient qui rend notre observatoire impraticable pour de grandes observations et des observations suivies ; c'est que, le même escalier servant pour la salle des astronomes et pour celle des dissections, on est infecté dans tout l'observatoire par la puanteur des cadavres, et troublé par le bruit et le mouvement des chirurgiens.

Le remède à cela serait de murer la communication entre l'Académie et nous, et de faire, en dedans de la cour ou dans l'intérieur des écuries, un escalier séparé qui conduise à l'amphithéâtre anatomique. Il est juste que l'Académie supporte cette dépense ; mais comme nous n'oserions faire aucun changement dans un édifice qui appartient à V. M., nous la supplions de vouloir bien ordonner à quelqu'un de ses architectes de murer cette porte de communication et de faire un escalier séparé dont l'Académie, si V. M. le permet, payera tous les frais.

[1] La Lande, à peine âgé de dix-neuf ans, fut envoyé à Berlin en 1751 pour cet objet. Bientôt après, il fut nommé de l'Académie, et il y siégeait, en 1752, comme associé externe et non *extraordinaire*, ainsi qu'une faute d'impression nous l'a fait dire, page 158 de ce volume, dans la note relative à l'affaire de Kœnig. Nous aurions voulu pouvoir y indiquer quel était alors le nombre des membres de l'Académie. Nous savons seulement qu'en 1750 elle comptait cinquante-cinq membres résidents et 130 externes. (Voy. le vol. Historique de 1750 des *Mémoires de l'Académie de Berlin*, p. 248.) (Is. A.)

CLXXI

DU ROI A MAUPERTUIS.

(Fin avril? 1750.)

Je vous remercie d'avoir fait choisir Berlin par préférence à tout autre lieu pour les observations correspondantes à celles que fait l'abbé de La Caille; et comme il faut que nous fassions les honneurs de notre observatoire au futur envoyé d'un prince qu'on dit savoir plus d'astronomie que bien des académiciens, j'approuve fort cette séparation que vous voulez établir entre l'anatomie et l'astronomie. Je donnerai tous les ordres nécessaires pour cela avec d'autant plus de célérité que je ne veux point être soupçonné par vous de conserver aucune rancune du mystère que vous m'avez fait de votre *Traité sur le bonheur*[1]. J'apprends qu'on l'a lu avant que vous m'ayez dit que vous l'aviez composé.

[1] C'est de l'*Essai de philosophie morale* de Maupertuis dont il est ici question. Voy. sa *Vie*, p. 124. (M. A.)

CLXXII

DE MAUPERTUIS AU ROI.

(Fin avril? 1750.)

Sire,

La brochure dont V. M. me parle, n'est rien moins qu'un livre. Ce sont quelques pensées où la lecture de Sénèque et d'Epictète m'avait jeté. Elles n'étaient point destinées pour le public; le style le fait assez paraître. C'est un de ces ouvrages domestiques, qu'on compose pour se désennuyer ou pour ne pas perdre l'habitude de composer. J'avais confié au président Hénault un des douze exemplaires que j'avais fait imprimer ici il y a quelque temps. Je lui avais instamment recommandé de ne le prêter à personne. Je ne sais par quelle aventure il a paru dans le public. Mais je puis assurer V. M. que ceci n'est pas un langage d'auteur. Si j'avais cru que l'ouvrage en valût la peine, vous auriez été, Sire, le premier qui l'auriez vu. Mais tel essai est fort bon pour le président Hénault, qu'il ne serait pas décent d'offrir à V. M. Un auteur ne doit se présenter à vous que dans toute sa parure. Mais puisque V. M. a la curiosité de me voir dans le plus grand négligé, voilà cette bagatelle, digne à ce titre de votre indulgence.

Je n'ose plus parler à V. M. de notre Académie, ni la supplier d'accorder à ces pauvres gens la consolation qu'ils espéraient trouver dans mes arrangements.

CLXXIII

DE MAUPERTUIS AU ROI.

2 mai 1750.

Sire,

Ayant écrit à l'Académie conformément à vos ordres, que V. M. jugeait la condition de gouverneur d'enfants incompatible avec les fonctions d'académicien que le sieur Passavan remplissait déjà assez mal, je reçois une lettre singulière de madame de Tuimer, qui mettant encore d'autres femmes à mes trousses, prend l'Académie pour une pépinière de précepteurs, et veut que le sieur Passavan continue de joindre la pension d'académicien avec les gages qu'elle lui donne.

Si ces choses avaient lieu, nous n'aurions plus l'espérance de voir des gens d'un certain état flattés du titre d'académiciens. Quelque respectable que soit l'éducation de la jeunesse, il ne convient pas de compter parmi nous des domestiques. Dès que nous aurions acquis quelque sujet, il entrerait gouverneur ou précepteur dans quelque maison. Je vous supplie de m'ordonner ce que je dois répondre à madame de Tulmer.

CLXXIV

DU ROI A MAUPERTUIS.

3 mai 1750.

Votre *Essai sur le bonheur* me paraît un chef-d'œuvre. Vous êtes bien difficile, si vous n'êtes pas content de cet ouvrage. Pour moi, j'y trouve beaucoup de philosophie et même de l'éloquence. Le style est sans parure, mais net, élégant, énergique. Cette lecture m'a jeté dans une mélancolie agréable. Mais vous ne m'avez pas persuadé que je fusse malheureux. J'ai vu seulement avec chagrin que vous l'étiez; et ce qui me fâche, c'est que vous êtes incurable, puisque vous êtes si malade auprès d'une femme et d'un ami dont les sentiments ne sont pas indifférents à votre cœur. J'estime que notre bonheur ou notre malheur est dans notre tempérament. Mécène est attaqué d'une fièvre qui le consume; il passe les années entières, livré à la plus cruelle insomnie; il a lieu de douter de la fidélité de la femme qu'il adore, et de soupçonner que son empereur est son heureux rival; cependant Mécène se trouve très fortuné. Et Maupertuis,..... achevez vous-même le parallèle.

Renvoyez-moi madame de Tulmer. Notre Académie serait en effet fort mal composée, si l'on y admettait des gens qui sont dans la dépendance. Le marquis d'Argens prétend qu'à l'élection de Marivaux pour une place de l'Académie française, on donna l'exclusion à l'abbé Trublet qui avait tous les suffrages, parce qu'il était attaché, soit comme secrétaire, soit comme aumônier, au cardinal de Tencin, ministre d'Etat. Il ne faut point mépriser les instituteurs de la jeunesse. Mais jusqu'à ce que leur métier soit anobli, n'avilissons point le titre d'académicien, que nous avons eu tant de peine à mettre en honneur.

CLXXV

DE MAUPERTUIS AU ROI.

6 mai 1750.

Sire,

Je mets sous les yeux de V. M. un monument de la reconnaissance et de l'admiration de votre Académie. Elle peut sans flatterie l'ériger à son protecteur avec l'emblème des trois règnes, et dire que deux ne sont pas assez pour lui [1].

Mon dessein était de faire frapper quelques douzaines de ces jetons pour l'Académie. Mais cela ne se peut sans un ordre de V. M. au maître de la monnaie.

Je prends la liberté d'envoyer à V. M. la lettre que Georgi m'a écrite sur cela et sur sa situation. S'il m'était permis d'ajouter un mot, je dirais que sous un roi dont toutes les actions doivent être gravées sur l'airain, dans un temps où V. M. fait

[1] Cette médaille, exécutée par Georgi, représente d'un côté le buste du roi couronné de laurier, avec cette légende : *Fridericus rex academiæ protector*. MDCCL, et au revers ces mots : *Nec satis est duo regna tenere*, qui entourent un faisceau formé d'un sceptre, d'une épée et d'une plume, liés ensemble par une branche de laurier. (Voy. le vol. Historique des *Mém. de l'Acad. de Berlin*, de 1750 ; p. 96.) (Is. A.)

frapper des monnaies nouvelles, un homme tel que Georgi est précieux.

CLXXVI

DU ROI A MAUPERTUIS.

(Mai? 1750.)

Je vous remercie de vos louanges. Georgi aura lieu d'être satisfait. Je risque de perdre d'Argens, mais je pourrais bien gagner Voltaire. Du moins l'aurai-je quelques mois. C'est à moi à recueillir l'héritage d'Emilie. On me dit beaucoup de mal de votre santé et de votre régime. Venez promptement vous justifier. Il fait ici plus beau qu'à Berlin, et nos soupers philosophiques sont moins dangereux que les somptueux festins du comte de Gotter.

CLXXVII

DE MAUPERTUIS AU ROI[1].

. . . .

. . . .

[1] Ici s'arrête la copie de cette correspondance. La Beaumelle ne la termina point, malgré l'intention qu'il avait de l'achever, comme le témoignent les pages restées blanches à la fin du manuscrit.

Nous savons que les lettres de Frédéric étaient au nombre de quatre-vingt-seize; notre recueil en renferme quatre-vingt-sept : il y manque donc les neuf dernières. Celles de Maupertuis qui n'ont pas été copiées prolongeaient sa correspondance jusqu'au 24 décembre 1752. (M. A.)

APPENDICE.

I

BIBLIOGRAPHIE DE MAUPERTUIS.

1. — CATALOGUE DE SES OUVRAGES, EXTRAIT DE LA *France littéraire*, PAR J. M. QUÉRARD. *Paris*, *F. Didot*, 1833; IN-8°, T. 5, AVEC DES ADDITIONS

(L'astérique * indique ceux qui sont sans nom d'auteur.)

* Discours sur les différentes figures des astres, avec une exposition des systèmes de MM. Descartes et Newton. *Paris, impr. r.*, 1732; in-8°. — *Paris, G. Martin*, 1742; in-8°.

* Examen désintéressé des différents ouvrages qui ont été faits pour déterminer la figure de la terre. *Oldenbourg* (*Paris*), 1738, in-12. — Seconde édition, augmentée de l'histoire de ce livre. *Amsterdam*, 1741; in-8°.

* Examen des trois dissertations que M. Desaguliers a publiées sur la figure de la terre. *Oldenbourg*, *Machmuller* (*Paris*), 1738, in-12 de 46 pages, y compris l'avertissement du libraire.

Cet ouvrage est attribué à Maupertuis, mais A.-A. Barbier (Dict. des anon.) l'attribue avec plus de raison à Le Comte de Biévre; et, en effet, « en le lisant, dit la Biogr. univ., on a de la peine à se persuader qu'il soit l'ouvrage d'un géomètre. »

13**

* Anecdotes physiques et morales, *sans indication de lieu, ni d'année* (1738); in-12 de 36 pages.

Ouvrage très rare : il n'a point été imprimé dans les œuvres de Maupertuis en 4 vol. in-8°.

La figure de la terre déterminée par les observations de MM. de Maupertuis, Clairaut, Camus, Le Monnier, Outhier, Celsius, etc., au cercle polaire. *Paris, impr. r.*, 1738; in-8°, fig.

* Eléments de géographie. *Paris*. 1740; in-8.

La mesure d'un degré du méridien, entre Paris et Amiens, déterminée par Picard, avec les observations de MM. de Maupertuis, Clairaut, Camus et Le Monnier. 1740; in-8°.

* Lettre d'un horloger anglais à un astronome de Pékin, traduite par M***. Année 1740; in-12.

C'est une satire assez piquante, composée par M. de Maupertuis contre MM. de Cassini, au sujet de la mesure de la terre. On n'en a tiré que quatre exemplaires, dont un a été donné à M. d'Argenson, qui engagea M. de Maupertuis à faire imprimer ce badinage, lequel n'est que le résultat d'une conversation qu'il avait eue chez ce ministre. M. Guérin, qui l'avait imprimé, avait conservé un exemplaire d'épreuves. C'est celui que j'ai lu. (*Note du P. Brottier, jésuite.*)

* Lettre sur la comète. *Paris*, 1742; in-12.

Cet ouvrage n'a aucune valeur commerciale; vendu pourtant, sur vélin, 40 fr. Caignet; et 13 fr. La Vallière.

Astronomie nautique, ou Eléments d'astronomie, tant pour un observatoire fixe que pour un observatoire mobile. *Paris, de l'impr. roy.*, 1734 ou 1751; in-8° de XL et 97 pag. et *Lyon*, 1756; in-8°.

Dissertation sur le nègre blanc, 1744; in-8°.

Ouvrages divers. *Amsterdam*, 1744; in-12, fig.

* Vénus physique, 1745; — 1777; in-12.

* Réflexions philosophiques sur l'origine des langues et la signification des mots (*Paris*) (1748); in-12.

Edition très rare. On assure qu'il n'y a eu que 12 exemplaires d'imprimés. Vendu 12 fr. en 1798 et 11 fr. Méon.

* Essai de philosophie morale. *Berlin*, 1749; Londres, 1750; in-12.

Essai de Cosmologie. *Berlin*, 1750.

Dissertatio inauguralis metaphysica, de universali naturæ systemata. *Erlangæ*, 1751; in-12.

Publiée sous le pseudonyme de *Bauman*.
Imprimée en français dans les œuvres de l'auteur, sous le titre de *Système de la nature*. — La même, en français, sous ce titre : * Essai sur la formation des corps organisés (publ. par l'abbé Trublet, avec un avertissement), *Berlin* (*Paris*), 1754; in-12.

Lettre sur les progrès des sciences. *Berlin*, 1752; in-12.

Discours académiques, lus dans l'Académie des sciences (de France) et dans celle des sciences et belles lettres de Prusse. *Dresde*, 1753; in-16.

Lettres de M. de Maupertuis (sur différents sujets), 1753; in-12. (M. A.)

Sur la manière de suppléer à l'action du vent. 1753.

Discours sur la parallaxe de la lune. 1755; in-8°, fig.

Eloge de Montesquieu. 1755; in-8°.

Lettre à Euler. in-12.

Nous doutons de l'existence de cette lettre. (M. A.)

Œuvres de Maupertuis. Dresde (Leipsig, J.-G.-J. Breitkopf), 1752; in-4°.

Les mêmes. *Lyon*, 1754; 4 vol. in-8°.

Edition à bas prix. Il y a des exemplaires in-4°.

Les mêmes. *Lyon*, 1768 (1756), 4 vol. in-8°, fig. et portr.

Cette édition, qui est la meilleure, contient : Essai de Cosmologie. — Discours sur la figure des astres. — Essai de philosophie morale. — Réflexions philosophiques sur l'origine des langues et la signification des mots. — Vénus physique. — Système de la nature. — Lettres. — Lettre sur le progrès des sciences. — Eléments de géographie. — Relation du voyage fait au cercle polaire pour déterminer la figure de la terre. — Relation d'un voyage au fond de la Laponie. — Lettre sur la comète. — Discours académiques. — Dissertation sur les différents moyens dont les hommes se sont servis pour exprimer leurs idées. — Accord de différentes lois de la nature. — Recherches des lois du mouvement. — Loi du repos. — Astronomie nautique. — Discours sur la parallaxe de la lune. — Opérations pour déterminer la figure de la terre et les variations de la pesanteur. — Mesure du degré du méridien au cercle polaire.

Lettre à madame de Vertillac (publiée par M. Artaud), *Paris, de l'impr. de F. Didot*, 1828, in-8° de 12 pages.

Tirée à 25 exemplaires pour le sixième volume des Mélanges de la Société des Bibliophiles français, plus cinq sur papier ordinaire pour le dépôt légal.

II. — Liste des ouvrages de Maupertuis mentionnés dans l'*Histoire*, ou insérés dans les *Mémoires* de l'Académie des Sciences de Paris.

Date des tomes.

1724. Observations sur la forme des instruments de musique. *Hist.*, page 90. *Mém.*, page 215 (15 novembre).

1726. Observat. sur des courbes paraboliques qui auront des aires données correspondantes à des abscisses données. *Hist.*, page 42.

1726. Observat. sur une question de *maximis et minimis*. *Mém.*, page 84.

1727. Observat. et expériences sur une des espèces de salamandre. *Mém.*, page 27.

1727. Quadrature et rectification des figures formées par le roulement des polygones réguliers. *Hist.*, page 52; *Mém.*, page 204.

1727. Nouvelle manière de développer les courbes. *Hist.*, page 57; *Mém.*, page 340.

1728. Observat. sur toutes les développées qu'une courbe peut avoir à l'infini. *Hist.*, page 58; *Mém.*, page 225.

1729. Observat. sur quelques affections des courbes. *Hist.*, page 44; *Mém.*, page 277.

1730. Observat. sur la courbe *Descensus æquabilis*, dans un milieu résistant comme une puissance quelconque de la vitesse. *Hist.*, page 94; *Mém.*, page 233 (29 novembre).

1731. Observat. sur la séparation des indéterminées dans les équations différentielles. *Mém.*, page 103.

1731. Expériences sur les scorpions. *Mém.*, page 223.

1731. Observat. sur un jet de bombes, *balistique arithmétique*. *Hist.*, page 72; *Mém.*, page 297.

1731. Problème astronomique. *Mém.*, page 464.

1732. Discours sur les différentes figures des astres, d'où l'on tire des conjectures sur les étoiles qui paraissent changer de grandeur et sur l'anneau de Saturne, avec une exposition abrégée des systèmes de Descartes et de Newton. *Hist.*, page 85.

1732. Observat. sur les courbes de poursuite. *Mém.*, page 15.

1732. Solution du problème sur les Epicycloïdes sphériques et de quelques autres de cette espèce. *Hist.*, page 60; *Mém.*, page 255.

1732. Observat. sur les lois de l'attraction. *Hist.*, page 112; *Mém.*, page 343.

1732. Solution de deux problèmes de géométrie. *Mém.*, page 442 (6 décembre).

1733. Observat. sur la description du parallèle de Paris et de sa tangente. *Hist.*, page 46.

1733. Observat. sur la figure de la terre et sur les moyens que l'astronomie et la géographie fournissent pour la déterminer. *Mém.*, page 153.

1733. Observat. sur le mouvement d'une bulle d'air qui s'élève dans une liqueur. *Hist.*, page 90; *Mém.*, page 255.

1734. Observat. sur les figures des corps célestes. *Hist.*, page 88; *Mém.*, page 55.

1735. Observat. sur la figure de la terre. *Hist.*, page 48; *Mém.*, page 98.

1736. Observat. sur la figure de la terre. *Mém.*, page 302 (4 février).

1736. Méthode pour trouver la déclinaison des étoiles. *Mém.*, page 375.

1737. Observat. sur la figure de la terre, déterminée par Messieurs de l'Académie des sciences, qui ont mesuré le degré du méridien au cercle polaire. *Hist.*, page 90; *Mém.*, page 389 (13 novembre).

1737. Observat. faites au cercle polaire. 1re part. : Opérations pour la mesure du degré du méridien. *Hist.*, page 90; *Mém.*, page 430. — 2e part. : Vérification de tout l'ouvrage. *Hist.*, page 90; *Mém.*, page 448.

1740. Loi du repos des corps. *Mém.*, page 170 (20 février 1740).

1741. Discours sur la parallaxe de la lune. *Hist.*, page 117.

1742. Eléments de géographie. *Hist.*, page 114.

1744. Accord de différentes lois de la nature qui avaient jusqu'ici paru incompatibles. *Hist.*, page 53; *Mém.*, page 417 (15 avril 1744).

1744. Traité de la loxodromie tracée sur la véritable surface de la mer. *Mém.*, page 462.

(Extrait des *Nouvelles tables des Mémoires de l'Académie*, par l'abbé Rozier. 4 vol. in-4°. (Is. A.)

III. — Liste des ouvrages de Maupertuis insérés dans les Mémoires de l'Académie des Sciences et Belles-lettres de Berlin.

T. II. 1746 (impr. en 1748). — Règlement de l'Académie, apostillée de la main du roi (10 mai 1746), *Hist.*, page 3.

T. II. 1746. — Discours prononcé le jour de la naissance du roi (24 janvier) (dans la séance publique de l'Académie du 26 janvier 1747), page 10.

T. II. 1746. — Réponse au discours de réception du marquis d'Argenson (de Paulmy) (séance du 9 février 1747), page 433.

T. II. 1746. — Réponse à la lecture des Mémoires de Brandebourg, faite par Darget (séance publique du 1er juin 1747), page 377.

T. II. 1746. — Eloge de Keyserlingk (mort le 13 août 1745), page 469.

T. II. 1746. — Les lois du mouvement et du repos, déduites d'un principe de métaphysique (lu en partie en 1746), page 267.

Cet ouvrage se divise en trois parties; les deux premières, sauf quelques changements, sont reproduites dans les deux premières parties de l'*Essai de Cosmologie*, imprimé dans le tome Ier des *Œuvres de Maupertuis*. La troisième, intitulée *Recherche des lois du mouvement et du repos*, a été imprimée dans le tome IV des *Œuvres*, sous le titre de *Recherche des lois du Mouvement*, sauf la dernière page consacrée au problème de la *loi du repos*, et qui est l'abrégé du Mémoire du 20 février 1740 intitulée *Loi du Repos*, imprimé dans le tome IV des *Œuvres de Maupertuis*.

T. III. 1747, (impr. en 1749). — Réponse à la lecture de la vie de Frédéric-Guillaume, électeur de Brandebourg, faite par Darget (séance publ. du 25 janvier 1748), page 429.

T. III. 1747. Relation d'un voyage fait dans la Laponie septentrionale, pour trouver un ancien monument, page 432.

T. III. 1747. Eloge de Borck (mort en mars 1747). *Hist.*, page 18.

T. IV. 1748, (impr. en 1750). — Réponse à la lecture, faite par Darget, du Mémoire intitulé : Des mœurs, des coutumes, de l'industrie et des progrès de l'esprit humain dans les arts et dans les sciences (séance publ. du 3 juillet 1749), page 423.

Histoire de l'Académie depuis son origine jusqu'à présent, 1750. — (On a reproduit dans ce volume les trois premiers articles de cette liste, le 5e et le 9e.) Il contient de plus :

Réponse aux discours de Marshall et de d'Arnaud, nommés le 11 juin 1750, reçus le 18 juin (en séance publique), page 114.

Des devoirs de l'académicien, discours lu le 18 juin 1750 (en séance publique), page 115.

T. VI. 1750, (impr. en 1752.) Réponse au discours de réception de Lalande (séance publ. du 19 janvier 1852), *Hist.*, page 15.

T. VI. 1750. Eloge du maréchal de Schmettau (mort le 18 août 1751), *Hist.*, page 31.

T. VIII. 1752, (impr. en 1754.) Réponse à un mémoire de M. d'Arcy, sur la moindre action, inséré dans le volume de 1749, de l'Académie des sciences de Paris, page 293.

T. IX. 1753, (impr. en 1755.) (On a reproduit dans ce volume, comme appartenant aux mémoires : Des devoirs de l'académicien, discours lu le 18 juin 1750 et déjà publié dans l'histoire de l'Académie), page 511.

T. X. 1754, (impr. en 1756.) Dissertation sur les différents moyens dont les hommes se sont servis pour exprimer leurs idées, page 349.

T. X. 1754. Eloge de Montesquieu (séance publique du 5 juin 1755), page 445.

T. XI. 1755, (impr. en 1757.) Sur la manière d'écrire et de lire la vie des grands hommes, page 507.

T. XII. 1756, (impr. en 1758.) Examen philosophique de la

preuve de l'existence de Dieu, employée dans l'Essai de Cosmologie (divisé en deux parties), page 389.

Il est probable que ce Mémoire, dont la seconde partie, intitulée *Examen des lois de la nature*, se termine par l'Exposé des lois du mouvement, est la *Dissertation sur les lois du mouvement* dont parle La Beaumelle, page 204 de la vie de Maupertuis. (ls. A.)

Maupertuis avait composé (voy. page 203 de sa *Vie*) un parallèle de Montaigne, de Bacon et de La Mothe-le-Vayer. — Il y a tout lieu de croire que cet écrit n'a pas été publié (M. A.)

NOTE SUR LES *Mémoires* DE DUGUAY-TROUIN.

(Voy. page 65 de ce volume.)

Mémoires de Duguay-Trouin (Paris), 1740 ; avec portrait et planches ; XL et 284 pages in-4°. — Il y a des exemplaires en grand papier. A la fin de la dernière page, au-dessous d'un ═══════ on lit ces trois initiales : C. F. S....

Les Mêmes. *Amsterdam, Pierre Mortier*, 1740, in-4°.

Les Mémoires de Duguay-Trouin (suivant Brunet et Quérard) sont la reproduction de son manuscrit, par les soins de G. de Bauchamp, son ami, qui, aidé de Delagarde, son neveu, a poussé ses mémoires jusqu'à l'époque de sa mort en 1736.

Les Mêmes, augmentés de son Eloge par Thomas. *Amsterdam, Pierre Mortier*, 1772 ; in-12. — Réimpression de la précédente édition. (M. A.)

NOTE SUR LES *Anecdotes physiques et morales.*

Dans sa vie de Maupertuis, La Beaumelle fait mention de cet opuscule, sans cependant en indiquer le titre.

Il est très rare en effet, comme le dit M. Quérard. Sa publication est postérieure à celle de l'*Examen désintéressé*. Il est divisé en deux parties : la première consacrée aux *Anecdotes physiques* de l'opération du Nord ; la seconde aux *Anecdotes morales*. Celle-ci renferme trois pièces de vers ou chansons de Maupertuis, dont la troisième a été reproduite par La Beaumelle, page 48. (M. A.)

II

BIOGRAPHIES DE MAUPERTUIS.

Vie de M. de Maupertuis, jusqu'à son entrée à l'Académie des sciences de Paris (par M. de la Primerais, son cousin).

Nous possédons une copie manuscrite de 12 pages in-4° de cet opuscule qui vraisemblablement est resté inédit.

Eloge de M. de Maupertuis, par Formey, secrétaire perpétuel de l'Académie des sciences et belles-lettres de Berlin, lu dans la séance publique de l'Académie, le 14 janvier 1760. *Berlin*, 1760, in-8°.

Réimprimé à *Paris*, avec quelques additions et corrections de La Condamine et de Trublet. — Cette dernière édition a été reproduite dans les *Mémoires* de l'Académie de Berlin, pour 1759, imprimés en 1766, in-4°, p. 464-512.

Eloge de M. de Maupertuis, par le comte de Tressan. *Nancy*, 1760, in-8°.

Cet éloge fut prononcé dans la séance publique de la Société royale de

Nancy, dont M. de Tressan était président, le 30 janvier 1760. — Il a été réimprimé dans ses œuvres, *Paris*, *Nepveu*, 1823, 10 vol. in-8°. (Voy. le t. X, p. 114-144.)

Fréron publia, dans son *Année littéraire*, un extrait de l'éloge de Maupertuis; cet extrait renfermait des critiques auxquelles il fut répondu par un écrit intitulé :

Remarques sur l'Extrait de l'Eloge de M. de Maupertuis, par le comte de Tressan. Année littéraire, 1760, t. V, p. 91.

L'auteur de ces remarques voulut les faire insérer dans un journal; il paraît qu'il ne put y réussir. Nous en avons une copie manuscrite, 12 pages in-4°, qui laisse ignorer le nom de l'auteur.

Eloge de M. de Maupertuis, par Grandjean de Fouchy, secrétaire perpétuel de l'Académie des sciences de Paris, lu dans l'assemblée publique de cette Académie, le 16 avril 1760.

Il est imprimé dans les *Mémoires* de l'Académie (avec des corrections de La Condamine) pour l'année 1759. *Paris*, 1765; in-4° p. 259-276. Nous n'en connaissons pas d'autre édition.

Indication de quelques ouvrages a consulter qui renferment des détails plus ou moins étendus sur l'histoire de la vie de Maupertuis, et des jugements littéraires sur plusieurs de ses écrits.

Journal d'un voyage fait au Nord en 1736 et 1737, par l'abbé Outhier. *Paris*, *Piget*, 1744, in-4°, avec 18 cartes ou planches dessinées par l'auteur. Il y a une autre édition de cet ouvrage, *Amsterdam*, *Lœhner*, 1746, in-12, fig.

On sait que l'auteur fit partie de l'expédition de Maupertuis, Clairaut, Camus et Le Monnier, entreprise pour mesurer un degré du méridien au cercle polaire.

Le Siècle politique de Louis XIV, traduit de l'anglais, avec les pièces qui forment l'Histoire du siècle de M. Fr. de Voltaire, et de ses querelles avec MM. de Maupertuis et de la

Beaumelle, etc. (publié par Maubert de Gouvest). *Siéclopolis*, 1754, 2 vol. in-12.

Le tome second contient l'histoire des querelles de Voltaire et de Maupertuis.

Discours prononcé à l'Académie française, par M. Le Franc de Pompignan (*Paris*), 1760, in-4°. Réimprimé la même année, suivi d'un Mémoire au roi, et sous le titre de *Discours* et *Mémoire*, petit in-8° de 59 pages. Réimprimé dans les œuvres choisies de l'auteur. *Paris*, *Delalain*, 1800, 2 vol. in-12; 1802, 2 vol. in-12. *Paris*, *Didot*, 1813, 2 vol. in-18. *Paris*, *Menard et Desenne*. 1822, 2 vol. in-18.

Le sujet principal de ce discours, prononcé le 10 mars 1760, est l'éloge de Maupertuis qui fut remplacé à l'Académie française par Le Franc de Pompignan.

Les Grands hommes vengés, par M. des Sablons (par l'abbé Chaudon). *Lyon*, *J.-M. Baret*, 1769, in-8°, 2 vol.

L'*histoire véritable* des démêlés de Maupertuis avec Voltaire se trouve dans le t. Ier, p. 201-211.

Tableau philosophique de l'esprit de M. de Voltaire (par Sabatier, de Castres). *Genève*, *Crammer*, et *Paris*, *Le Jay*, 1771, in-8° et in-12. Nouvelle édition, sous ce titre : Vie polémique de Voltaire, par G... Y. *Paris*, *Dentu*, 1802, in-8°.

Dans l'édition in-12 du *Tableau philosophique*, le chap. III, p. 40-71 est entièrement consacré à Maupertuis. Ce chapitre est reproduit dans la *Vie polémique*, p. 58-93.

Les trois siècles de notre littérature, ou Tableau de l'esprit de nos écrivains, depuis François Ier (par Sabatier, de Castres), *Paris*, *Gueffier*, 1772, 3 vol. in-8°.

Voyez, au t. II, p. 335 et suiv., un article sur Maupertuis. — La 6e édition des *Trois siècles* est de 1801, 4 vol. in-12.

Souvenirs d'un citoyen, par M. S. Formey. 2e édit. *Paris*, *P.-D. Barez*, 1797, 2 vol. in-12. — La première édition est de 1789.

Formey, secrétaire perpétuel de l'Académie de Berlin, dont Maupertuis fut président, ne se borna point à faire son éloge. Le tom. Ier de ses *Souvenirs* renferme un chapitre (p. 172-220) qui lui est consacré, et qui est rempli de faits intéressants ou d'anecdotes curieuses.

Philosophie de Kant, ou Principes fondamentaux de la philosophie transcendentale, par Charles Villiers. *Metz, Collignon*, 1801, in-8°.

Dans l'Appendice qui est à la fin du volume, p. 430-437, l'auteur fait l'énumération des philosophes qui ont précédé Kant, depuis Pythagore jusqu'à Condillac, et qui avaient saisi quelques-unes des grandes vues de l'ensemble de sa doctrine. Après Condillac il nomme Maupertuis dans le même sens, et il ajoute :

« Un des morceaux les plus remarquables est la lettre qu'on va lire de « Maupertuis. Elle est la quatrième d'un volume de *Lettres* que son auteur pu- « blia en 1733. On ne peut qu'admirer la sagacité qui y règne, mais trop de « passages, dans les autres écrits de Maupertuis, font voir que l'opinion « énoncée ici n'a point laissé de traces profondes dans son esprit..... Voltaire « s'est moqué de cette lettre dans son *Akakia*. Il eût été peut-être plus con- « venable, et sans doute infiniment plus difficile, de la réfuter. Mais le ridicule « était le mode de réfutation le plus facile à l'auteur de l'*Akakia*, comme aussi « le plus efficace près des Parisiens, pour qui seuls il écrivait. »

L'auteur cite ensuite textuellement une partie de la lettre quatrième de Maupertuis, *sur la manière dont nous apercevons*, à l'appui de ce qu'il a avancé relativement aux doctrines de Kant.

Fréderic le Grand, sa famille, sa cour, etc., ou Mes souvenirs de vingt ans de séjour à Berlin, par Dieudonné Thiébault. 4e édition, publiée par son fils, le baron Thiébault, lieutenant-général. *Paris, Bossange*, 1826, 5 vol. in-8°.

La première édition est de 1804.

Voy. au tom. V, de la 4e édit., sous ce titre : *Amis de Frédéric*, p. 309-316, le chapitre relatif à Maupertuis. Voy. aussi la table analytique à la fin de ce même volume.

Biographie universelle, publiée par les frères Michaud. *Paris*, 1820, in-8°, t. XXVII (1re édition).

L'article *Maupertuis*, p. 529-537, est de Delambre et de Maurice.

Histoire philosophique de l'Académie de Prusse, par Christian Bartholmèss. *Paris, Ducloux, Ladrange*, 1851, 2 vol. in-8°.

Le tome 1er de cette histoire contient des détails très étendus sur l'organisation et les travaux de l'Académie, pendant la présidence de Maupertuis (p. 139-203). L'auteur consacre ensuite deux chapitres à ce savant (p. 328-361). Il raconte, dans le premier, les principales circonstances de sa vie. Le second a pour objet une analyse et une appréciation de ses principaux ouvrages de philosophie. (M. A.)

III

PORTRAIT DE MAUPERTUIS.

Ce portrait fut d'abord peint en petit par Tournière ; c'est d'après ce tableau original que le marquis de Loc-Maria[1] fit faire une *très belle estampe*, suivant l'expression de Formey, gravée par Daullé[2], en 1741, du format gr. in-f°. Maupertuis y est représenté habillé comme il l'avait été en Laponie, appuyant une main sur le globe terrestre, comme pour l'aplatir.

On voit au-dessous du portrait un voyageur couché dans un traineau, auquel est attelé un renne qui semble l'emporter avec la vitesse du vent.

Au bas de l'estampe, on lit ces vers, signés du nom de Voltaire :

Ce globe mal connu qu'il a su mesurer
Devient un monument où sa gloire se fonde,
Son sort est de fixer la figure du monde,
De lui plaire et de l'éclairer.

Par M. de Voltaire.

Ces vers sont reproduits au bas du même portrait de Maupertuis, gravé par Daullé en 1755, format in-8°, placé en tête du premier volume de ses *OEuvres. Lyon*, 1768 (1756).

Le quatrain de Voltaire a été omis dans l'édition de ses *OEuvres. Paris*, *Sautelet*, *Verdiere*, *A. Dupont*, *Rapilly*, *Furne*, 1827, 3 vol. in-8°. Mais cette édition renferme une autre petite pièce du célèbre poëte, que nous transcrivons :

1 Ami et compatriote de Maupertuis.
2 Célèbre graveur, né à Abbeville en 1703, mort à Paris en 1763.

Impromptu à M. de Maupertuis, qui était à la toilette du roi de Prusse, avec l'auteur, lorsque ce prince, encore à la fleur de son âge, leur fit remarquer qu'il avait des cheveux blancs.

Ami, vois-tu ces cheveux blancs
Sur une tête que j'adore?
Ils ressemblent à ses talents,
Ils sont venus avant le temps
Et comme eux ils croitront encore.

(T. I. p. 1013.)

(M. A.)

IV

MONUMENTS ÉLEVÉS A LA MÉMOIRE DE MAUPERTUIS.

—

I. — A DORNACH, EN SUISSE.

Maupertuis fut enseveli dans l'église de Dornach, canton de Soleure. Une pierre funèbre fut placée sur sa tombe. Cette pierre est une belle table en grès rose, longue d'un peu plus d'un mètre, large de soixante-quinze centimètres et très bien taillée; elle est encadrée dans le mur nord de l'église, et ornée d'emblèmes scientifiques et héraldiques, au-dessous desquels on lit l'épitaphe suivante :

VIRTUS PERENNAT;
CÆTERA LABUNTUR.
VIR ILLUSTRIS GENERE, INGENIO SUMMUS,
DIGNITATE AMPLISSIMUS,
PETRUS LUDOVICUS MOREAU DE MAUPERTUIS
EX COLLEGIO XL ACADEMICORUM
LING. FRANC;
EQUES AURATUS ORDINIS REG. BORUSS.
PRÆSTANTIBUS MERITIS DICATI;
ACADEMIARUM CELEBRIORUM EUROPÆ OMNIUM SOCIUS
AC REGIÆ BEROLINENSIS PRÆSES;
NATUS IN CASTRO STI MACCORII
DIE XXVIII SEPT. MDCXCVIII;
ÆTATE INTEGRA LENTA MORTE CONSUMPTUS;
HIC OSSA SUA CONDI VOLUIT.

CATHARINA ELEONORA DE BORCK UXOR
MARIA SOROR,
ET JOHANNES BERNOULLI DEFUNCTI INTIMUS,
IN CUJUS ÆDIBUS BASILEÆ DIE XXVII JULII
MDCCLIX DECESSIT,
COMMUNIS DESIDERII LENIMEN,
HOCCE MONUMENTUM BEATIS MANIBUS POSUERUNT.

La Vertu est immortelle,
tout le reste est périssable.
Illustre par sa naissance, grand par son genie,
plus grand encore par son caractère,
PIERRE-LOUIS-MOREAU DE MAUPERTUIS,
l'un des quarante
de l'Académie Française,
décoré de l'Ordre du MÉRITE
créé par le Roi de Prusse;
Membre des plus célèbres Académies de l'Europe
et Président de celle de Berlin,
né à St-Malo,
le XXVIII sept. MDCXCVIII,
et consumé par une mort lente dans la force de l'âge,
a voulu que ses restes mortels reposassent ici.

CATHERINE-ELÉONOR DE BORCK, épouse du Défunt,
MARIE, sa sœur,
et JEAN BERNOULLI, son ami intime,
dans la maison duquel il est mort, à Bâle,
le XXVII juillet MDCCLIX,
pour adoucir l'amertume de leurs regrets
ont élevé ce monument à sa mémoire.

Nous devons à l'obligeance de M. Jules Bonnet[1], la description de ce monument et l'inscription latine qu'on vient de lire, relevée sur les lieux par un de ses amis. Nous prions M. Bonnet d'agréer, pour son ami et pour lui-même, l'expression de nos remercîments. Il nous apprend que les cendres de Maupertuis ayant été réclamées par sa famille, il ne reste plus dans l'église de Dornach que la pierre funèbre qu'on a voulu conserver, et sur laquelle on lit ces mots gravés au-dessous de l'encadrement de l'inscription :

CURA SENAT. SOLODOR[2]. RESTIT. MDCCCXXVI.

(M. A.)

[1] L'Auteur d'*Olympia Morata* et de la publication des *Lettres de Calvin*. (M. A.)
[2] Soleure

II. — A PARIS, DANS L'ÉGLISE SAINT-ROCH.

MAUSOLÉE DE MAUPERTUIS[1].

Ce monument mérite à plusieurs égards d'attirer tous les yeux. C'est un des premiers exemples que l'on ait vus en France, de ces souscriptions qu'un zèle généreux produit, et dont une nation, rivale de la nôtre, retire tous les jours tant d'avantages. Le célèbre M. de Maupertuis, né à Saint-Malo, en 1698, et mort à Basle, en 1759, semblait mériter de sa patrie qu'elle rendît quelques honneurs à sa mémoire : M. de la Condamine, son ami, après avoir partagé ses travaux et sa gloire par son voyage à l'équateur, tandis que M. de Maupertuis faisait celui du cercle polaire, a conçu le dessein de lui ériger un mausolée : Il a suivi cette entreprise avec cette chaleur et cette constance qu'on lui connaît, toutes les fois qu'il s'agit d'un projet utile, ou d'une action honnête. La veuve, les parents, les alliés et les amis de M. de Maupertuis se sont empressés d'y contribuer[2]. M. d'Huez, sculpteur du Roi, élève de M. le Moyne[3], a été chargé de l'exécution. Enfin ce monu-

[1] Cet article est extrait en entier du *Journal des Dames*, par Mme de Maisonneuve, pensionnaire du Roi. — Septembre 1766, in-12. — p. 109 et suiv. (Is. A.)

[2] Voici les noms des principaux contribuants : Mme de Maupertuis, la veuve, née de Borck, grande maîtresse de la maison de S. A. R. Madame Amélie, sœur du Roi de Prusse ; Mme Magon-Dubos, sœur de M. de Maupertuis ; M. Magon, son neveu, ancien directeur de la compagnie des Indes, ci-devant gouverneur des Iles de France et de Bourbon, et depuis intendant à Saint-Domingue ; MM. ses frères ; M. Moreau de la Primerais, procureur du Roi en l'Amirauté de Saint-Malo, cousin germain ; M. du Velaër, comte de Ludc, et Mme Vincent Magon, alliés ; M. du Rouvre, chevalier de Saint-Louis, capitaine général, garde-côte à Saint-Malo, et M. de la Condamine de l'Académie française et de celle des sciences, anciens amis du défunt ; etc.... (Note du *Journal des Dames*.)

[3] Célèbre sculpteur, né en 1704, mort en 1778. (M. A.)

ment est achevé, et il a été découvert dans l'église de Saint-Roch vers la fin du mois d'août 1766.

Il est adossé à l'un des piliers de la nef, du côté gauche près du chœur. C'est un tombeau à l'égyptienne soutenu par deux consoles, accompagné de guirlandes de chêne et chargé des armoiries de M. de Maupertuis. Le tombeau supporte un cippe, c'est-à-dire une colonne tronquée, sur laquelle on a gravé l'inscription. Le génie des sciences est appuyé sur ce cippe, dans une attitude qui exprime l'abattement et la douleur. Il couvre son visage d'une main, et de l'autre il tient une couronne d'étoiles parmi lesquelles on remarque une comète [1]. De l'autre côté est un enfant, entouré d'instruments de mathématiques, qui appuie une main sur le globe de la terre et l'aplatit à l'endroit du pôle arctique. De l'autre main il montre le médaillon de M. de Maupertuis, attaché à une pyramide et orné d'une guirlande de cyprès. On voit derrière cet enfant le secteur astronomique qui a servi aux observations sous le cercle polaire, et à ses pieds quelques livres qui portent le titre des principaux ouvrages de M. de Maupertuis. Au-dessus de la pyramide est une urne sépulcrale qui termine et couronne le mausolée. Cette composition simple et heureuse a été fort applaudie des connaisseurs, et elle fait le plus grand honneur à M. d'Huez; le génie, surtout, est d'une vérité et d'une expression admirables; on se sent pénétré, en le voyant, d'un sentiment de compassion et de tristesse : on est tenté de mêler ses larmes à celles qu'on lui voit répandre.

M. d'Huez mérite principalement des éloges, en ce qu'il a évité cette superfluité d'ornements, cette pompe, cet éclat mal entendu qui séduit si souvent les artistes. M. de Maupertuis n'était point un monarque, ni un général d'armée, mais un simple particulier, un homme de lettres : l'artiste a saisi ce style de la chose, sans lequel il n'y a jamais de vraies beautés dans aucun genre; il n'a point employé de trophées ni d'ac-

[1] Cette couronne sert à rappeler les ouvrages de M. de Maupertuis sur *la figure des astres* et sur les comètes. (Note du *Journal des Dames*.)

cessoires fastueux ; mais en s'interdisant un appareil qui n'est fait que pour éblouir, en s'imposant à cet égard les bornes les plus gênantes, il a déployé les véritables richesses de son art : il a su allier la noble simplicité et les belles formes de l'antique, avec l'élégance et la grâce des sculpteurs modernes.

Le mélange heureux du bronze et des différents marbres contribue aussi beaucoup à l'effet de ce mausolée. Le tombeau, les consoles et la pyramide sont de marbre bleu turquin ; les génies, le médaillon et le cippe sont de marbre blanc ; les guirlandes, les armoiries, la couronne d'étoiles et l'urne sépulcrale sont de bronze.

M. d'Huez n'avait point connu M. de Maupertuis ; mais M. le Moyne qui se rappelait de l'avoir vu, a bien voulu concourir à la perfection du mausolée. Sans autre secours qu'un très petit portrait et un jeton frappé à Berlin, dans lequel M. de Maupertuis n'était pas reconnaissable, M. le Moyne a modelé gratuitement un buste qu'il a fait voir à ceux qui avaient vécu avec cet homme célèbre : leurs observations lui ont servi à en faire un autre, beaucoup plus ressemblant que le premier, et il en a fait présent à M. de La Condamine. C'est d'après ce second buste que M. d'Huez a fait son médaillon, auquel M. le Moyne a donné encore quelques coups de ciseau pour rendre la ressemblance plus parfaite.

L'épitaphe latine qui a été gravée sur ce monument est de la composition de M. de la Condamine[1]. Nous la joindrons à ce journal avec la traduction en français.

Cette épitaphe se rapporte à M. de Maupertuis, le géomètre, et à son père. Il est aisé d'en sentir la raison. Le fils est mort à Basle et enterré dans l'église catholique de Dornac, qui en est éloignée de deux lieues. On voulait lui ériger un mausolée en France. On a choisi l'église de Saint-Roch, où le père avait

[1] Elle fut revue par Le Beau, de l'Académie des Inscriptions, célèbre latiniste. La Beaumelle avait composé aussi une inscription pour le mausolée de Maupertuis dont il ne fut pas fait usage. Nous en avons retrouvé la minute dans ses papiers ; elle est en vers latins. (M. A.)

été enterré, et à la suite de l'épitaphe du père, on a rappelé la mémoire des travaux et des ouvrages du fils. Quelques personnes ont trouvé cette épitaphe un peu longue; mais il faut observer que c'est celle de deux personnes. On se plaint souvent avec raison de ce que la plupart de ces inscriptions n'apprennent au lecteur que la date de la naissance et de la mort de ceux qui en sont l'objet, comme s'ils n'avaient rien fait de remarquable que de naître et de mourir. On blâme aussi celles qui ne contiennent que des lieux communs et des louanges vagues et enflées: ici c'est la vie entière d'un homme; ce ne sont que des faits; et il n'y a qu'une seule ligne d'éloges [1].

. . . .

[1] En tête de cet article du *Journal des dames*, et du même format, il y a une gravure à l'eau forte qui représente le mausolée de Maupertuis tel que le décrit l'article que nous venons de transcrire. La famille de Maupertuis en fit graver une autre d'un plus grand format, une belle estampe, qui fut exécutée par Miger [1], élève du célèbre Cochin [2]. Elle n'a pas été mise dans le commerce; la famille n'en distribua des exemplaires qu'à ses amis, et cette circonstance explique leur rareté. — Nous n'avons pu retrouver celui qui fut donné à La Beaumelle.

[1] Né en 1736, mort en 1820.
[2] Né en 1715, mort en 1790.

(M. A.)

MAUPERTUISIORUM

MEMORIÆ AC PERENNITATI.

HIC JACET RENATUS MOREAU
SAN-MACLOVIANUS FEUDI MAUPERTUISII DOMINUS,
QUI POSTQUAM NAVES BELLICO-MERCATORIAS STRENUE DUXERAT,
CIVIUM SUORUM PRO REBUS MARITIMIS APUD REGEM ORATOR XL ANNIS
MICHAELICO TORQUE DONATUS, DECESSIT V JUL. ANN. MDCCXLVI, ÆTATIS LXXXII;
DE POSTERITATE BENE MERITUS OB GENITUM EX SE
PETRUM LUDOVICUM MOREAU DE MAUPERTUIS,
SUO QUI LITTERARUM ORBEM NOMINE IMPLEVIT
HIC PRIMA JUVENTUTE EQUITUM TURMÆ PRÆFECTUS
DIUTURNÆ PACIS OTIO CONVERSUS AD STUDIA,
ALTIORES GEOMETRIÆ SINUS PENETRAVIT,
NEWTONIANAM ATTRACTIONEM CARTESIANIS AURIBUS ABSONAM
PRIMUS IN GALLIA PROPUGNAVIT, NOVIS ARGUMENTIS SUFFULSIT;
A LUDOVICO XV MISSUS AD BOREALES PLAGAS,
CRESCENTES AD SEPTENTRIONEM MERIDIANI CIRCULI GRADUS,
AC PROINDE COMPRESSAM IN POLO TELLURIS MOLEM,
SUIS SOCIORUMQUE OBSERVATIONIBUS PRIMUS EVICIT;
ACADEMIÆ GALLICÆ PRÆCIPUORUMQ. EUROPÆ SOCIUS,
BEROLINENSIS INSTAURATOR AC PRÆSES VOCANTE FRID. III
HUJUS BENEFICIO ORDINIS PRO MERITO EQUES,
PHYSICEN, MATHESIN, ASTRONOMIAM, NAUTICAM, METAPHYSICAM, ETHICAM,
ILLUSTRARE AMPLIFICARE PROMOVERE NON DESIIT;
OB IMPENSAM PRO EXTRUENDO BEROLINI TEMPLO CATHOLICO CURAM
SUMMO PONTIFICI BENEDICTO XIV GRATUS;
VIR INGENIO ACER, ANIMO INGENS, INTEGER FIDEI;
QUAM IN ARMORUM CONFLICTU MORTEM DESPEXERAT IMPAVIDUS
LENTO PASSU ADVENTANTEM IN LECTO SERENUS EXCEPIT;
E PATRIA REDUX, DUM BEROLINUM IBIQUE INTERMISSA MUNIA REPETERET,
RECRUDESCENTE MORBI DECENNIS VIOLENTIA DETENTUS BASILEÆ,
AMICOS INTER JOHANNIS BERNOULLI HOSPITIS AMPLEXUS
PIE FORTIS OBIIT JUL. XXVII. ANN. MDCCLIX VIXIT AN. LX MENS. X.

ELEONORA DE BORCK, UXOR, MARIA, SOROR, SOR. FILII, PROPINQUI, AMICI;
HOC MONUMENTUM DE SUO CERTATIM POSUERE
MDCCLXVI.

A la mémoire perpétuelle des MAUPERTUIS.
Ci-gît RENÉ MOREAU, Seigneur de Maupertuis, né à Saint-Malo,
ancien Capitaine de vaisseaux armés en course,
Député du Commerce de la Province pendant XL ans,
Chevalier de l'Ordre du Roi, mort le 5 juillet 1746, âgé de 82 ans;
devenu cher à la Postérité comme Père
de PIERRE-LOUIS MOREAU DE MAUPERTUIS,
qui remplit de son nom le monde Littéraire,
Capitaine de Cavalerie dans sa première jeunesse,
rappelé à l'étude dans le loisir d'une longue paix,
il sonda les profondeurs de la Géométrie;
il soutint le premier en France, et appuya, de nouvelles preuves
l'attraction newtonienne qui révoltait les oreilles des Cartésiens;
Chef des Académiciens envoyés par LOUIS XV. sous le cercle polaire,
il prouva le premier par observation
que les degrés du méridien croissent en approchant du Nord,
et conséquemment que la terre est aplatie sous le pôle;
Membre de l'Académie française et des plus célèbres Académies de l'Europe,
appelé par FRÉDÉRIC III, pour donner
une nouvelle forme et présider celle de Berlin,
décoré de son Ordre du MÉRITE;
il ne cessa d'éclairer d'accroître et d'étendre
la Physique, les Mathématiques,
l'Astronomie, la Nautique, la Métaphysique, la Morale;
son zèle pour la construction d'une Eglise catholique à Berlin
lui mérita la faveur du Pape BENOIT XIV;
Il eut l'esprit profond, l'âme élevée, le cœur droit;
après avoir bravé la mort dans les périls de la guerre,
il la vit d'un œil serein s'approcher de son lit à pas lents;
il retournait de France à Berlin pour y reprendre ses fonctions,
lorsqu'arrêté par la violence d'un mal qui le minait depuis dix ans,
il mourut à Bâle, avec une piété courageuse,
dans les bras de Jean Bernoulli, son hôte et son ami,
le 27 juillet 1759, âgé de soixante ans et dix mois.

ELÉONORE DE BORCK, son épouse, MARIE, sa sœur, ses neveux, ses proches, ses amis,
lui ont à l'envi érigé ce monument.
1766.

Pendant la révolution le mausolée de Maupertuis n'échappa pas aux fureurs du vandalisme. Il fut mutilé ; toutes les parties en bronze, l'urne, les guirlandes, les armoiries et la couronne d'étoiles en furent arrachées ; plusieurs mots de l'épitaphe rappelant des idées aristocratiques, comme *feudi Maupertuisii dominus*, *regem*, et *Ludovico XV* furent effacés. Ce monument a été préservé d'une destruction complète par les soins éclairés de M. Lenoir qui en fit transporter les parties restées intactes dans le Musée des monuments français fondé par lui, rue des Petits-Augustins [1]. Après 1815, ce mausolée a été rendu à l'église de Saint-Roch, où on le voit actuellement adossé contre le mur de la première chapelle à droite, tel à peu près qu'il est décrit dans la *Description des monumens de sculpture réunis dans le Musée des monumens français*. La colonne tronquée supporte le médaillon de Maupertuis, à droite le génie de la science pleure la perte de ce savant, et à gauche un enfant semble aplatir d'une main le pôle arctique du globe terrestre, tandis que de l'autre il montre l'inscription latine gravée sur la colonne, et qui offre encore les lacunes que signale la description de Lenoir, et que nous venons de mentionner. Au pied de la colonne, on voit divers instruments de mathématique, qui rappellent les études favorites de Maupertuis, et deux volumes sur lesquels on lit : *Figure de la terre* et *Cosmologie*.

1 Voyez la *Description historique et chronologique des monumens de sculpture réunis au Musée des monumens français*, par Alexandre Lenoir, fondateur et administrateur de ce musée, 6e édit. *Paris, l'auteur*, an X. in-8°. — Lenoir décrit à la page 302 le mausolée de Maupertuis tel qu'il était alors, et transcrit l'épitaphe à la suite de sa description avec les lacunes produites par les mutilations.

Nous aurions voulu donner des détails plus précis relativement à la restauration du mausolée de Maupertuis à Saint-Roch; mais nos recherches sur ce point ont été infructueuses. Il en a été de même de celles que nous avons faites pour savoir ce qu'étaient devenus les restes de Maupertuis réclamés par sa famille et qui ne sont plus à Dornach.

La pierre funèbre, conservée par ordre du sénat de Soleure, porte le millésime de MDCCCXXVI, nous l'avons déjà dit; on peut conjecturer que c'est en 1826 qu'a eu lieu l'exhumation, et que les cendres de Maupertuis reposent aujourd'hui à Saint-Roch : on le croit à Saint-Malo. — Mais, nous le répétons, nous ne savons rien de positif.

Formey, dans son *éloge* de Maupertuis, raconte qu'il concourut avec zèle à la construction d'une église catholique à Berlin, et qu'il entra à cette occasion en correspondance avec Benoît XIV. On a vu que deux lignes de l'épitaphe reproduisent ces faits; il est à remarquer que ces deux lignes n'ont point subi de mutilation.

(M. A.)

V

NOTE

A LA PAGE 213 DE LA VIE DE MAUPERTUIS.

La Beaumelle avait confié son travail à La Condamine pour pouvoir mettre à profit ses lumières et s'aider de ses conseils. Il avait désiré qu'il fût soumis aussi à l'examen des amis de Maupertuis, à Euler, à Bernoulli, etc., La Condamine s'était conformé à ses désirs et il lui écrivait, le 3 novembre 1769, que Bernoulli lui avait renvoyé les derniers cahiers de la vie de Maupertuis avec des remarques sur quelques faits erronés. Au contraire de ce qui est dit, page 213, Bernoulli déclare qu'il ne prêcha pas l'éternité des peines à un mourant, et il ajoute que *s'il était payé pour cela, il croirait avoir gagné son argent de l'avoir dit dans un sermon, en chaire; mais qu'il ne le prêcherait pas au mourant.* Une autre erreur concerne Madame de Maupertuis. Elle attendit à Strasbourg le retour de M. Mérian. Au reste, Bernoulli témoigne à La Condamine toute sa reconnaissance envers La Beaumelle pour avoir soumis à son examen la Vie de Maupertuis.

Nous avons à cœur de faire disparaître, dans cette vie, un fait erroné que La Beaumelle n'y aurait certainement pas laissé subsister, s'il avait lui-même publié son ouvrage, et nous croyons remplir un devoir en faisant connaître par ses propres paroles les sentiments de Bernoulli, si nettement et si énergiquement exprimés dans sa lettre à La Condamine. (M. A.)

VI

NOTE

SUR LES JEAN BERNOULLI.

Nous voulons nous borner dans cette note à faire connaître et à caractériser les membres de l'illustre famille dont il est particulièrement parlé dans la vie de Maupertuis et qui ont porté le même prénom. Notre but est d'éviter la confusion que cette circonstance pourrait produire dans l'esprit du lecteur.

1. Jean Bernoulli, mathématicien célèbre, né à Bâle le 27 juillet 1667, et mort dans cette ville le 1er janvier 1748. Maupertuis désira d'être son disciple, et, pour obtenir les leçons d'un tel maître, il n'hésita pas à se faire recevoir étudiant de l'université de Bâle, quoiqu'il fût alors membre de l'Académie des Sciences de Paris.

2. Jean Bernoulli, l'un des fils du précédent, jurisconsulte et mathématicien, né à Bâle le 18 mai 1710, et mort dans cette ville le 17 juillet 1790. Il fut l'ami *intime* de Maupertuis, celui qui le reçut dans sa maison pendant sa dernière maladie, qui lui ferma les yeux et qui concourut avec sa veuve et sa sœur à lui ériger un monument après sa mort.

3. Jean Bernoulli, l'un des fils du précédent, astronome, né à Bâle le 4 novembre 1744, mort à Berlin le 13 juillet 1807. Il avait été appelé dans cette ville, à l'âge de 19 ans, en qualité d'astronome, directeur de la classe de mathématiques de l'Académie de Prusse. — A la mort de Maupertuis, il n'avait pas encore 15 ans.

Nous aurions voulu indiquer l'époque de la mort d'Eugénie Baudran, mère de Maupertuis. Nous savons seulement qu'elle est postérieure à l'entrée de son fils à l'Académie des Sciences.

Formey, dans ses Souvenirs d'un citoyen, publiés en 1789, nous fait connaître des détails intéressants sur madame de Maupertuis, née Eléonore de Borck, et quelques lettres qui lui furent adressées par cette dame. Elle vivait encore en 1789. Nous ignorons la date de sa mort. (M. A.)

NOTICE BIOGRAPHIQUE SUR LA BEAUMELLE.

BEAUMELLE (Laurent ANGLIVIEL DE LA), littérateur français, naquit à Valleraugue (Gard), le 28 janvier 1726, de Jean Angliviel, négociant, et de Susanne d'Arnal, nièce du général Carle, et mourut à Paris, le 17 novembre 1773. Il fit ses études au collége d'Alais, et fut d'abord destiné au commerce, profession à laquelle il renonça bientôt. Il quitta la France à la fin de 1745, et se rendit à Genève. Après dix-huit mois de séjour en Suisse, il passa en Danemark. Il était appelé à Copenhague auprès d'un seigneur danois, pour diriger, en qualité de gouverneur, l'éducation de son fils. Trois ans après, il présenta au roi de Danemark un projet d'établissement d'une chaire de langue et belles-lettres françaises. Ce projet fut approuvé, et La Beaumelle obtint cette chaire. Le professeur se sépara alors de son élève et fit un voyage à Paris cette même année (1750), pour obtenir la permission d'exercer les fonctions de son emploi. De retour à Copenhague, il y professa la langue et les belles-lettres françaises pendant quelque temps. Il résigna sa place à la fin de 1751, pour se rendre à Berlin.

Voltaire était alors à la cour de Prusse en grande faveur auprès de Frédéric II. La Beaumelle le vit plusieurs fois. C'est de cette époque que date la brouillerie de ces deux écrivains. La Beaumelle avait récemment publié un livre intitulé *Mes pensées;* il renfermait un passage qui déplut à Voltaire, et qui devint la cause de la haine que celui-ci voua à son auteur, et des persécutions qu'il lui suscita depuis.

Après avoir éprouvé à Berlin toute espèce de désagréments, La Beaumelle quitta la Prusse, séjourna quelque temps dans différentes villes d'Allemagne, et vint à Paris à la fin de 1752. Il ne tarda pas à y éprouver les effets du ressentiment de Voltaire. Il fut arrêté le 24 avril 1753, conduit à la Bastille et enfermé dans la première chambre de la *tour du coin*, où il eut la permission d'écrire et de travailler à divers ouvrages déjà commencés. Le 1er août, il fut transféré dans une autre chambre; on lui enleva le papier, l'encre et les plumes. C'est alors que, privé de tout moyen d'écrire, il y suppléa en traçant sur des assiettes d'étain, avec la pointe d'une aiguille, une ode sur les couches de la dauphine (imprimée depuis), et sept cents vers au moins d'une tragédie restée inachevée. Cependant cet excès de rigueur que La Beaumelle eut à subir ne fut pas de longue durée. *Il fut élargi le 12 octobre 1753 et exilé à* cinquante lieues de Paris. Il obtint, quelques jours après, la permission d'y rester. Il dut sa liberté aux sollicitations pressantes de sa famille et de ses amis, au nombre desquels, et parmi les plus dévoués, il faut citer Montesquieu et La Condamine.

Pendant la détention de La Beaumelle, Voltaire avait publié contre lui son *Supplément au Siècle de Louis XIV*. Rendu à la liberté, il lui fut permis de répondre à son adversaire; sa réponse parut en 1754. Cet ouvrage est regardé comme l'un des plus piquants dans le genre polémique : il obtint un grand succès.

Un ouvrage plus important l'occupait alors et depuis longtemps : c'était les *Mémoires pour servir à l'histoire de Madame de Maintenon*. Il avait déjà sondé le goût du public par l'impression de deux petits volumes de lettres de cette dame et d'un premier volume de sa vie, très abrégée; mais son cadre s'agrandit par l'abondance des matériaux qui furent mis à sa disposition. Saint-Cyr lui fut ouvert; le maréchal duc de Noailles lui communiqua des documents dont il était possesseur, et il travailla souvent à Versailles sous les yeux de ce seigneur. Louis XV lui-même voulut lire le manuscrit de La Beaumelle. Celui ci se rendit en Hollande en 1755 pour le faire imprimer. Il revint à Paris un an après. Il avait obtenu la permission d'y faire entrer son livre et la levée définitive de sa lettre d'exil, qui avait été seulement suspendue tous les six mois. Son ouvrage, imprimé par souscription, parut en février 1756, et réussit complètement. La fortune semblait sourire à La Beaumelle. Il était au moment de jouir de ses succès au sein de sa famille, lorsque, prêt à partir pour se rendre auprès d'elle, il fut arrêté le 6 août 1756 et conduit une seconde fois à la Bastille.

La Beaumelle ne se laissa point abattre sous le coup d'un malheur aussi imprévu qu'il était peu mérité. Son amour pour l'étude, son ardeur pour le travail ne se ralentirent point. Il termina sa traduction de Tacite, entreprise pendant son premier séjour à la Bastille, tandis que les contrefaçons multipliées du livre qu'il venait de publier lui enlevaient le fruit de ses veilles et de ses travaux. Sa détention, qui porta de graves atteintes à sa santé, se prolongea au delà d'un an. La Beaumelle ne fut rendu à la liberté que le 1er septembre 1757. Il rentra dans sa famille après douze années d'absence, et trois jours seulement avant la mort de son père. Un exil, qui succéda à la prison, interdit à La Beaumelle la résidence de Paris, et l'obligea de séjourner dans différentes villes de sa province (le Languedoc). C'est pendant ce temps (1760-1761) qu'il eut une affaire désagréable à démêler avec les capitouls de Toulouse, dont le résultat fut d'abord de le faire emprisonner, mais qui se termina à la honte du fameux David, capitoul, qui joua un si grand rôle dans la malheureuse affaire de l'infortuné Calas [1]. La Beaumelle prit la plus grande part à la défense des victimes du fanatisme. C'est lui qui fit le placet d'après lequel madame Calas obtint la liberté de ses filles en 1762. Peu de temps après (1764), il épousa l'une des sœurs du *jeune*

[1] Voy. le *Mémoire de Laurent Angliviel de La Beaumelle contre le procureur général du roi*. Toulouse, 1760, in-12.

Lavaysse, de celui-là même qui fut impliqué dans le procès de Calas. Sa femme possédait auprès de Mazères (Ariége) un domaine où il se fixa. Il pouvait se flatter d'y jouir enfin du repos, lorsque Voltaire lui adressa par la poste (1767) une lettre diffamatoire imprimée [1], et la fit répandre avec profusion dans le pays de Foix. Il l'accusa auprès du ministre (le comte de Saint-Florentin) de lui avoir écrit quatre-vingt-quinze lettres anonymes, et lui adressa la dernière, qu'il assurait être de La Beaumelle, quoique sans signature. Celui-ci s'empressa d'écrire à M. de Saint-Florentin pour réfuter les calomnies de son ennemi, calomnies qui ne tendaient à rien moins qu'à le flétrir, le déshonorer, et le faire considérer comme un ennemi de l'Etat. Il ne se borna pas à cette démarche; il réunit des pièces authentiques, dans le but de détruire juridiquement les accusations de son ennemi; enfin il conçut l'entreprise d'une édition des œuvres de Voltaire, avec des remarques au bas des pages. La mort ne lui permit pas de l'exécuter. Ce travail se borna à l'impression de la *Henriade* avec des remarques (1769), et le volume même ne fut pas publié, Voltaire ayant eu le crédit d'en faire saisir l'édition.

Cependant, après un long exil, et malgré toutes les tentatives de Voltaire pour le perdre, non-seulement La Beaumelle eut la permission de revenir à Paris au commencement de 1769, mais, quelque temps après son retour dans cette ville [2], il fut attaché à la Bibliothèque du roi (1771), et l'année suivante une pension lui fut accordée. Il n'en jouit pas longtemps : il mourut, avant d'avoir atteint sa quarante-huitième année, dans la maison habitée par son ami La Condamine, qui ne lui survécut que de quelques mois [3].

1 Madame de La Beaumelle ayant reçu et ouvert le paquet adressé à son mari, qui était malade, voulut lui en dérober la connaissance, dans l'espoir, bientôt déçu, d'amener une réconciliation. Elle écrivit à Voltaire dans ce sens; son père, M. Lavaysse, entra en correspondance avec lui dans le même but. — Ces démarches furent inutiles.

2 Il n'y revint qu'un an après en avoir obtenu la permission.

3 La Beaumelle laissa en mourant deux enfants en bas âge : une fille, née le 6 septembre 1768, morte le 25 mars 1853, veuve de J.-A. Gleizes, écrivain

Les principaux ouvrages de La Beaumelle sont : *la Spectatrice danoise*, ou *l'Aspasie moderne*, ouvrage hebdomadaire; Copenhague, 1749-1750, 3 vol. in-8° : La Beaumelle y eut la plus grande part; — *l'Asiatique tolérant*, 1750, in-12 ; — *Suite de la défense de l'Esprit des lois*, 1751, in-12 ; — *Mes pensées*, Copenhague, 1751, in-12. (Voici le passage de ce livre qui déplut à Voltaire : « Qu'on parcoure l'histoire an« cienne et moderne, on ne trouvera point d'exemple de « prince qui ait donné sept mille écus de pension à un homme « de lettres, à titre d'homme de lettres. *Il y a eu de plus* « *grands poëtes que Voltaire*, il n'y en a jamais eu de si bien « récompensés, parce que le goût ne met jamais de bornes à « ses récompenses. Le roi de Prusse comble de bienfaits les « hommes à talent, précisément par les mêmes raisons qui en« gagent un petit prince d'Allemagne à combler de bienfaits un « bouffon ou un nain »); — *Pensées de Senèque*, avec le latin à côté; Paris, 1752, 2 vol. in-12; — *Réponse au Supplément du Siècle de Louis XIV*, 1754, in-12, reproduite sous le titre de *Lettres de La Beaumelle à Voltaire*, 1763, in-12 ; — *Mémoires pour servir à l'Histoire de Madame de Maintenon*; Amsterdam, 1755-1756, 6 vol. in-12, suivis d'un recueil de lettres de cette dame, 9 vol. in-12; — *Préservatif contre le déisme*, 1763, in-12 ; — *Examen de la nouvelle Histoire de Henri IV*, de Bury (sous le nom du marquis de B...); Genève, 1768, in-8° : cet ouvrage excita la colère de Voltaire, qui réussit à en faire mettre six cents exemplaires au pilon (*voy.* Barbier et Quérard, qui rapportent des faits curieux sur ce livre) ; — *Lettre à Philibert et Chirol* (dans l'*Année littéraire*), 1770; — *la Henriade*, *avec des remarques*, 1769, in-8° : Fréron en publia une 2e édition avec des changements, sous le titre de *Commentaire sur la Henriade*, 1775, in-4° ou 2 vol. in-8° ; — *l'Esprit*, ouvrage posthume; Paris, 1802, in-12 ; — *Vie de Maupertuis*, ouvrage posthume; Paris, 1856; in-18.

distingué, et un fils, né à La Nogarède, près Mazères, le 21 septembre 1772, mort colonel du génie à Rio de Janeiro le 29 mai 1831.

Parmi les nombreux manuscrits laissés par La Beaumelle, nous indiquerons une traduction de *Tacite*, une traduction des *Odes d'Horace*; — *Bossuet et Claude, ou Conférences sur l'autorité de l'Eglise;* un ouvrage considérable en faveur des protestants, etc.

MAURICE ANGLIVIEL.

Voy. *La France littéraire*, par M. Quérard; Paris, 1830, in-8°, t. IV. — Et la *Notice sur la vie et les écrits de Laurent Angliviel de La Beaumelle*, par M. Michel Nicolas; Paris, Cherbuliez, Ledoyen, 1852, in-8°. — Cette *Notice* est jusqu'à présent ce qui existe de plus exact et de plus complet sur La Beaumelle.

TABLE ANALYTIQUE DE LA VIE DE MAUPERTUIS.

[1] La date de 1747, qui se trouve dans la *Vie de Maupertuis* est inexacte. (Is. A.)

de Bacon et de Lamothe le Vayer, 203. — Difficultés pour retourner en Prusse, 203. — Séjour de Maupertuis à Bordeaux et à Toulouse, 204. — Son dernier écrit, 204. — Douleur que lui cause la perte de ses plus chers amis, 205. — Son attachement pour l'Académie de Berlin et le roi de Prusse, 205-208. — Voyage de Maupertuis dans le midi de la France, 208. — Il reprend le chemin de l'Allemagne et séjourne à Lyon à cause de sa santé, 209. — Il arrive à Bâle et est reçu par J. Bernoulli, 210. — Détails sur sa maladie et ses derniers moments, 210. — Jugement sur Maupertuis; — son portrait, 216. (Is. A.)

FIN DE LA TABLE ANALYTIQUE.

TABLE GÉNÉRALE DES MATIÈRES.

FIN DE LA TABLE GÉNÉRALE DES MATIÈRES.

ERRATA.

Page 10, ligne 20, ajoutez en marge : 1720, *au printemps.*
Page 11, ligne 1, à la marge, 1718, lisez : 1720.
Page 61, ligne 10, *newtonnienne,* lisez : *newtonienne ;* ligne 27, *l'Academis,* lisez : *l'Académie.*
Page 110, ligne 2, (*janvier* 1747), lisez : (25 *janvier* 1748).
Page 113, ligne 29, *il prononça,* ajoutez : *le* 26 *janvier pour ;* même ligne, *du roi,* ajoutez : (24 *janvier*).
Page 114, ligne 10, (2 *février*), lisez : (9 *février*) ; note 2; ajoutez à la fin de la note : *et du* 3 *juillet* 1749.
Page 121, ligne 4, (1747), lisez : (18 *janvier* 1750).
Page 149, ligne 7, *Liberkühn,* lisez : *Lieberkühn.*
Page 158, à la note, *extraordinaire,* lisez : *externe.*
Page 203, ligne 22, *Lamotte,* lisez : *Lamothe.*
Page 443, lettre CLXIX, ligne 14, *saurait,* lisez : *sauraient ;* même lettre, ligne 15, *Providenoe,* lisez : *Providence.*
Page 462, ligne pénultième, *apostillée,* lisez : *apostillé.*
Page 463, ligne 22, *intitulée,* lisez : *intitulé.*

On remarquera, dans la *Vie de Maupertuis* que, quelquefois, des faits de dates différentes, comme l'indiquent les *lettres* qui la suivent, semblent avoir lieu à la même époque; nous espérons qu'avec un peu d'attention, le lecteur corrigera facilement ce défaut de concordance plus apparent que réel.

EN VENTE

NOTICE SUR LA VIE ET LES ÉCRITS DE L. ANGLIVIEL DE LA BEAUMELLE, par M. Michel Nicolas. Paris, Cherbuliez et Ledoyen. 1852. In-8°. [illegible] fr.

OBSERVATIONS SUR UN ÉCRIT DE M. CH. NISARD CONTRE L. ANGLIVIEL DE LA BEAUMELLE. Paris, Cherbuliez, Ledoyen, et à la librairie de Ch. Meyrueis et Ce. 18[illegible]. In-8°. [illegible]

ESSAI SUR LA VIE ET LE CARACTÈRE DE J. J. ROUSSEAU, par S. H. Morin. Paris, Ledoyen. In-8°. [illegible] fr. [illegible]

AUTOGRAPHES DE SAVANTS ET D'ARTISTES, par [illegible]. Paris, Ledoyen. 2 vol. in-12. 6 fr.

RAMUS, SA VIE, SES ÉCRITS ET SES OPINIONS, par M. Waddington. Paris, Ch. Meyrueis et Ce. 1855. In-8°. 6 fr.

HISTOIRE CRITIQUE DES DOCTRINES RELIGIEUSES DE LA PHILOSOPHIE MODERNE, par M. Christian Bartholmèss. Paris, Ch. Meyrueis et Ce. 1855. 2 vol. in-8°. [illegible]

Paris. — Imp. de Ch. Meyrueis et Ce, rue Saint-Benoît, 7. — 1856.

www.ingramcontent.com/pod-product-compliance
Ingram Content Group UK Ltd.
Pitfield, Milton Keynes, MK11 3LW, UK
UKHW012144240726
13966UKWH00001B/139

9 782013 588089